유신진화론자의 진화적 창조론

창세기의 과학 창조의 자연법칙

전파과학사에서는 독자 여러분의 책에 관한 아이디어와 원고 투고를 기다리고 있습니다. 전파과학사의 임프린트 디아스포라 출판사는 종교(기독교), 경제·경영서, 문학, 건강, 취미 등 다양한 장르의 국내 저자와 해외 번역서를 준비하고 있습니다. 출간을 고민하고 계신 분들은 이메일 chonpa2@hanmail.net로 간단한 개요와 취지, 연락처 등을 적어 보내주세요.

창세기의 과학
창조의 자연법칙(큰글자책)

—

초판 1쇄 발행 2021년 10월 5일

—

지은이 윤실(이학박사)
펴낸이 손영일
디자인 이보람

—

펴낸곳 전파과학사
출판등록 1956년 7월 23일 제10-89호
주 소 서울시 서대문구 증가로 18, 연희빌딩 204호
전 화 02-333-8877(8855)
팩 스 02-334-8092
이메일 chonpa2@hanmail.net
홈페이지 www.s-wave.co.kr
블로그 http://blog.naver.com/siencia

ISBN 978-89-7044-992-0

유신진화론자의 진화적 창조론

창세기의 과학 창조의 자연법칙

윤실 지음

전파과학사

머리말

어린이는 부모에게 끝없이 질문을 해오곤 합니다. 호기심 가득한 자녀의 진지한 물음에 정성 드려 대답하던 부모는 이어지는 질문에 드디어 "그건 하느님만 알지 나도 몰라요!" 하고 대답하기 일쑤입니다. 세상은 답을 알지 못하는 의문으로 가득합니다. 그 중에 "우주는 과연 신이 창조했는가?", "생명체는 창조된 것인가 진화된 것인가?"는 가장 큰 의문에 속할 것입니다.

많은 사람이 신앙을 가졌습니다. 기독교 신앙은 신을 창조주로 믿는 데서 시작합니다. 과학문명은 신앙심에 갈등을 일으키기도 하지만, 바르게 이해하면 오히려 신앙을 더욱 굳게 해줍니다.

기독교인의 중요한 기도문 중에 '신앙고백 기도'(개신교에서는 '사도신경')가 있습니다. 신에 대한 믿음의 고백인 이 기도를 가톨릭교회에서는 "전능하신 천주 성부, 천지의 창조주를 믿나이다."로, 개신교에서는 "전능하사 천지를 만드신 하나님 아버지를 내가 믿사오며"로 시작합니다. 가톨릭교회에서는 대축일이나 특별 미사 때 '니체아(니케아) 신경'(Niece Creed)이라는 좀 더 구체화된 신앙고백 기도문을 외웁니다. 이 기도는 이렇게 시작합니다.

"저는 믿나이다. 전능하신 아버지, 하늘과 땅과 유형무형한 만물의 창조주를 믿나이다."

(We believe in one God, the Father almighty, Maker of all things visible and invisible.)

니체아 신경은 서기 325년에 로마교회 제1차 공의회에서 공포되었으며, 오늘날 모든 기독교인이 암송하는 '신앙고백 기도'의 근원이라 합니다. 이 기도문에 나오는 '유형무형한 만물'의 의미를 생각해봅니다. 유형(有形)한 만물은 눈에 보이고 만져지는 모든 물체이고, 무형(無形)한 것은 1)시간, 2)우주만물이 가진 힘(에너지), 3)만물이 질서정연하게 움직이도록 하는 자연의 순리(順理), 4)영(靈 spirit), 5), 지식, 문화, 사이버 세계 등일 것입니다.

구약성경의 〈창세기〉(創世記)는 신이 창조한 천지만물의 출발과 역사를 알려주는 기록으로서, 무신론자일지라도 읽어보면서 마음속에서 되새김하는 내용을 담고 있습니다. 〈창세기〉 제1장을 보면, 신은 만물을

6일 동안에 차례로 창조하면서 그때마다 "보시니 좋았다."라 하고, 창조 마지막 날에는 "하느님께서 보시니 손수 만드신 모든 것이 참 좋았다."라고 기록되어 있습니다.

〈창세기〉 1장이 끝나고, 2장 1절은 이렇게 시작합니다.

가톨릭 성경 : "이렇게 하늘과 땅과 그 안의 모든 것이 이루어졌다."

개신교의 새 표준 번역 성경 : "하나님은 하늘과 땅과 그 가운데 있는 모든 것을 다 이루셨다."

이 부분을 영어성경(대표적인 New International Version Bible, NIV Bible)은 이렇게 기록하고 있습니다.

"Thus the heaven and the earth were completed in all their vast array."

그런데 우리말 성경에서는 이 절의 'in all their array'에 대한 번역이 모호합니다. NIV 성경이 아닌 Webster나 KJV 성경은 이 구절을 조금 다르게 다음과 같이 기록하고 있습니다.

"Thus the heaven and earth were finished, and all the host of them."

신이 우주만물을 창조하고 그들을 조화롭게 지배하는 '자연의 법칙'

까지 모두 창조했다는 생각은 근대과학이 발달하기 이전부터 과학자, 철학자, 성직자들이 가졌던 자연철학이었습니다. 특히 17세기의 과학자들은 대부분 신앙을 가지고 있었습니다. 그들은 자연의 정연한 법칙이 모두 절대자의 창조물이라고 믿었고, 그 법칙을 밝히려고 노력하는 것이 신과 가까워지는 길이라 생각했습니다. 당시의 철학자이자 과학자였던 베이컨(Francis Bacon 1561~1626)은 말했습니다. "과학을 조금 아는 사람은 신으로부터 멀어지게 한다. 그러나 많이 아는 과학은 인간을 다시 신에게 돌아가게 한다."

필자는 NIV 영어성경에 나오는 'all their vast array'라는 표현을 주목하게 되었습니다. 사전에서 array는 군대를 정렬시키다. 배열하다. 배치하다, 증거를 열거하다. 차려 입다 등의 의미가 있고, 명사로는 군대의 정렬, 포진(布陣), 군세(軍勢), 열거(列擧) 등을 볼 수 있습니다. 파생어인 arrangement는 정돈, 정리, 배열, 정렬, 배치, 조정(調整), 질서, 순서, 협정 등의 뜻을 가졌습니다. 그리고 vast는 '광대한, 방대한, 광막한, 광활한' 등의 의미가 있습니다. 양적(量的) 수적(數的)으로 많음을 나타내는 우리말 형용사에 '헤아리다'가 있는데, 이 말은 '양이나 수를 셈하다'와 '모르는 것을 짐작하다'는 의미를 함께 가졌습니다. 그래서 vast array가 '헤아릴 수 없이 많은 자연의 법칙'이라는 뜻을 가지지 않앉을까 하는 생각을 합니다.

　성서학자들은 〈창세기〉가 약 3,500년 전(학자에 따라 2,500~2,700년 전), 이스라엘 민족을 이끌던 모세가 목적지인 약속의 땅 가나안에 거의 이르렀던 시기에 기록된 것이라고 합니다. 과학문명이 거의 없던 시대에 기록된 성서 내용인지라 현대의 과학지식으로 따져 논하는 것은 무리입니다. 필자는 과학자가 신을 믿는 이유들을 대중적으로 알려진 여러 자연법칙들 중에서 일반적인 것들을 일부 골라내어 '진화적 창조'의 입장에서 풀어보려 했습니다. 제1장은 우주와 지구의 창조법칙, 제2장은 중력, 운동, 에너지의 자연법칙, 제3장은 생명 창조와 진화의 자연법칙, 제4장은 원소와 물질의 물성 법칙 그리고 제5장은 〈창세기〉의 과학 풀이로 나누어 정리했습니다.

　집필 때 전문적인 용어나 표현을 최소화하여 기독교인만 아니라 타종교인 또는 비신자라도 편히 읽도록 노력했습니다. 대자연은 신앙 없이 바라볼 때보다 신과 함께 생각할 때 더 위대하게 다가옵니다. 신, 창조, 진화의 문제는 역사 속에서 성직자, 철학자, 과학자, 일반인을 가리지 않고 전개되어온 최대 논쟁거리입니다. 이 책은 신에 대한 필자의 과학 이론이나 주장이 아니라 개인의 명상이라 하겠습니다.

　과학, 신학, 철학 어느 것도 제대로 알지 못하는 사람임을 고백하면서, 독자에게 당부 드립니다. 내용 중에 저자의 생각과 표현에 잘못된 부분이나 인정할 수 없는 점이 있더라도 반론해오거나 질문하지 않기를 바랍니다. 제한된 지식을 가진 필자로서 더 이상 대답하기 어렵기 때문입니다. 끝으로 이 책을 인쇄하기 전에 읽어 여러 면에서 지적과 조언을 해주신 지인들께 깊이 감사드립니다.

차례

제3장 · 생명 창조와 진화의 자연법칙

제4장 · 원소와 물질의 물성 법칙

제5장 · <창세기>의 과학 풀이

제1장

우주와 지구의 창조 법칙

하늘과 땅과 그 속에 살아가는 온갖 생명체는 절대자의 치밀한 청사진에 따라 창조되었다고 많은 사람이 생각합니다. 우주만물은 무질서하거나 의미 없이 만들어진 것이 하나도 없어 보입니다. 자연과학은 우주만물과 생명체에서 나타나는 모든 현상을 객관적 방법으로 연구하여 진리를 발견하려 합니다.

원시(原始)의 인간이 삶의 모습을 기록으로 남길 수 있게 된 시기는 약 5,000년 전이었다 합니다. 그 이전에는 문자와 기록해둘 도구마저 없었습니다. 〈창세기〉를 기록한 이스라엘 민족의 선조는 고대 문명이 시작된 이집트와 메소포타미아에 인접하는, 지형적으로 아시아, 유럽, 아프리카 대륙이 서로 만나는 위치에서 하느님을 섬기며 살아왔습니다.

구약성서는 유대민족의 역사와 인물, 윤리, 법률, 종교의례 등에 대한 기록들을 한데 모은 것입니다. 39권의 구약성경 중에 가장 오랜 것은 약 3,300년 전에 기록되었고, 〈창세기〉를 비롯한 '모세 5경'(창세기, 출애굽기, 레위기, 민수기, 신명기)은 약 3,500년 전에 기록되었다고 합니다. 자연의 이치를 지금처럼 잘 알지 못했던 구약시대의 지도자들이 천지창조의 이야기를 기록하는 데는 한계가 있었습니다. 그러므로 현대과학으로 〈창세기〉의 내용을 보면 무리와 갈등이 따릅니다.

🪐 🪐 🪐

빛과 에너지의 창조

하느님께서 말씀하시기를 "빛이 생겨라!" 하시자 빛이 생겼다. 하느님께서 보시니 그 빛이 좋았다. 하느님께서는 빛과 어둠을 가르시어 빛을 낮이라 부르시고, 어둠을 밤이라 부르셨다. 저녁이 되고 아침이 되니 첫날이 지났다. 〈창세기〉 1장 3절

사람들은 자신의 모든 것을 담고 있는 우주와 지구에 대해 대부분 무관심합니다. 그러나 이에 대해 조금만 더 관심을 갖는다면, 신이 얼마나 정성을 다해 만든 천지인지, 인간을 얼마나 배려하여 지구를 에덴으로 창조했는지 알게 될 것입니다. 화산폭발, 지진, 해일, 태풍, 홍수, 폭우, 폭설, 벼락 등의 자연재해를 만나면, 사람들은 원망하기도 하지만, 이런 자연재난이 왜 발생하는지, 그리고 재해가 어떤 결과를 가져오는지에

대해 이해하면 창조의 오묘함을 새삼 느끼게 됩니다. 과학자들이 그 동안 힘들여 발견해낸 자연의 법칙들은 만들어진 것이 아니라 태초부터 존재하던 것입니다.

사람들은 신의 하루를 인간의 하루로 생각하기 쉽습니다. 창조의 첫날, 신은 빛을 만들었습니다. 대부분의 사람들은 빛이 얼마나 위대하고 신비로운 존재인지 깊이 생각해보지 않고 살아갑니다. 성경에서 말하는 빛의 창조는 태양의 창조라고 생각됩니다만, 우주탄생을 연구하는 천문학적 입장에서는 '태초의 우주 탄생'으로 생각합니다.

：팽창하는 우주의 법칙

아인슈타인(Albert Einstein 1879~1955)이 상대성 이론을 1916년에 발표하면서부터 천문학과 물리학은 새롭게 큰 도약을 시작했습니다. 같은 시기에 미국 캘리포니아 주의 팔로마산 천문대의 허블(Edwin Powel Hubble, 1889~1953)은 장기간 은하계를 관찰하던 중에 우주가 거의 빛의 속도로 계속 확대되고 있는 것을 발견하여, 이 사실을 1925년에 발표하자 과학의 세계는 다시 큰 충격을 받았습니다.

허블은 1920년대에 우주를 연구하던 위대한 천문학자입니다. 그는 당시 세계 최대의 천체망원경(구경 口徑 100인치)으로 가장 먼 거리에 있다고 생각되는 우주를 관찰했습니다. 그는 흩어져 있는 수많은 은하계들까지의 거리를 하나씩 관측한 결과, 모든 은하계들이 지구로부터 점점 멀어져 가고 있으며, 은하계들 사이의 거리도 확대되고 있고, 먼 은하계일수록 멀어져 가는 속도가 더 빠르다는 사실을 발견했습니다. 허블은 이러한 관측 결과로부터 우주는 점점 커지고 있으며, 팽창하는 정도는 거의 빛의 속도에 가깝다고 수식(數式)으로 발표했습니다.

오늘날의 천문학자들은 이 우주에 약 1,250억 개의 은하계가 있고, 각 은하계에는 수십억 수천억 개의 별(태양과 같은)이 있다고 합니다. 그리고 각 은하계의 직경은 수천 광년인 것에서부터 수십만 광년인 것까지 다양하답니다. 이렇게 산재하는 은하계가 차지하는 전체 범위의 반경(半徑)을 '허블 반경'(Hubble radius)이라 합니다. 오늘날 천문학자들의 추측에 의하면, 허블 반경은 약 120억 광년입니다. 그리고 허블 반경 끝 가장자리에 있는 은하계는 거의 빛의 속도로 멀어져가고 있다 합니다. 신은 이 우주를 '수학적 표현'으로 무한대 크기로 창조했으며, 빛 가까운 속도로 확대되도록 한 것입니다. 흥미롭게도 어떤 과학자는 지금 천문학자들이 알고 있는 반경 120억 광년의 우주가 1개만 아니라 여러 개 있을 것이라는 이론도 내놓고 있습니다.

신은 지구에 사는 인간만을 위하여 이토록 크게 우주를 만들었을까요? 많은 과학자들은 지구 이외에도 생명체가 사는 천체가 다수 있을 것이라고 생각한답니다.

: 우주 탄생의 모습 –'빅뱅'이론

허블의 우주 팽창설이 발표되던 당시, 벨기에의 천문학자 르메트르 (Georges Lemaitre, 1894~1966)는 "이 우주에 존재하는 모든 물질은 원래 하나의 점에 집중되어 있던 것이다. 우주는 그 원시의 점이 폭발하면서 시작되었다."는 소위 빅뱅(Big Bang) 학설(우주대폭발설)을 1927년에 발표했습니다. 르메트로의 우주팽창 이론은 오늘날 거의 모든 과학자들로부터 인정받게 되었습니다. 1951년 교황 비오 12세(Pius XII)는 '교황청 과학아카데미'에서 '빅뱅 시나리오는 〈창세기〉와 매우 유사하다'는 점을 언급했습니다.

이 이론의 내용은, 한없이 응축(凝縮)된 한 개의 에너지 덩어리(fireball)가 태초에 폭발하면서 우주 탄생이 시작되었다는 것입니다. 과학자들은 이 순간을 '빅뱅'이라는 말로 표현합니다. 다시 말해, 신은 한 점에 고도로 압축시켜둔 에너지를 창조의 근원으로 삼았다는 것입니다.

에너지가 곧 물질이고, 물질이 에너지라는 위대한 자연법칙은 아인슈타인이 $E = mc^2$ 이라는 간결한 수학공식으로 설명했지요. 빅뱅 이론이 진실이라면, 빅뱅은 신이 일으킨 창조의 사건입니다. 신은 에너지를 물질로, 물질을 에너지로 변화시키는 방법으로 우주를 창조한 것입니다.

빅뱅이 시작되자 에너지 덩어리에서 물질을 만드는 요소 즉 양성자, 중성자, 전자가 생겨났습니다. 양성자 1개와 중성자 1개가 결합하자 핵이 만들어졌고, 그 핵 주변을 1개의 전자가 돌게 되었습니다. 그것이 최초로 생겨난 가장 단순한 구조를 가진 '수소'(hydrogen H) 원자입니다.

태초의 우주는 막대한 양의 수소로 이루어진 거대한 구름이었고, 이 구름은 무수히 많은 구름으로 나누어졌습니다. 각각의 수소 구름 속에서 수소들이 뭉쳐져 수많은 덩어리를 이루었고, 이 덩어리들이 저마다 큰 중력(重力)을 가지게 되었습니다. 우주를 지배하는 기본 힘인 '중력'은 이때부터 나온 것입니다.

수소 덩어리는 지금의 태양과 비슷합니다. 거대한 수소 덩어리들은 강력해진 중력 때문에 초고온이 되어 원자가 서로 결합하여 핵융합반응을 일으키게 되었습니다. 이렇게 하여 열과 빛을 내는 태양과 같은 거대한 별들이 무수히 탄생하게 되었습니다. 태양 같은 천체가 수십억 개 운집한 것을 은하계(銀河系)라고 합니다. 태초의 에너지 덩어리가 폭발한 순간부터 '시간'도 0에서부터 시작되었습니다. 빅뱅 사건이 시작된 시점은 약 137억 5천만 년 전이었습니다.

수소가 핵융합반응을 일으키는 과정에 여러가지 다른 원소도 만들어 졌습니다. 즉 수소 원자 2개가 결합하자(핵융합) 헬륨이 되었고, 3개가 결합한 것은 리튬 원소가 되었습니다. 이런 식으로 핵융합반응이 계속되어 여러 가지 원소가 생겨날 수 있었습니다. 이런 과정을 거쳐 생겨난 천체 중의 하나가 46억 년 전에 출생한 '태양'입니다. 과학자들은 태양이 탄생할 때 금성, 화성, 목성 등과 함께 지구도 동시에 만들어졌다고 생각합니다.

: 무(無)에서 시작된 우주 창조

우주는 시작(창조)이 있었던가 아니면 원래 있던 것인가? 우주 창조 이전의 신은 무엇을 하고 있었을까? 신은 우주를 왜 그때 창조했을까? 신은 왜 우주를 창조할 마음이 생겼을까? 신은 자신도 창조했는가? 신은 어디에 계신가? 우주는 1개가 아니라 여러 개가 아닐까? 이런 유형의 의문은 무수합니다. 그러나 모두 신이 아니면 알지 못하는 문제들입니다. 그래서 "신은 자연 그 자체이며, 모든 것에 신이 존재한다." "우주는 신의 일부이다."라고 생각하는 범신론이나 만유내재신론(萬有內在神論)이 나오기도 했습니다.

일반인들은 빅뱅 이론을 "태초에 허공 속 특정 지점에 압축되어 있던 에너지의 덩어리가 폭발하여 우주가 탄생하게 되었다.”는 정도로 알고 있습니다만, 물리학자나 천문학자들의 이해는 간단하지가 않습니다. 상대성이론은 물질, 공간, 시간을 통합한 연구인데, 이 이론을 제대로 이해할 수 있는 사람은 세상에 아주 소수라고 합니다.

빅뱅 이론을 조금 더 생각해봅니다. 만일 우주 탄생 영화를 거꾸로 돌려본다면, 흩어져 있는 수십억 개의 은하계들이 서로 합쳐져 최후에는 엄청난 밀도를 가진 ‘은하물질’로 무한히 압축되겠지요. 그것은 무한 중력을 가진 점(點)일 것이기에, 물리학에서 ‘특이점’(singularity) 또는 ‘중력 특이점’이라 한답니다.

그렇다면 우주는 이 특이점으로부터 출발한 것이 되겠습니다. 빅뱅 이론이 처음 나왔을 때, 특이점에 대해 반대 이론을 전개하는 과학자들이 많았습니다(지금도 상당 수 있다 합니다). 현재 이런 문제에 대한 최고 이론가들 중에 펜로즈(Roger Penrose 1931~), 호킹(Stephen Hawking 1942~2018) 등의 물리학자들이 있습니다.

우주가 극도로 압축되면 나중에는 아무것도 없고 시간조차 없어져야 한답니다. 공간이 없으면 시간도 없는 것이지요. 그러니까 특이점이라는 것은 ‘공간과 시간의 특이점’이 되는 것입니다. 이런 특이점에서는 우주만물을 지배하는 자연법칙들까지 필요치 않으므로 사라져버립니다. 과학자들은 빅뱅이 시작된 중력 특이점의 크기가 0에 가깝다고 하면서, 이론상 1에 0을 33개 붙인 것 분의 1(10^{-33})㎝라 합니다. '플랑크 길이'라고 하는 이 극소의 크기는 수소 원자 크기 10^{-8}㎝, 수소의 핵 크기 10^{-11}㎝보다 작습니다. '무'라고 할 수 있을 '무한 소'입니다.

뉴턴은 '중력의 법칙'을 발견한 뒤에 한 가지 의문 때문에 고심하고 있었습니다. 그것은 "모든 것이 서로 끌어당기는데, 우주의 천체들은 어째서 끌어당겨 한 덩어리가 되지 않고 있는가?" 하는 것이었습니다. 이 의문에 대해 뉴턴은 "무한한 크기를 가진 우주에는 전체가 집합할 특정한 중력의 중심이 없어 천체들은 서로 끌어당기기만 할 것이다."고 생각했답니다. 그러나 이런 해석은 수학적으로 풀리지 않아 다른 과학자들로부터 인정을 받지 못했습니다. 아인슈타인은 '일반상대성 이론'에서 이 문제를 설명해보려고 중력에 대항하는 반중력(反重力) 이론을 펴기도 했습니다. 그러나 우주 전체가 한 점에 응축되지 않는 의문의 답은 여전히 남았습니다.

허블이 우주팽창 현상을 발표했을 당시, 뉴턴이 고심했던 '우주의 축소'가 실제 일어날 것이라고 주장하는 학자도 있었습니다. 즉 '우주는 수십억 년 동안 팽창을 계속하다가 다시 특이점 상태로 축소하게 될 것이며, 우주는 이런 팽창과 축소를 반복할 것'이라는 이론입니다. 이와 달리 러시아 태생의 미국 물리학자 린데(Andrei Linde 1947~) 같은 이론물리학자는 '100억년 후에는 우주가 축소하여 사라질 것'이라는 이론을 전개하면서, 이것을 빅뱅과 반대 의미로 '빅 크런치'(Big Crunch)라 한답니다.

빅뱅 이론을 부정하는 학자들도 있었습니다. 대표적으로 캠브리지 대학의 본디(Hermann Bondi 1919~2005)와 코넬 대학의 골드(Thomas Gold 1922~2004)를 들 수 있습니다. 두 학자는 "우주는 빅뱅으로 생겨난 것이 아니라 원래 존재했으며, 우주는 시작도 끝도 없다. 우주는 계속 팽창하며 그때마다 새로운 입자가 생겨난다." 는 이론을 1940년대에 주장했습니다. '정상상태이론'(steady-state theory)이라 불리는 이 이론은 거대한 전파망원경과 허블우주망원경 등으로 우주를 관찰하게 되면서 새로운 사실들이 계속 알려지자 차츰 지지자가 줄어들게 되었습니다.

미국의 이론물리학자 구스(Alan Guth 1947~)는 1980년에 '빅뱅 직전에 인플레이션(inflation)이라 부르는 현상'이 있었다는 이론을 내놓았습니다. 이 외에도 '우주의 시작은 없었다', '우주는 무에서 시작되었다'는 등의 여러 이론이 있습니다. 우주의 탄생이라든가 양자역학에 대한 깊은 내용은 범인들에게 이해의 한계를 넘습니다.

만일 누군가가 "빅뱅이 일어난 공간은 어디였는가?"하고 묻는다면, 그 답은 '우주 공간의 한 점이 아니라 특이점'이 되겠습니다. 또 "빅뱅 이전의 시간은 어떠했는가?" 하고 묻는다면, 그 답은 "특이점 이전에는 시간도 없었다."고 하겠지요. 성 아우구스티노는 4세기에 매우 훌륭한 말을 남겼답니다. "세상은 시간 속에서가 아니라 시간과 함께 창조되었다." 고 말입니다. 기독교인은 '신은 창조되지 않고 원래 계시던 분'이라 믿지요. 신의 존재, 창조에 대해 너무 따지면 불경(不敬)하다는 생각이 듭니다. 인간은 우주에 대한 의문을 풀어보려고 애를 씁니다만, 궁극적인 것은 신 아니면 설명이 안 될 것입니다.

태양 창조의 의미

태양이라고 하면 빛(에너지)과 열의 근원(根源)이라는 생각을 합니다. 빛이라고 하면 대부분 눈에 보이는 '가시광선'만 생각합니다. 빛은 별빛도 있고, 불타는 나무, 백열전등에서도 나옵니다. 가시광선은 과학에서 '전자기파'라 부르는 넓은 파장(스펙트럼)의 빛 중에 일부분에 불과합니다. 라디오 방송파, 텔레비전 방송파, 휴대전화용 통신파, 적외선, 가시광선, 자외선, 감마선, X선 이 모두가 빛(전자기파)이며, 파장에 따라 붙여진 이름입니다.

인간의 감각기관이 빛을 감지할 수 있는 것은 '빛이 에너지'이기 때문입니다. 식물이 광합성을 할 수 있는 것도 빛으로부터 에너지를 얻기 때문입니다. 빛은 파장과 관계없이 1초에 약 30만㎞를 진행합니다. 빛의 물리를 구체적으로 이해하기란 전문 과학자일지라도 어렵습니다.

태양을 중심으로 선회하는 8개의 행성을 나타냅니다. 1930년에 발견되어 9번째 행성이라고 생각했던 명왕성은 너무 작고 궤도에 차이가 있어 2006년부터 소행성으로 분류하게 되었습니다.

빛의 성질과 법칙에 대해서는 제2장의 〈빛과 전자기파〉 항목에서 다루므로, 여기서는 태양에 대해서만 생각해봅니다.

⦂ 태양은 태양계의 중심

구약시대만 아니라 400여 년 전까지만 해도 사람들은 지구가 우주의 중심이고, 태양과 달과 다른 천체들은 모두 지구 둘레를 돈다고 믿었습니다. 이러한 생각과 반대되는 이론을 처음 주장한 과학자는 폴란드의 천문학자 코페르니쿠스(Nicolaus Copernicus 1473~1543)였습니다. 그는 태양이 중앙에 있고 그 주위를 수성, 금성, 지구, 화성, 목성, 토성과 같은 행성(行星)이 돌고 있다는 내용을 담은 책을 1543년에 썼습니다. 그러나 당시에는 코페르니쿠스의 주장(태양 중심설)에 대해 세상은 별다른 관심을 갖지 않았습니다.

그로부터 약 100년이 더 지났을 때, 이탈리아의 천문학자이며 물리학자인 갈릴레이(Galileo Galilei 1564~1642)는 손수 망원경을 만들어 여러 천체들을 관찰한 결과, 코페르니쿠스의 생각이 옳다는 것을 확신하고 '지구가 태양의 둘레를 돌고 있다'는 내용을 담은 책을 1632년에 펴냈습니다. 그러자 로마의 교황청은 그의 주장이 교리에 어긋나므로 엄중히 재판하여 그런 주장을 하지 못하게 했습니다.

이런 시기에 이탈리아의 천문학자이자 성직자였던 브루노(Giordano Bruno 1548~1600) 신부는 코페르니쿠스의 지동설(地動說)을 인정하여 그 내용을 사람들에게 가르치기도 했습니다. 교황청은 브루노에게 그의 주장을 철회할 것을 요구했고, 브루노는 자신의 판단과 양심을 따르다가 결국 화형을 당했다 합니다. 그러나 차츰 사람들은 태양 중심설이 옳다는 것을 알게 되었습니다. 이때부터 과학의 역사에 대혁명이 시작되었습니다. 하늘에 보이는 수많은 별들은 모두 태양처럼 스스로 빛과 열을 내는 천체입니다. "빛이 생겨라!"는 말씀 한 마디로 창조되었다는 태양은 엄청난 에너지를 가진 천체입니다.

빛은 온갖 일을 할 수 있는 에너지입니다. 지구상의 식물은 태양빛에 담긴 에너지를 이용하여 광합성(탄소동화작용)을 하여 생장과 생존에 필요한 영양분을 만드는 동시에 산소를 생산합니다. 인간을 포함한 모든 동물은 식물이 합성한 영양분과 산소에 의존하여 번성합니다. 알고 보면, 인류가 지금 소비하는 석탄, 석유, 천연가스도 모두 수억 년 전 지상에 살던 식물과 미생물이 지하에 묻혀 만들어진 것입니다. 신이 얼마나 놀라운 설계와 계획으로 태양을 창조했는지 몇 가지만 생각해봅니다.

： 태양의 크기, 거리가 지금과 다르다면?

모든 물체는 서로 끌어당기는 힘을 가졌고, 이를 중력(重力)이라 합니다. 중력은 우주만물이 가진 신비스러운 힘(제2장 중력 편 참조)입니다. 중력은 천지창조 때 생겨난 무형(無形)의 창조물입니다. 태양은 지구 질량보다 약 33만 2,000배 큽니다. 과학자들의 계산에 의하면, 만일 태양이 지금보다 조금이라도 더 크다면 중력이 증가하여 주변을 도는 수성, 금성, 지구, 토성 등의 행성들이 태양에 끌려들어가고 말 것이라 합니다. 반대로 태양이 현재보다 작으면 그 중력이 약하므로 지구를 비롯한 행성들은 제자리에 있지 못하고 마치 실이 끊어진 연처럼 우주 공간으로 날아가 버릴 것이라 합니다. 신은 태양을 최적의 크기로 창조하여, 그 중력으로 지구와 다른 행성들을 일정한 위치에 붙잡아두고 있습니다.

태양에서는 막대한 양의 수소 원소가 헬륨이라는 원소로 변하는 핵융합반응이 일어나고 있습니다(제2장 핵융합반응 편 참고). 이러한 핵반응 때문에 태양 중심부의 온도는 약 15,000,000℃이고, 표면 온도는 약 5,500℃를 유지합니다. 과학자들은 태양의 온도는 앞으로 약 50억 년 후까지 지금과 비슷할 것이라 합니다. 그 이후에 온도가 낮아진다면 지구는 생명체가 살지 못할 만큼 추워지겠지요. 태양으로부터 지구보다 멀리 있는 화성 표면의 평균 온도는 −53℃이라는데, 이 행성에서는 최근까지도 아무런 생명체가 발견되지 않았습니다.

태양 표면을 떠난 빛이 지구까지 오는 데는 8분 19초가 걸립니다. 만일 태양이 지구로부터 지금보다 조금 멀리 있다면, 태양에서 오는 빛(에너지)이 약하여 지구는 추워질 것이고, 그러면 물이 전부 얼어버려 생명이 살지 못하는 천체가 됩니다. 태양에서 나오는 에너지는 전부 지구로 오는 것이 아니라 사방으로 퍼져나가기 때문에 약 20억 분의 1만 지구에 도달합니다.

반대로 태양이 지구와 더 가까이 있다면, 빛과 열이 너무 강하여 지구의 물은 모두 증발해버리고, 바다가 없는 사막 지구가 될 것입니다. 지구보다 태양에 가까이 위치한 금성은 표면 온도가 약 480℃입니다. 이런 온도에서는 종이가 저절로 숯처럼 검게 타버립니다. 그러므로 태양과 지구 사이의 거리는 현재 상태가 최적이도록 창조된 것입니다.

태양빛 속에는 파장이 긴 빛에서부터 매우 짧은 빛인 엑스선까지 포함되어 있습니다. 태양에서 오는 빛 중에 적외선, 자외선, 엑스선 등은 인간의 눈이 감각하지 못합니다. 인간의 눈은 적외선과 자외선 사이에 있는 파장을 가진 빛만 볼 수 있으며, 이 빛을 가시광선(可視光線)이라 합니다(빛에 대한 물리적 사항은 제2장 전자기파 참조).

지구를 따뜻하도록 비춰주는 빛은 적외선입니다. 그리고 자외선은 피부를 태우기도 하지만 세균을 죽이고, 오염된 물을 깨끗이 만들어주며, 비타민 D가 생기도록 하고, 사진기의 필름을 변화시켜 영상을 기록할 수 있도록 합니다. 또 자외선은 잘 썩지 않는 플라스틱까지 느리긴 하지만 분해시키는 위력을 갖고 있습니다. 자외선은 큰 에너지를 가진 빛이어서 인체에 위험합니다. 그러나 신은 지구를 적당한 두께의 공기층으로 감싸놓아, 강한 자외선을 대부분 차단하도록 해두었습니다. 그러므로 특별한 곳(고산 산정)이 아니면 강한 자외선을 너무 걱정할 필요가 없습니다.

태양이 떠오르거나 질 때 하늘은 유난히 아름다워 하늘나라의 일부를 보여주는 듯합니다. 가시광선은 흰색으로 보이지만 무지개를 이루는 파장의 빛이 모두 포함되어 있습니다. 만일 가시광선 속에 무지개의 색이 들어 있지 않다면, 세상은 흑백텔레비전 화면처럼 보일 것입니다.

에덴으로 창조된 지구

성서에는 창세 2일과 3일째에 궁창(하늘)과 땅(육지)을 창조했다고 기록되어 있지요. 과학자들은 달에서 가져온 암석을 조사하고, 우주로부터 지구로 다가와 떨어진 운석 등을 연구한 결과, 지구의 나이가 약 45억 4,000만 년이라고 추정합니다. 지구가 탄생할 때 다른 행성들도 함께 생겨나 태양의 둘레를 돌게 되었습니다. 행성(行星)이란 수성, 금성, 지구, 화성과 같은 태양 둘레를 도는 천체(일본어는 혹성 惑星)를 말합니다.

창세기가 기록되던 때의 사람들은 지구가 언제 생겨나 어떤 과정을 거쳐 왔는지, 모양과 크기는 어떤지 알지 못했습니다. 당시에는 모두 지구는 평평하고 가장자리는 암흑세계로 떨어지는 끝을 알 수 없는 절벽일 것이라고 생각했습니다.

지구가 얼마나 멋진 천체인지 사람들은 평소 무관심합니다. 자연 속에 나가면 사람들은 그곳이 산이든 바다이든, 사막, 남극대륙 어디서나 이 세상은 참 아름답다는 말을 합니다. 지구 밖으로 나간 우주비행사도 흰색과 초록색으로 덮인 지구를 바라보며 첫 마디가 '아름답다!'였습니다. 신도 우주만물을 빚어낼 때마다 '보시니 좋았다'라고 했습니다. '좋았다'는 말씀은 아름답기도 하려니와 모든 것이 '완전하게 창조되었다'는 의미까지 담고 있습니다.

지구가 처음 생겨났을 때는 주변 우주 공간에 쇳덩이 같은 부스러기 천체들이 한없이 많이 떠돌았습니다. 이들은 지구 중력에 끌려 마치 비처럼 지표면에 떨어졌는데, 작은 것은 모래알만 하고 큰 것은 산덩이 크기였습니다. 초기에는 하루에 충돌하는 양이 약 6,000만 톤이었답니다. 이들이 지상에 떨어지면 큰 구덩이(운석공)가 생기면서 흙먼지가 일고, 동시에 화산도 폭발했습니다. 그러나 수천만 년이 지나자 운석의 양은 크게 줄어들었습니다.

지구가 처음 탄생했을 때는 달이 지구와 매우 가까운 궤도를 돌고 있었으므로 달의 중력 영향이 컸습니다. 따라서 바다에서는 조석(潮汐) 현상이 지금보다 자주 일어나고, 조수(潮水)도 엄청난 높이로 오르내려 그때마다 거대한 홍수가 되어 흘렀습니다. 이럴 때 운석이 바다에 떨어지면, 매번 대규모 해일이 발생하여 엄청난 파도가 육지를 침식했습니다.

만일 이런 환경이 계속되었더라면 지구에서는 생명체가 탄생조차 못했을 것입니다. 신은 지구상에 생명체를 창조하기 이전에 지구 주변에 돌아다니는 운석들을 대부분 청소해 두었습니다. 운석은 현재도 하루에 약 150톤 떨어지지만, 다행하게도 거의가 너무 작아 보이지 않을 정도이며, 이들은 대기층으로 진입하면서 별똥별(流星)이 되어 타버립니다.

지구의 둘레(적도의)는 약 39,842km이고, 직경은 약 12,700km이며, 무게를 톤수로 나타내자면 6에 0을 21개 붙여야 합니다. 지구는 태양의 둘레를 일정한 속도로 수십억 년을 끊임없이 여행하는 우주선과도 같습니다. 지구는 남북 방향에 가까운 회전축(지축 地軸)을 중심으로 팽이처럼 돌면서 태양 주위를 돕니다. 적도상에서 지구의 자전 속도를 잰다면 시속 1,668km입니다. 지구는 이 속도로 하루(약 24시간)에 1바퀴 돌지요. 그러면서 지구는 매시간 107,000km의 속도로 태양 둘레의 궤도를 따라 돌아갑니다. 이를 공전(公轉)이라 하지요. 지구가 태양 둘레를 1회 공전하는데 걸리는 시간은 약 356.24일입니다.

지구가 이토록 빨리 회전하면서 달리는데도 사람은 전혀 그것을 느끼지 못합니다. 지구가 항상 같은 속도로 공기와 함께 돌기 때문입니다. 조용히 달리는 기차 속에서 눈을 감고 있으면 기차가 가고 있는 것이 느껴지지 않듯이 말입니다. 지구의 무게를 잴 수 있는 저울은 없습니다.

그러나 과학자들은 중력의 법칙을 이용하여 지구의 무게를 추산합니다. 지구가 인간이 살기에 얼마나 완전한 천체인지 몇 가지만 더 생각해 봅니다.

지구가 처음 탄생했을 때는 용광로 속의 쇳물 같은 상태였습니다. 시간이 흐르면서 쇳물 덩어리는 점점 수축하고 굳어갔습니다. 이때 무거운 철과 같은 금속 성분은 지구의 중심에 모여 핵(core)을 이루게 되었습니다. 초기의 지구 표면은 온통 화산 천지였으므로 분화구에서는 메탄, 수소, 암모니아와 같은 가스가 분출되어 하늘을 덮었습니다. 이때 태양으로부터 오는 자외선은 대기 중에 가득하던 메탄(CH_4)과 암모니아(NH_3) 가스를 변화시켜 질소와 이산화탄소(탄산가스)로 변화시켰습니다. 또한 화산 분화구에서 분출한 수증기는 비가 되어 지구 표면의 온도를 점점 냉각시켰습니다. 2억 년 정도 지나자 넉넉히 물을 채운 바다가 생겨났습니다.

⋮ 지구가 지금보다 크거나 작다면?

만일 지구가 지금보다 조금이라도 크게 창조되었더라면, 그에 따라 중력(重力)도 커져야 합니다(제2장의 중력 편 참조). 그렇게 되면 지상에서 증발한 수증기가 중력 때문에 상공으로 올라가지 못하여 구름을 만들지 않습니다. 결국 지구는 전체적으로 물이 순환되지 않아 기상의 변화가 정상으로 일어나지 못합니다. 중력이 클 때 어떤 현상이 생길지 몇 가지만 예를 들어봅니다.

큰 중력 때문에 새와 나비, 비행기, 우주선 등은 지금처럼 쉽게 날 수 없어집니다.

큰 중력이면 모든 것이 무거워 인간은 더 큰 체구와 근육이 필요하고, 힘을 더 내기 위해 더 많이 먹어야 하므로, 상상조차 어려운 '헐크'가 되어야 합니다.

하늘에서 떨어지는 빗방울의 힘은 유리창을 깨뜨릴 것이고, 흐르는 물은 엄청난 힘으로 땅을 침식할 것입니다.

중력이 더 강하면 수목의 가느다란 물관을 따라 수분이 올라가는(모세관현상) 높이가 낮아져 식물들의 키는 작아야만 합니다.

지구 주변을 지나가는 많은 운석들은 더 쉽게 지구로 끌려와 충돌을 일으킬 것입니다.

화재를 진압하기 위해 소방관이 뿜어내는 소방 호스의 물은 멀리 나가지 못하게 될 것입니다.

반대로 지구의 중력이 지금보다 조금이라도 작다면,

지구를 둘러싼 공기는 중력을 벗어나 외계로 날아가 버려 지구 대기는 차츰 진공상태로 되어 갈 것입니다.

하늘로 던진 공은 너무 높이 올라가 떨어지는데 더 긴 시간이 걸릴 것입니다.

하늘에서 내리는 눈송이는 땅에 떨어질 줄 모를 것이고, 피어오른 먼지는 좀처럼 가라앉기 어려워집니다.

바다와 육지의 물은 너무 빨리 증발하여 상상하지 못할 거대한 태풍을 일으키는 등, 지금과는 전혀 다른 기상환경을 만들어 인간은 물론 1,000만 종에 이르는 다양한 생명체들이 살기 어려워질 것입니다. 인간과 생명들이 안전하게 살기에는 지금의 지구 크기와 중력이 최적입니다.

만일 지구의 지각 두께가 지금보다 3m 정도만 더 두터워도 지구는 너무 크기도 하려니와 산소까지 부족했을 것입니다. 왜냐 하면 지각을 구성하는 중요 성분인 규산(SiO_2), 석회석($CaCO_3$), 산화철, 산화알루미늄 등은 모두 산소를 대량 포함하고 있습니다. 그러므로 이들을 구성하는데 산소가 너무 많이 소비되었을 것입니다. 마찬가지로 바다의 수위가 지금보다 1m만 높았어도, 더 많은 물을 만드는데 산소가 모두 사용되어 무산소(無酸素) 대기가 되었을지 모릅니다.

다행한 일이 또 있습니다. 만일 대기층 두께가 지금보다 얇다면 우주 공간으로부터 무수히 떨어지는 운석들이 미처 타버리기 전에 땅에 떨어지게 되어 지상에서는 폭발과 화재가 연발하게 될 것입니다. 신의 창조 설계도는 빈틈이 없습니다.

⋮ 지구의 자전축이 기울지 않았다면?

모형으로 만든 지구의(地球儀)를 보면, 자전축이 수직에 대해 23.4도만큼 기울어 있는 것을 봅니다. 만일 자전하는 지구의 자전축이 이 각도로 기울지 않았다면 지구는 인간이 생존할 수 없는 곳이 됩니다. 우선 자전축의 적절한 기울어짐 때문에 봄, 여름, 가을, 겨울 계절이 생겨납니다. 자전축이 기울지 않고 태양에 대해 수직이라면, 계절의 변화가 생기지 않아 적도지방은 4계절 내내 뜨거운 태양이 쪼이고, 반면에 남극과 북극 쪽에서는 추위가 풀리지 않아 점점 두껍게 얼음이 덮이게 됩니다. 결국 바다와 지상의 물은 모두 남북극에서 얼음판이 되고 말 것입니다. 그러면 나머지 대륙은 전체가 사막으로 되지요.

그런데 지축의 각도가 23.4도라는 것이 너무나 오묘합니다. 과학자들의 연구에 의하면, 지축이 이 각도보다 적게 기울어 있다면, 계절의 변화가 미미하여 지구상에서의 물의 순환(循環)이 원활하게 일어나지 못합니다. 즉 지구는 너무 춥고 너무 더워지는 등, 인간이 살 수 없는 환경이 되고 맙니다. 반면에 기운 각도가 더 크다면, 계절의 기온 차가 심하게 되어 겨울에는 너무 추워지고 또 여름에는 견딜 수 없도록 더워질 것이며, 태풍과 폭우와 폭설이 반복되는 환경으로 변합니다. 지구의 자전축이 기운 각도는 우연의 결과라 할 수 없습니다.

지구가 이런 자세를 가지게 된 원인은 무엇이었을까요? 과학자들은, 지구가 막 생겨나 표면이 뜨겁게 녹아 있을 때, 어떤 천체와 크게 충돌하여 지금처럼 기울게 되었을지 모른다고 추측합니다. 그렇다고 한다면, 너무나 멋진 행운의 충돌이었다고 하겠습니다.

: 지구 내부가 뜨겁게 남은 이유

지구 표면에서 공중으로 높이 오르면 기온이 떨어지지만, 땅속으로 들어가면 점점 높아집니다. 지하의 온도는 장소에 따라 다른데, 일반적으로 1㎞ 깊이 들어갈 때마다 온도는 15~75℃ 상승합니다. 특히 화산이나 온천이 있는 곳의 지열은 더 빨리 높아집니다. 지금까지 지하 10㎞보다 깊은 곳의 지온은 측정해보지 못했다고 합니다.

만일 누군가 뜰에서 지구의 중심을 향해 굴을 파기 시작하면, 얼마 지나지 않아 단단한 바위 층을 만나게 될 것입니다. 이 바위는 화강암으로 된 지각(地殼)입니다. 바위를 뚫는 기계로 지구 중심까지 약 6,350㎞를 파들어 간다고 가정합시다. 만일 지구 중심을 지나는 터널을 완공한다면, 반대쪽까지 쉽게 빨리 갈 수 있을 것처럼 생각됩니다. 그러나 인간이 파들어 갈 수 있는 깊이는 수 ㎞에 불과합니다. 지구 중심부는 너무 뜨거워 모든 것이 녹아 있습니다. 중심으로 가면 온도만 높아지는 것이 아니라, 수백만 기압의 압력까지 작용하므로 모든 것이 녹고 맙니다.

지구는 겉에서 안쪽으로 가면서 성질이 다른 몇 개의 층으로 구성되어 있습니다. 표층은 풍화작용으로 생긴 흙이 조금 덮고 있지만, 그 아래는 지각이라 부르는 단단한 암석층입니다. 지각 두께는 육지가 드러난 대륙에서는 약 32~48㎞이고, 해저는 약 5.6~8㎞로 얇습니다. 지각 바로 아래의 암석층은 맨틀(mantle)이라 하는데, 그것의 두께는 약 2,900㎞입니다. 그리고 지구 표면으로부터 약 3,200㎞ 이하의 중심부는 코어(core)라 하는데, 이 부분은 고열과 고압 상태로 녹아 있는 철, 니켈, 우라늄 등의 금속 원소로 가득합니다.

지구 중심부의 온도는 2,800~3,900℃ 정도로 높으며, 제일 중심부는 약 7,000℃에 이른답니다. 화산이라든가 지진과 같은 현상은 이처럼 뜨거운 지구 내부의 열 때문에 형성된 가스와 용암(鎔巖)의 에너지가 지구 표면으로 방출되면서 나타나는 현상입니다. 지구는 중심부가 뜨겁게 녹아 있는 탓으로 지진, 화산폭발, 해일 등의 자연재해가 발생하지만, 만일 중심부가 완전히 식은 상태라면 지구는 지금보다 훨씬 추운 천체로 변하고 맙니다.

지구 내부의 용암은 지각에 변화를 일으키는 원인입니다. 만일 과거에 지구상에 대규모 지각변동이 없었다면 인류가 사용하는 화석연료가 생겨나지도 않았을 것입니다. 앞으로 과학기술이 더 발전하면, 인류는 지구 내부의 뜨거운 열을 이용하여 대규모로 전력을 생산하고 난방도 하게 될지 모릅니다. 그런 날이 오면 지구를 창조한 신의 놀라운 설계에 대해 더 감사해야 할 것입니다.

하루와 1년의 시간이 지금과 다르다면?

신은 지구를 살기 좋은 크기로 만들어 태양으로부터 적당한 거리에 놓이도록 했습니다. 그리고 지구는 약 24시간 만에 자전하고, 약 365일 만에 공전하도록 했습니다. 신이 지구의 자전과 공전 속도를 정할 때, 얼마나 정성을 다했는지 생각해봅시다.

사람들은 하루 길이가 24시간인 것에 대해 고마움을 생각해보지 않고 삽니다. 만일 지구의 자전 속도가 지금보다 빠르거나 늦다면 당장 야단이 납니다. 일정 속도 이상 빨리 자전하면 우선 원심력이 강해 공기들이 우주 공간으로 날아가 버릴 것입니다. 반대로 너무 느리다면(하루의 길이가 길어진다면), 햇빛이 비치는 낮에는 태양이 오래 비쳐 기온이 지나치게 높아질 것이고, 밤이 길면 기온이 너무 내려가는 현상이 생깁니다. 지금보다 더 덥고 추우면 인간이 살기 어려운 환경이지요. 지금의 지구 자전 속도는 빠르지도 않고 느리지도 않는, 지극히 정밀하게 계산하여 창조된 최적의 자전 시간입니다.

그런데 지구가 처음 탄생했을 때는 지금보다 자전속도가 빨라 하루 가 6시간 정도였다고 과학자들은 추정합니다. 그때는 해가 뜨면 3시간 후에 지고, 3시간 동안 밤이다가 다시 아침이 왔지요. 달도 처음 생겨났 을 때는 지구와 거리가 가까워 지구 주위를 빨리 돌았습니다. 달이 가까 운 만큼 그때는 간만(干滿) 차이가 지금보다 훨씬 컸으며, 조석의 주기도 아주 짧았습니다. 시간이 지날수록 지구의 자전속도는 감소하고 달은 더 멀리 떨어진 궤도를 돌게 되었습니다. 만약 달까지의 거리가 지금의 거리만큼 멀어지지 않았더라면, 해일 같은 대규모 조수(潮水)가 육지를 모조리 침식하여 지구를 수구(水球)로 만들 것입니다.

수억 년이 지나는 동안 지구의 자전 속도는 수만 년에 1초 정도로 조 금씩 느려졌습니다. 자전 속도가 감소한 이유는 조석이 일어날 때, 바닷 물의 거대한 흔들림이 자동차의 브레이크처럼 작용했기 때문이었습니 다. 다시 말해 지구의 자전 속도는 달 덕분에 느려진 것이지요. 또한 지 구 표면에 발생하는 거대한 태풍도 자전 속도를 감소시키는 작은 원인이 되었습니다. 과학자들의 계산에 의하면 지금도 지구의 자전 속도는 100년에 1~3ms(1ms는 1,000분의 1초) 정도 느려지고 있다 합니다.

지구가 처음 생겨났을 때 자전속도가 빨랐던 것과, 달이 지구와 더 가까운 궤도에 있도록 한 것은 불덩이 같았던 지구를 빨리 냉각시키는 신의 물리법칙이었다고 생각합니다. 왜냐 하면, 자전 속도가 빠르면 밤과 낮이 그만큼 빨리 바뀝니다. 이런 환경에서는 강풍과 폭우가 심하게 되어 지표면의 풍화와 침식이 몇 갑절 빨랐을 것입니다. 또한 이런 조건은 지표면의 냉각기간을 단축시키는 동시에 단시간에 더 많은 토양이 퇴적되도록 했을 것입니다. 뿐만 아니라 바닷물에는 많은 물질이 녹아들어 생명체를 탄생시키는 날을 앞당길 수 있었을 것입니다.

또 1년의 기간이 지금과 다르다면, 계절이 너무 길거나 짧거나 하지요. 만일 겨울철이 더 장기간이라면, 온대지방이라도 극지방처럼 혹독하게 추워져 더 많은 물들이 얼음이 될 것이며, 그 얼음은 여름이 와도 다 녹지 못할 지경이 됩니다. 반대로 겨울과 여름이 짧다면 계절의 변화가 제대로 되지 않습니다. 계절의 길이는 지금과 같아야 대기의 온도와 대양(大洋)의 수온이 적절히 조정되어 인간과 다른 생명체가 살기 좋은 지구환경을 유지합니다.

지구는 태양과의 거리, 크기, 자전축이 기운 각도, 자전과 공전의 길이 모든 것이 인간이 살기에 최적의 환경으로 창조된 천체입니다. 태양과 지구의 창조는 절대 우연일 수 없는 신의 계획에 따라 이루어졌습니다.

: 지구를 거대한 자석으로 창조한 이유

지구가 거대한 자석(자석지구)인 것은 너무나 경이로운 일입니다. 나침반의 바늘이 남북극을 향하는 것은 지구가 거대한 자석이라는 것을 증명합니다. 지구 자체가 큰 자석인 덕분에 여행자나 항해자는 어둠이나 안개 속에서도 방향을 찾을 수 있습니다.

만일 지구가 자석이 아니라면 많은 철새와 고래, 거북 등 여러 동물은 계절이 바뀌어도 이주해야 할 곳의 방향과 위치를 모르고, 집을 찾아가는 귀소능력까지 상실하게 됩니다. 왜냐하면 많은 동물들에게는 작은 자석이 몸 어딘가에 있어 지구의 자력을 탐지하는 능력이 있기 때문입니다. 동물들의 귀소(歸巢) 본능에 대한 신비는 과학자들의 큰 연구 과제의 하나입니다(제3장 참조).

자석은 쇠를 끌어당기거나 떠미는 자성(磁性)을 가진 특수한 철로 만듭니다. 만일 자석이 없다면 발전기를 제작할 수 없어 전기를 얻을 수 없습니다. 발전기의 중심에 강력한 자석이 있기 때문에 자력에 의해 전류가 생겨납니다. 수많은 전기장치들을 보면 거의 모두 자석의 도움으로 동작합니다. 만일 전기를 만들지 못한다면 인류는 당장 원시시대로 돌아가야 합니다. 신은 인간의 미래를 위해 철(鐵)을 대량 창조하여 지구 겉에서부터 내부까지 가득 채워놓았습니다. 지구가 자전(自轉)하면 철이 가진 자력 때문에 지구 둘레에 자력선이 생겨납니다(제2장 자기장편 참조). 또 지구 밖에 형성된 자력선은 우주에서 오는 강한 방사선을 막아주는 작용도 합니다.

광산에서 산출되는 철광을 보면, 일부만 자력을 가진 자철광(磁鐵鑛)입니다. 자석은 이 자철광으로 만듭니다. 만일 지구상의 모든 철이 자력을 가졌다면, 인간이 사용하는 수없이 많은 철제 물건들은 모조리 서로 붙거나 밀어내어 큰 불편을 줄 것입니다. 신은 적당한 양의 철만 자철광이 되도록 해두었습니다(철의 성질은 제4장 참조).

창조주가 지구를 자석으로 만든 방법은 간단한 원리였다고 생각합니다. 자석을 만드는 금속은 쇠(철)입니다. 지구의 중심부는 자성을 가진 철로 가득합니다. 지구가 자전을 하면 자장(磁場)에 변화가 일어나 그에 따라 전류가 생기고, 그 결과 지구 주변에 거대한 자기장이 생겨 큰 자석처럼 되는 것입니다.

바다를 지배하는 달의 창조

"하늘에 달을 걸어두고 땅을 비추도록 하시면서 밤을 창조하셨다."
– 창조 4일째의 기록입니다. 대부분의 사람들은 달을 어두운 밤길을
밝혀주는 존재로나, 시인의 낭만적인 친구 정도로 생각합니다. 창조의
날에 지구 옆에 달을 동반하도록 하지 않았더라면 지구는 생명의 땅이
절대 될 수 없었습니다.

과학자들은 지구가 생겨나고 약 1,000만 년 뒤인 약 45억 3천만 년
전에 달이 생겼다고 합니다. 당시 지구는 표면이 아직 굳지 못한 둥근
불덩어리였습니다. 달이 어떻게 탄생하게 되었는지 과학자들도 확실히
모릅니다. 그러나 가장 인정받는 이론이 있습니다. 그것은 화성 크기의
어떤 천체(대형 운석)가 지구와 충돌하게 되었고, 그 충격으로 녹은 상태
이던 지구 표면 일부가 떨어져 나가 동그란 달이 되었다는 것입니다. 태

평양이 유난히 깊고 넓은 것은 달이 떨어져 나간 자리라고 과학자들은 생각하지요. 커다란 운석 1개를 지구에 떨어뜨려 달을 만들었으니 신의 창조 방법은 언제나 간단해 보입니다.

달은 지구와 가장 절친한 친구 천체입니다. 1969년에 미국의 아폴로 11호 우주선의 비행사들은 신비스럽기만 하던 달에 처음으로 착륙하여 그 위를 걸어 다녔습니다. 1972년까지 미국은 달 표면에 6차례 탐험대를 보냈고, 그때 이후로는 비용 때문에 달 탐험 계획을 진행하지 못한다고 합니다. 최근 소식에 의하면, NASA는 달에 인간이 오래 머물 수 있는 영구적인 시설을 준비하고 있다 합니다.

태양과 달리 달빛은 아무리 바라보아도 눈부시지 않습니다. 달빛이 비치는 호수, 바다, 산의 정경은 아름답습니다. 신은 단순한 방법으로 인간의 눈이 바라보기에 적당한 밝기의 빛을 보내도록 달을 만들었습니다. 거울 조각으로 햇빛을 반사하는 어린이의 장난처럼, 신은 달이 태양빛을 받아 지구로 반사하도록 한 것입니다.

달은 지구로부터 평균 386,400㎞(356,400~406,700㎞) 떨어져 있으며, 그 직경은 지구 직경의 4분의 1 정도인 3,480㎞이고, 무게는 지구의 80분의 1 정도랍니다. 달 형태는 거의 구형(球形)이며, 달의 지각 성분은 지구와 비슷합니다. 그러나 달에는 공기와 물이 전혀 없으므로 생명

달의 인력에 끌려 바닷물이 나가자 해조로 덮인 개펄지대가 드러납니다. 개펄은 온갖 해양생명체가 살기에 좋은 조건을 갖추고 있습니다.

체가 존재할 수 없습니다. 공기도 물도 없는 달은 햇빛이 비치는 낮이면 123℃에 이르도록 뜨겁고, 밤이면 -233℃까지 내려갑니다. 그래서 우주비행사가 달에 착륙했을 때는 낮이었고, 고온과 저온을 견디도록 특수한 우주복을 입어야 했지요.

달을 만들 때, 신은 인간만 고려한 것이 아니라 해양생명체들이 왕성하게 번성하도록 했습니다. 보름과 그믐 경에는('사리 때'라고 말함) 조수의 간만이 커져 해변이 유난히 많이 드러납니다. 바다의 물고기와 게 따위의 바다동물들은 이 시기에 넓게 드러난 개펄이나 바위에 알을 낳아 부화시키기 좋게 합니다. 만일 조석 현상이 적게 일어나는 때(조금 때)에 산란한다면, 그때의 바다는 흐름이 적어 물에 포함된 산소의 양도 부족하고, 영양분도 많지 않으며, 물에 잠겨 있는 시간이 길어 태양빛도 충분히 받지 못합니다.

달은 자전을 하지만 지구를 향해 한쪽 면만 보여주고 뒷모습은 볼 수 없습니다. 그 이유는 간단합니다. 농구공을 두 손으로 잡고 제자리에서 빙 돌면서 공을 바라본다면, 공은 손으로 잡은 앞 부부만 보이고 뒷부분은 볼 수 없습니다. 달의 뒷면 모습은 달 탐험선이 달 주위를 돌 때 처음으로 사진을 찍어 보게 되었지요.

망원경으로 달 표면을 관찰하면 수많은 화구(火口)들이 보입니다. 이 화구들은 과거에 운석과 같은 것이 달 표면에 떨어져 생긴 운석공(隕石孔)입니다. 달 표면의 수많은 크고 작은 운석공을 보면, 과거에 지구에 얼마나 많은 운석이 떨어졌을지 짐작할 수 있습니다. 지구에 생명을 탄생시키기까지 신이 공들인 시간은 인간의 시계로 잴 때 참 길었습니다.

보름달을 바라보면 크기(시직경 視直徑)가 태양과 거의 비슷해 보입니다. 만일 더 크게 보이거나 작게 보인다면 어찌될까요? 만약 달을 더 크게 보이도록 했더라면, 밤이 밤 같지 않도록 너무 밝을 것이고, 작게 보이도록 했더라면 너무 어두울 것이며, 정다워 보이지도 않을 것입니다.

달은 지구의 둘레를 약 27일 7시간 만에 1바퀴씩 돕니다. 이 기간이 음력으로 1달입니다. 즉 보름달이 다시 떠오르기까지 약 27.3일 걸리는 것입니다. 음력 1달 동안에 달은 밤마다 다른 모습을 보입니다. 보름달, 하현달, 그믐달, 그믐, 초승달, 상현달, 보름달 이렇게 말입니다. 달의 이러한 변화는 밤의 정경을 아름답게 변화시킵니다. 신은 밤의 하늘까지 다양하고 아름답도록 고려했습니다.

⠸ 달의 수, 크기, 거리가 지금과 다르다면?

바다는 초대형 호수입니다. 호수의 물이 장기간 고여 있으면 산소가 부족해지고 영양분의 분포가 나빠져 생명체가 살지 못하는 죽은 물이 됩니다. 신은 온 바닷물이 고여 있지 않고 휘저어질 수 있도록 매우 간단한 방법을 선택했습니다. 그것은 하늘에 1개의 달을 만드신 것입니다. 1개뿐인 지구의 달은 바닷물을 끌어당겨 밀물과 썰물 현상을 일으키는 동안 하루 2차례씩 온 바다를 두루 휘저어 고인물이 되지 않도록 해줍니다. 그러므로 달이 없다면 바닷물은 거의 고여 있게 되어 생명체가 살기 어려운 환경이 됩니다. 바닷물은 달의 중력에 어김없이 순종하고 있습니다.

화성에는 2개의 달이 있고, 목성에는 50개, 토성에는 36개의 달이 있습니다. 만일 지구의 달이 2개나 여러 개라면, 그 달들이 배열되는 위치에 따라 큰 사건이 납니다. 예를 들어 달들이 한쪽에 1열로 배열되는 날이면 중력이 너무 커서 바다에서는 해일을 능가하는 조석현상이 일어나게 될 것이고, 반대로 달들이 여기저기 흩어진 상태로 배열된다면 중력이 상쇄되어 조석이 잘 일어나지 않게 되지요. 1개로 창조된 달은 언제나 일정한 규칙으로 바다를 움직이게 해줍니다.

태초에는 달과 지구 사이의 거리가 가까웠다는 것은 앞에서 말했습니다. 만일 달이 더 크다거나, 지구와 더 가깝다면 중력의 영향이 커져버려 바닷물이 들고 나가는 간만(干滿)의 차가 커지므로, 그에 따라 조수(潮水)의 규모가 커져버립니다. 반대로 달이 지금보다 작거나 멀리 있다면, 중력이 약해 조석현상이 미미하게 일어날 것이며, 그러면 바닷물이 제대로 뒤섞이지 못할 것입니다. 신은 크지도 작지도 않은 달을 가장 적당한 거리에, 최적의 주기(週期)로 지구 주변을 돌도록 했습니다. 이처럼 신은 하늘에 1개의 달을 창조하여, 모든 바다를 지배하도록 한 것입니다.

너는 나를 보고서야 믿느냐? 보지 않고도 믿는 사람은 행복하다. -

(요한 20 : 29)

생명의 모태 바다의 자연법칙

지구상에서 가장 높은 곳은 히말라야 산맥에 있는 에베레스트 산 (8,848m)이고, 가장 낮은 곳은 태평양 서쪽 해저에 길게 뻗어 있는 마리아나 해구(海溝)인데, 그중 가장 깊은 지점은 수심이 11,034m입니다. 대서양의 푸에르토리코 해구에는 수심이 8,648m인 곳이 있고, 인도양의 자바 해구에는 7,725m, 북극해에는 5,450m인 곳이 있습니다. 지구 표면의 약 72%를 차지한 바다는 지구에 있는 물의 97%를 담고 있습니다. 만일 모든 바닷물을 지상에 고르게 편다면, 그 깊이가 2,700m나 된답니다.

바다가 이처럼 넓고 또 많은 물을 담고 있는 것은 참 다행한 일입니다. 바다에서 끊임없이 증발하는 물은 비가 되어 지구 전체에 뿌려집니다. 낮 동안에 햇볕을 받아 따뜻해진 물은 밤이 왔을 때 기온이 금방 식

달의 중력은 지구의 17% 정도입니다만, 지구상의 모든 바닷물을 움직이도록 합니다. 만일 달의 중력이 지금보다 더 크다면 지구와 달은 자꾸만 가까워져 충돌하게 될 것이고, 중력이 약하다면 서로 멀어지다가 결국 서로 헤어져버릴 것입니다.

어버리지 않도록 해줍니다. 만일 지구의 바다가 지금보다 소규모라면 해가 진 뒤에는 기온이 급강하하게 되지요.

바다에는 눈에 보이지 않지만 엄청나게 많은 식물과 동물이 번성합니다(제3장 참조). 바다에서 번성하는 생명체의 양은 육상 생명체보다 몇 갑절 더 많습니다. 바다는 인간에게 엄청난 양의 식량을 제공합니다. 어선들이 잡아오고, 해변에서 채취해오는 해산물은 인류에게 쌀이나 콩과 다름없는 식품입니다.

오늘날 바다는 전체의 겨우 2%만 개발되고 있습니다. 나머지는 수심이 너무 깊어 인간의 손이 아직 미치지 못합니다. 깊은 바다 밑은 수압이 대단히 높기도 하고, 빛이 없는 어둠뿐인 세계입니다. 심해로 내려가려면 특별히 제작한 심해잠수정을 타야 합니다. 해저의 지형을 조사할 때 과학자들은 음파탐지기를 사용합니다. 바다 밑으로 음파를 쏘면, 음파는 1초에 약 1,500m 속도(공기 중에서는 약 344m)로 퍼져나가, 바닥에 도달하면 반향(反響)이 되어 되돌아옵니다. 반향이 오는 시간이 길수록 그곳의 수심은 깊습니다. 해양과학은 현재 전 세계 바다 밑의 구조와 깊이를 파악하고 있습니다.

바닷물을 조금 떠서 냄비에 담고 증발시키면 소금이 남습니다. 이 소금 속에는 다른 물질도 여러가지 녹아 있으며, 이를 염분(鹽分)이라 합니다. 해수에 포함된 염분의 양은 바다의 위치라든가 주변에서 흘러드는 강물의 양 등에 따라 다소 차이가 있지만, 평균 3.5%입니다. 바닷물의 주성분인 소금은 염소와 나트륨의 화합물입니다. 바닷물에 가장 많이 녹아 있는 원소 4가지는 염소(1.9%), 나트륨(1.06%), 황(0.26%), 마그네슘(0.13%)입니다. 이 외에 칼슘, 칼륨, 중탄산나트륨, 브롬, 스트론튬, 보론, 불소, 심지어 금과 우라늄까지 소량이나마 용해되어 있습니다.

세계의 바닷물은 전부 짠물일 것 같은데 약 2.5%는 민물이랍니다. 남북극 해양에 떠다니는 빙산의 얼음에는 소금기가 없기 때문입니다. 신비스럽게도 바닷물이 얼 때는 염분은 빼고 물 분자끼리만 얼어붙습니다. 극지의 바다에 사는 동물이나, 조난당한 사람이 소금기 없는 물을 얻으려면 떠다니는 얼음덩이나 빙산 조각을 녹여먹으면 됩니다.

바다라고 하면 일렁이는 파도를 먼저 연상합니다. 거대한 파도가 흰 거품을 일으키며 해변에 부딪히는 것을 보면, 엄청난 에너지가 작용하고 있음을 알 수 있습니다. 바다에서 파도를 일으키는 주인공은 거의 언제나 바람입니다. 해저의 화산 폭발이나 지진에 의해 큰 파도(해일)가 발생하는 경우가 있지만 매우 드뭅니다.

또한 달의 인력에 의한 조석도 약간의 파도를 일으킵니다. 수면 위로 바람이 일정한 방향으로 불면, 표면의 물은 바람에 밀려 조금씩 파도를 일으킵니다. 바람이 강하거나 바람이 불어가는 거리가 길면 파도의 높이는 점점 커집니다. 그러므로 넓은 바다 위로 강풍이 계속 불면 거대한 파도가 생겨나지요. 파도는 바람의 방향으로 밀려가는 것처럼 보이지만, 사실은 제자리에서 솟았다가 다시 내려가는 상하운동만 합니다. 파도가 일렁이는 수면에 떠 있는 갈매기를 보면, 그들은 파도와 함께 이동하는 것이 아니라 제자리에서 오르락내리락할 뿐입니다. 이처럼 파도는 표면에서만 일어나기 때문에 수면 아래의 생명체들은 대부분 안전하게 살아갑니다.

빙하는 인류의 대규모 저수장

남북극에 가까운 대륙이나 바다는 연중 얼음층이 덮여 있고, 수천㎦ m 고산은 만 년설이 쌓여 있습니다. 지구에 빙하와 얼음대륙은 없어도 좋을까요? 극지방과 고산에서는 추위와 눈사태 등으로 고통을 받고 수시로 조난까지 당하지만, 빙하는 인류에게 절대로 필요한 존재입니다.

지구는 수만 년 전까지 지금보다 훨씬 춥고, 빙하의 규모가 더 광대했던 때가 있었습니다. 그때를 '빙하기'라 하지요. 지금도 지구 표면의 약 20%는 늘 얼어 있는 영구동토(툰드라)입니다. 또한 표면적의 약 10.4%(1,560만㎢)는 얼음판과 빙하, 만년설 등으로 덮여 있습니다. 그렇지만 이처럼 광대한 동토와 빙하는 지구의 기상을 조절하고, 수십억 인류에게 물을 공급하는 존재입니다.

북극에서 발달한 찬 고기압과 남쪽의 따뜻한 저기압이 만나면서 비와 눈이 생기고 바람이 붑니다. 만일 남북극과 고산의 얼음이 전부 녹아버려 냉기(冷氣)가 없다면 지금과 같이 공기와 물의 순환이 이루어질 수 없습니다. 공기와 물의 순환은 지구 생명체들에게 필요한 생존조건입니다.

인도의 인더스 강과 갠지스 강은 에베레스트 산의 빙하로부터 수원(水源)이 시작됩니다. 만일 인도 대륙에 이 강이 없다면 지금처럼 많은 인구와 동식물이 생존할 수 없습니다. 노아의 홍수가 일어난 티그리스 강과 유프라테스 강도 만 년설이 쌓인 고산에서 발원(發源)합니다. 이집트의 나일 강도 마찬가지입니다. 만 년설이 쌓인 고산의 눈과 얼음은 수십억의 인구가 의지하도록 신이 준비해놓은 대규모 저수지입니다.

남극대륙은 한반도 전체 넓이보다 60배 이상 넓으며, 그 대륙은 평균 약 1,600m 두께의 얼음이 뒤덮고 있습니다. 이곳은 가장 추울 때 −89℃까지 내려가면서 남반구(南半球) 전체의 기상을 조절합니다. 또한 남극대륙은 지구상에서 소금기 없는 담수(淡水)를 가장 많이 저장한 저수시설이기도 합니다. 남극대륙에서 떨어져 나온 큰 빙산을 예인선으로 중동까지 끌어가 생수로 이용하려는 계획도 있지요. 운반 도중에 빙산이 모두 녹아버릴 것 같지만 절반 이상 남아 있을 것이라 합니다.

남극대륙 주변의 광대한 바다는 크릴, 물고기, 고래가 사는 수산자원

수천 년을 두고 쌓인 눈은 두꺼운 얼음의 층이 되어 비탈이나 골짜기를 따라 얼음의 강 (빙하)이 되어 천천히 흘러내립니다

의 보고이기도 합니다. 남극대륙에는 중요한 지하자원도 매장되어 있어 여러 나라가 탐험대를 파견하여 조사하고 있습니다. 지구의 고산, 남북극의 얼음 덮인 추운 대륙, 어느 하나도 인간을 위해 필요하지 않은 것이 없습니다.

강물은 육지에 내린 빗물과 고산지대의 빙하가 녹아 흘러내리는 것입니다. 세계의 강물이 바다로 끊임없이 흘러들지만 해면은 수위가 높아지는 일이 없습니다. 그 이유는 바다의 물이 증발하여 구름이 되고,

그것이 다시 비와 눈이 되는 '물의 순환'이 영속(永續)되기 때문입니다.

수천 년을 두고 쌓인 눈은 두꺼운 얼음의 층이 되어 비탈이나 골짜기를 따라 얼음의 강(빙하)이 되어 천천히 흘러내립니다.

그러나 언젠가 빙하기가 닥쳐와 지구의 기온이 내려간다면, 육지에 쌓이는 눈의 양이 많아질 것이며, 그에 따라 해수면은 점차 내려가게 될 것입니다. 현재의 바다 수위는 빙하기이던 약 18,000년 전보다 100m 정도 높아져 있다고 합니다. 그러나 근년에 와서는 지구온난화로 극지의 얼음이 더 잘 녹기 때문에 해수면이 조금씩 높아갑니다.

빙하기는 석기시대를 대비한 준비기간

지구의 역사 중에는 매우 넓은 지역이 얼음으로 덮인 빙하시대가 불규칙하게 몇 차례 있었습니다. 빙하시대를 맞으면 식물이나 동물이 왕성하게 살 수 있는 지역이 좁아듭니다. 과거의 지구 역사에 왜 빙하시대가 있었는지 이유는 확실히 알지 못합니다. 지금으로부터 가장 가까웠던 빙하시대는 약 200만 년 전에 시작되어 11,000년 전까지 계속되었습니다. 지질학자들은 이 시기를 '대빙하시대'라 합니다. 이때는 지구 표면의 약 27%가 얼음으로 덮여 있었습니다. 당시 유럽대륙은 독일, 폴란드 그리고 알프스 산맥이 있는 곳까지 전부 얼음 대륙이었습니다. 빙하시대를 거친 곳에는 빙하의 흔적이 남아 있기 때문에 쉽게 알 수 있습니다.

과학자들의 추정에 따르면, 대빙하시대의 해수면은 지금보다 최대 약 140m 낮았을 것이라고 합니다. 그럴 때의 세계지도는 지금과 아주 달랐을 것입니다. 지금은 따뜻한 시대(간빙기 間氷期)라고 합니다. 일부 과학자는 20,000~50,000년 후에는 빙하기가 다시 올 것이라고 예측합니다. 한편, 진행되는 지구온난화 현상 때문에 차기 빙하기의 도래 시기가 늦추어질 것이라는 이론도 있습니다.

학자들은 인류의 석기시대를 약 250만 년 전부터 기원전 4,500~2,000년까지라고 합니다. 그렇다면 석기시대는 지나간 빙하기와 시간적으로 상당 기간 일치합니다. 석기시대 이전 고인류의 삶은 다른 유인원과 크게 다르지 않았을 것으로 생각됩니다. 그러나 고난의 빙하기를 적응하는 동안 인류는 석기(石器)를 사용하게 되고, 협동하며 사는 생존방법의 진화가 시작되었을지 모릅니다.

대기층 창조의 자연법칙

성서에서 창공(하늘)은 이틀째에 창조했다고 기록되어 있습니다. 하늘이란 우주 전체를 나타내기도 하지만, 지구 표면을 둘러싼 대기(大氣)층을 나타냅니다. 옛사람들은 바람이 부는 것을 보고 공기가 있다는 것은 알았습니다. 그러나 구약시대는 말할 것도 없고 250여 년 전까지만 해도 산소가 무엇인지, 공기는 어떤 성분으로 이루어졌는지 전혀 알지 못했습니다.

지구를 덮고 있는 대기의 성분을 봅시다. 지구가 처음 탄생했을 때의 공기는 대부분 수소였습니다. 그러나 화산에서 암모니아와 메탄가스, 이산화탄소가 대거 분출하여 대기를 채우기 시작했습니다. 수억 년이 지나는 동안 이들 기체는 태양에서 오는 강력한 자외선의 화학작용으로 차츰 질소와 산소로 변할 수 있었습니다. 지금의 공기는 약 78%가

질소이고, 산소는 21%, 이산화탄소는 0.039%에 불과합니다. 그 외에 수소, 네온, 헬륨, 크립톤, 크세논, 메탄, 오존 같은 기체를 모두 합쳐야 1% 정도입니다. 공기는 색이나 냄새, 맛이 없습니다. 지구를 둘러싼 대기층은 높이 올라갈수록 공기가 희박해져, 해면으로부터 11~16㎞ 높이에 이르면 거의 진공상태가 됩니다.

신은 무색투명한 공기로 채워진 하늘이 낮에는 푸른색으로 보이도록 하고, 저녁이면 아름다운 노을빛을 만들 수 있도록 했습니다. 밤이면 투명한 공기층을 투과하여 달과 별이 보이도록 하고, 비가 그치면 그 하늘에 황홀한 무지개까지 만들어 신비로움에 감탄하도록 하지요.

: 최적 농도로 창조된 산소, 이산화탄소, 질소

산소에 대한 더 자세한 이야기는 제4장에서 다룹니다만, 산소를 호흡하지 못한다면 인간은 5분을 견디기 어렵습니다. 그것은 뇌 세포에 산소가 공급되지 않으면 의식을 잃어버리고, 모든 세포의 생리적 활동이 중단되기 때문입니다. 병원에서 미숙아가 태어나면, 아기를 온도와 공기가 조절되는 인큐베이터 장치 속에 뉘어둡니다. 이때 인큐베이터 안의 산소 농도를 30~40%로 높게 합니다. 이것은 미숙아의 폐가 완전히 발달하지 않아 산소를 충분히 호흡하지 못하기 때문입니다. 그러나 인큐베이터 속의 산소 농도를 더 높게 해준다면, 아기 혈관 속으로 산소가 지나치게 많이 들어가 오히려 아기의 세포를 파괴하는 등 지장을 일으킵니다. 만일 현재 대기 중의 산소 농도가 지금(21%)보다 높으면 성인일지라도 세포에 지장이 생깁니다.

현재 상태의 산소 농도가 왜 적정한지 중요한 이유를 한 가지 더 생각해봅니다. 화약이 폭발하는 것, 나무가 불타는 것은 산소가 맹렬히 화학반응을 일으키는 현상입니다. 쇠가 녹스는 것도 산소 때문입니다. 화재가 발생했을 때 모포를 덮어 공기(산소)를 차단하면 불은 꺼지고 맙니다. 용접을 할 때는 산소를 공급해주어야 뜨거운 열을 얻습니다. 만일 대기 중의 산소 농도가 지금보다 높다면 산불이나 화재가 발생했을 때, 마치 강풍을 만난 들불처럼 연소하여 도저히 끌 수 없는 상황이 될 것입니다.

녹색의 지구를 만들고 있는 식물은 이산화탄소가 있어야 탄소동화작용을 하여 영양분을 생산할 수 있습니다. 무성한 숲을 보면, 공기 중에 이산화탄소가 많이 있을 것 같지만 50여 년 전까지는 겨우 0.03%뿐입니다. 신은 이 정도로 미량인 이산화탄소로 지구상의 모든 식물을 가꿉니다.

공기 중의 질소 양은 약 78.09%입니다. 질소 양이 이렇게 많다는 것은 참 다행합니다. 산소가 많으면 산화반응이 과도하게 일어날 것이고,

이산화탄소가 많으면 동물들이 호흡하며 살기에 불리합니다. 질소는 화학반응을 잘 일으키지 않는 기체여서, 질소를 많이 호흡해도 인체에 아무런 영향을 주지 않습니다.

질소는 생명체에게 너무나 중요한 원소입니다. 생물의 몸을 이루는 단백질, DNA, RNA는 질소를 포함하고 있습니다. 인체의 경우 체중의 3% 정도가 질소입니다. 식물은 질소 비료가 있어야 자랍니다. 자연 속의 식물은 질소를 그대로 흡수하지는 못합니다. 그러나 질소와 산소가 결합한 성분(질소비료)은 뿌리가 잘 흡수합니다. 식물의 질소비료는 대부분 흙 속에 사는 미생물이 공기 중의 질소를 흡수하여 만든 것입니다. 콩과식물의 뿌리에 사는 뿌리혹박테리아는 질소비료를 만드는 대표적인 미생물의 하나입니다.

신이 대기를 질소로 가득 채운 방법은 매우 간단했습니다. 지구 탄생 초기에 대기층을 채우고 있던 다량의 암모니아(NH_3 : 질소와 수소의 화합물)에 화학반응을 잘 일으키는 자외선을 비추어 질소를 분리해낸 것입니다. 질소라는 기체는 화학작용을 잘 하지 않기 때문에 생물체에 별다른 영향을 주지 않습니다. 그러나 질소는 산소와 함께 대기층에 대류가 일어나도록 하는 주역입니다.

동물과 식물이 죽어 부패하면 질소는 토양과 공중으로 돌아갔다가 다시 생물의 몸이 되는 과정이 되풀이 됩니다. 이를 '질소의 순환'이라 합니다. 지구를 구성하는 원소의 양으로 계산하면 질소는 30번째로 매우 적은 편인데, 왜 공기 중에는 질소가 많게 되었는지 그 이유는 과학자들도 정답을 찾지 못하고 있습니다. 이 또한 창조의 신비입니다.

지상에서는 물속 10m 깊이에서 받은 수압과 비슷한 정도(1기압)의 공기 압력을 늘 받습니다. 기압(氣壓)이란 공기의 압력을 말하며, 1기압(1013.25헥토파스칼 hPa)보다 수치가 높으면 고기압이라 하고, 낮으면 저기압입니다. 저기압 상태는 적도 가까운 바다에서 잘 발생합니다. 뜨거운 태양이 비치면 공기가 팽창하여 가벼워집니다. 그러므로 이런 곳의 대기층은 주변보다 다소 기압이 낮은 상태가 됩니다. 공기도 물처럼 기압이 높은 곳에서 낮은 데로 흐릅니다. 저기압이 발생하면 고기압인 곳의 공기가 저기압 자리로 이동하게 되어, 대류를 일으킵니다. 공기층의 대류는 기온을 균일하게 조정하면서 공기의 성분도 고르게 해줍니다.

높은 산으로 올라가면 차츰 기압이 낮아집니다. 해발 5,400m 높이의 기압은 해수면 기압의 절반에 불과합니다. 이런 고공은 해수면에 비해 산소가 부족하여 당장 호흡에 지장이 생겨 어지럽고 숨이 가쁜 고산병 증세가 나타납니다.

지구를 둘러싼 공기층을 대기층이라 하며, 기상 변화는 모두 대기층에서 일어나는 현상입니다. 지구의 대기는 상공 약 120㎞까지 있지만 그곳은 거의 진공상태이고, 대기 총량의 4분의 3은 약 11㎞ 이내에 있습니다. 이런 대기가 지표면을 누르고 있는 무게를 기압이라 합니다. 지구 표면의 평균 기압은 약 1입니다. 1기압의 무게는 1㎠에 약 10m 높이의 물, 즉 1kg의 힘이 누르는 것과 비슷합니다. 인간만 아니라 모든 생명체는 이렇게 무거운 공기에 눌려 있지만 그것을 느끼지 않도록 만들어져 있습니다. 사람의 몸 표면적은 평균 20,000㎠인데, 이 경우 20,000kg의 공기가 온몸을 누르고 있는 것입니다. 그러나 신은 인간이 이 압력을 의식하지 않고 부담 없이 살도록 창조했습니다.

놀라운 것은 지구를 덮은 대기의 양이 최적 상태라는 점입니다. 지구의 기압이 지금과 다르다면 어떤 일이 생겨날지에 대해서는 별로 알려져 있지 않습니다. 고산에 올라가면 기압이 낮아집니다. 수천m 되는 고산에서는 물이 100℃가 되기 전에 끓어버려 음식이 제대로 익지 못합니다. 반대로 기압이 지금보다 높으면 물의 끓는 온도가 높아집니다. 기압의 높고 낮음은 우선 물에 큰 영향을 줍니다. 즉 만일 기압이 낮다면 바다를 포함한 모든 물이 지금보다 빨리 증발하는 현상이 나타납니다. 반대로 기압이 높으면 물의 증발 속도가 느려집니다. 바닷물의 증발 속도가 지금과 달라지면 지구는 예상치 못한 기상재난을 겪게 될 것입니다.

지구의 대기층은 고공으로 갈수록 희박해지고 기온은 내려갑니다. 구름이 떠돌고 기상 변화가 일어나는 대기층을(두께 약 11~16㎞) 대류권(對流圈)이라 합니다. 대류권 위는 성층권이라 하고, 성층권보다 더 높은 중간권(지상에서 48~85㎞ 높이)은 기온이 −90℃ 정도로 낮습니다. 그러나 그보다 위층인 열권(지상 85~700㎞ 높이)은 온도가 1,500~2,000℃로 높습니다. 그 이유는 태양으로부터 에너지를 많이 받기 때문입니다. 그러나 그곳의 기온을 온도계로 측정하면 영하입니다. 그 이유는 공기 분자가 너무 희박한 때문인데, 태양에너지를 받은 공기 분자의 열은 높지만 온도계의 눈금을 올려놓지는 못합니다. 열권 바깥은 외기권이라 부르는 층이 지상 약 700㎞까지 뻗어 있으며, 그보다 바깥은 거의 진공입니다.

이온층과 오존층이 없다면?

신은 인간을 위한 안전장치를 대기 상층에도 준비해두었습니다. 지상 50~400㎞ 높이의 대기층을 '이온층'이라 부르기도 하는데, 그 이유는 이곳의 공기 분자들이 강한 자외선의 작용으로 이온화되어 있기 때문입니다. 공기 분자들이 전자를 잃거나 반대로 전자를 더 많이 가진 상태로 된 것입니다. 이온층은 전기적인 성질이 강해 전파를 반사하는 작용을 합니다. 이온층이 없다면 전 세계로 퍼지는 전파통신이나 방송이 어렵게 됩니다. 이온층이 전파를 반사해주기 때문에 지구 반대쪽까지도 전파가 갈 수 있으니까요. 만일 이온층이 아주 없으면 공중으로 향한 전파는 모두 지구 바깥으로 나가버리게 됩니다.

이온층은 태양에서 오는 태양풍의 영향도 막아줍니다. 태양풍이란 태양에서 빛과 함께 날아오는 전자, 중성자 등을 말하는데, 평균 초속이 약 500km인 이들은 강력한 에너지를 가지고 있어 생명체를 위협하기도 하고, 태양풍 중의 전자는 전파통신을 교란시킵니다. 그래서 태양 표면에서 흑점(대폭발)이 크게 발생하면, 방송이나 비행기의 통신장비 오작동을 경계하는 주의보를 내리기도 합니다.

대기층 상부에는 '오존'이라는 기체가 다량 존재하여, 태양으로부터 오는 강력한 자외선을 약하게 해주는 스크린 작용을 합니다. 오존이란 보통의 산소(O_2)에 산소 원자가 하나 더 결합하여 O_3이 된 산소를 말합니다. 이런 산소(오존)는 쉽게 O_2와 O로 분해되고, 이때 생겨난 O는 탈색, 살균 등의 산화작용이 강합니다. 실제로 오존이 인체에 미치는 영향은 크지 않으나 오존은 자동차 배기가스 속에 많이 포함되어 있기 때문에, 대도시의 대기 중에 오존 양이 많으면 오염이 심하다고 판단할 수 있습니다.

남극 상공의 오존층이 없어지는 것을 걱정하는 뉴스가 수시로 나오는 이유는 강한 방사선이 지표까지 오는 것을 염려하기 때문입니다. 그런데 한동안 냉동기의 냉동제로 사용하던 '프레온 가스'는 상공으로 올라가 오존과 반응하여 오존을 분해해버립니다. 만일 오존층이 없어 강력한 자외선이 지상에 그대로 내려온다면, 자외선의 강력한 화학작용 때문에 생명체의 몸을 구성하는 물질들이 파괴되어 피해를 입어야 합니다. 신은 지상의 생명체에게 위협이 되지 않으면서, 필요한 만큼의 자외선을 공급하기 위해 오존층을 두었고, 현재와 같은 전파통신 시대를 대비해 이온층도 마련해두었습니다.

⋮ 제트기류가 없다면?

제트기류는 눈에 보이지 않지만 고공에서 끊임없이 불고 있는 강한 바람입니다. 제트기류가 존재한다는 것을 알게 된 것은 제2차 세계대전 때 고공을 날던 폭격기였습니다. 비행사들은 고공에서 투하한 폭탄이 강풍에 날려 제자리에 떨어지지 않는다는 것을 알았습니다. 어떤 때는 비행기가 날고 있었지만 비행기 위치는 제자리에 있었습니다. 과학자들은 이러한 현상이 고공의 강력한 바람 때문이라는 것을 알고, 거기에 '제트기류'라는 이름을 붙였습니다.

제트기류는 지상 9,000~18,000m 높이에서 불며, 풍속은 시속 96~242㎞인데, 어떤 때는 시속 500㎞에 이르기도 합니다. 제트기류는 적도를 중심으로 북반구와 남반구 하늘에 두 가닥이 좁다란 띠처럼 되어 서쪽에서 동쪽으로(지구가 자전하는 방향으로) 연달아 흐릅니다. 북반구에 여름이 오면 인도, 동남아시아, 아프리카 일부를 지나는 제3의 제트기류가 발생하기도 합니다. 그럴 때는 지구 위에 3가닥의 제트기류가 동시에 흐르게 되지요. 비행기로 한국에서 북미대륙으로 갈 때는 올 때보다 비행시간이 적게 걸립니다. 이것은 흐르는 강물에 떠내려가는 배처럼 비행기가 제트기류를 타고 날기 때문입니다.

제트기류가 발생하는 원인은, 적도 근처의 육지나 바다 위의 공기가 태양에너지를 많이 받아 고공으로 올라갔다가, 그곳에서 냉각된 공기층을 만나기 때문입니다. 따뜻하고 가벼운 공기가 무겁고 찬 공기를 만나면 심한 대류가 일어나면서 강한 바람이 됩니다. 제트기류의 방향은 비행사들에게 매우 중요한 정보입니다. 제트기류를 타고 날면 훨씬 빨리 가기 때문에 연료를 절약할 수 있습니다.

제트기류는 지구상의 생명체에게 매우 중요한 역할을 합니다. 제트기류가 상공을 도는 사이에 지구의 대기 성분과 기온을 고르게 섞어줍니다. 만일 제트기류가 없다면 남극이나 북극 쪽의 기온은 지금보다 더 춥고, 반대로 적도 지역은 더 더울 것입니다. 신은 고공까지 빈틈없이 관리하여 지구의 환경을 건강하게 지켜줍니다.

화산과 지진의 자연법칙

화산은 거대한 지구 보일러의 안전밸브

냄비에 물을 끓이면 수증기가 나오면서 뚜껑을 들썩입니다. 높아진 수증기압이 탈출하는 현상입니다. 포도주 병이나 맥주 캔을 열 때도 가스(이산화탄소)와 함께 액체가 쏟아져 나옵니다. 화산은 지구 내부의 뜨거운 물질이 고열과 고압 때문에 지각을 뚫고 터져 나오는 것입니다. 그러므로 화산은 지구라는 거대한 보일러의 안전밸브 역할을 합니다.

화산이 폭발하면 붉은 용암과 함께 화산재가 뿜어 나와 주변에 큰 피해를 줍니다. 화산재는 용암이 높은 열과 압력의 영향으로 모래알처럼(직경 2㎜ 이하) 잘게 깨진 것입니다. 이런 화산재는 나무를 태운 재와는 달리 매우 거칠고 단단합니다. 더 미세한 밀가루 같은 화산재는 고공으로 올라가 구름에 섞여 비와 함께 내립니다. 화산재가 잔뜩 쌓인 경사면에 큰 비가 내리면 엄청난 사태를 일으키기도 합니다.

화산재가 포함된 구름에서는 전기가 잘 흘러 심하게 번개가 치기도 합니다. 화산재가 날리는 하늘로는 비행기도 위험하기 때문에 비행하지 않습니다. 화산 연기에서 유황냄새가 나는 것은 그 속에 아황산가스가 많이 포함된 때문입니다. 아황산가스가 구름의 물을 만나면 황산이 됩니다. 그러므로 화산 연기를 포함한 구름은 강한 산성비를 만듭니다.

지구 표면에서 평균 약 2,900㎞ 깊이까지는 지각(地殼)이 굳어있지만, 그 아래로 갈수록 고온이 되어 지구 중심 5,515㎞ 깊이 근처는 약 7,000℃에 이릅니다. 지구의 내부 온도가 이렇게 고온 상태인 이유는 크게 3가지로 설명하고 있습니다.

1. 지구 탄생 때의 열이 아직 남아 있습니다.

2. 지구 중심부의 물질들이 고압과 고온 때문에 심하게 마찰하여 마찰열이 생기고 있답니다.

3. 중심부에 있는 우라늄과 같은 방사성 물질이 계속 붕괴되고 있답니다. 지구 중심부의 물질은 주로 무거운 철이며, 엄청난 압력(약 300만 기압)으로 짓눌려 있습니다. 이런 조건에서는 핵붕괴반응이 일어나기 때문에, 지금과 같은 상태가 수억 년 계속될 것이라고 합니다.

미국의 활화산인 세인트헬레나 화산에서 연기가 솟아납니다. 화산 연기 속에는 이산화탄소, 암모니아, 메탄, 수증기 등이 포함되어 있습니다.

만일 어떤 과학자가 화산폭발을 방지하기 위해 분화구(噴火口)를 모조리 막아버린다면 안전할까요? 지구 내부는 점점 뜨거워져 어느 순간 마치 과열된 보일러가 터지듯이, 지구 전체가 폭발할 것이라 생각됩니다. 수시로 일어나는 화산 활동은 대폭발을 미리 막아주고 있습니다.

화산폭발은 수시로 발생하고 언제 일어날지 예측하기 어렵습니다. 화산과 지진, 해일의 발생 원인은 서로 연관되어 있습니다. 화산 위험이 있는 지대에도 주민이 사는 것은 폭발이 자주 발생하지 않기 때문일 것입니다. 지구 내부가 뜨거운 덕분에 온천물이 솟아나올 수 있습니다. 유명한 온천지대에서는 지열(地熱)을 이용하여 발전소를 만들고 난방도 합니다. 과학자들은 화석연료가 바닥나는 때를 대비하여 지구 내부의 열을 이용하는 방법도 연구합니다. 지구를 온돌방처럼 데워주고 있는 뜨거운 지열은 미래에 더 잘 이용하게 될 가능성이 있습니다.

∷ 화산 활동도 지구의 순환 현상

'이상기후'라는 말은 요즘 유행어입니다. 기상학자들은 지난 10,000년 동안에 가장 기후가 이상했던 해는 약 200년 전인 1816년(조선 순조왕 때) 경이라고 말합니다. 왜냐하면 그해 지구상의 북반구는 여름이 오지 않고 겨울이 계속되었으니까요. 당시에는 지금처럼 통신이나 과학 기술이 발달하지 않았으므로, 여름에 추위가 계속되어도 원인을 알지 못하고, 흉년이 거듭되어도 재난을 당하기만 했습니다.

이때의 이상기후는 1812년부터 1817년 사이에 세계 몇 곳에서 화산이 터진 탓이었습니다. 그 중에서도 1815년에 인도네시아의 자바 섬에 있는 '탐보라' 화산이 유난히 크게 폭발했습니다. 이 화산에서 뿜어 나온 화산재의 양은 약 1억 5,000만 톤이었다고 추정합니다. 엄청난 화산재는 10㎞ 상공까지 높이 올라가 바람을 타고 전 세계 하늘을 덮었습니다. 화구로부터 계속하여 뿜어 나온 화산재는 장기간 태양을 캄캄하게 가렸습니다. 그 결과 여름이 왔는데도 기온이 겨우 2~3℃일 정도로 추웠으며 공기도 건조했습니다. 어떤 곳에서는 6월과 7월에 눈이 내리기도 했습니다.

이때 세계적으로 흉년이 들었습니다. 가축이 먹을 풀도 찾기 어려웠습니다. 산과 들의 나무는 잎이 자라지 않아 죽어갔습니다. 이런 피해는 북반구가 더 심했습니다. 1817년이 되어서야 화산 먼지가 가라앉아 기온이 정상을 되찾았습니다. 이 시기에 영국, 프랑스, 스위스 등지에서는 20만 명이 아사했다고 하며, 곳곳에 콜레라와 같은 전염병도 퍼졌습니다. 당시 유럽에서는 흉년이 너무 심각하여 수많은 사람이 미국대륙으로 이민을 가기도 했습니다. 우리나라도 그해 여름 춥고 비가 유난히 많았으며, 중국과 일본도 흉년이 심각했다고 합니다.

이런 일을 미루어 볼 때, 지구상에 번성하던 공룡이 사라진 원인이 거대한 운석이 지구와 충돌했기 때문이라는 학설을 지지하게 합니다. 운석 충돌의 충격 때문에 여러 화산이 한꺼번에 폭발하면서 뿜어 나온 연기와 먼지가 장기간 세계의 하늘을 가리게 되었고, 이때 광합성을 해야 사는 식물이 제대로 살지 못하자, 공룡들은 먹이가 없어 모두 죽었다는 것입니다.

과학자들은 약 70,000년 전에도 수마트라 섬에서 대규모 화산 폭발이 일어나 전 지구가 장기간 추웠다는 증거를 찾아냈습니다. 화산폭발 때문에 발생하는 장기간의 저온현상을 '화산겨울'(volcanic winter)이라 합니다. 서기 79년에 발생한 이탈리아의 베스비우스 화산 폭발은 로마의 화려한 도시 폼페이를 완전히 파묻어버리기도 했습니다.

⋮ 대륙을 6개로 나눈 신의 배려

태평양을 가운데 두고 빙 둘러 화산활동과 지진이 심한 지대가 형성되어 있습니다. 이곳을 지질학자들은 '환태평양 화산지대'라고 합니다. 이 지대는 알래스카로부터 미국 서해안, 중앙아메리카와 멕시코, 남아메리카의 안데스 산맥과 칠레, 뉴질랜드로 이어지고, 시베리아의 알류산열도, 캄차카 반도, 일본, 필리핀, 셀레베스, 뉴기니, 솔로몬군도에 이르기까지 연결됩니다. 전 세계 850여 개 활화산 가운데 75%가 이 화산대에 있습니다.

화산지대가 생긴 것은 지구의 지각(地殼)이 몇 조각으로 나누어 맨틀 위를 이동하면서 서로 부딪거나 떨어져 나가고 있기 때문입니다. 지구의 대륙은 원래 하나였으나 수억 년 전부터 몇 조각으로 갈라져 이동하면서 지금과 같은 상태의 대륙이 되었다는 주장은 1915년에 처음 나왔습니다. 독일의 지구물리학자인 베게너(Alfred Begener 1880~1930)는 세계 여러 대륙을 여행하며 관찰한 뒤, 모든 대륙이 맨틀 위를 매우 느리지만 이동하고 있다는 '대륙 표류설'(theory of continental drift)을 발표했습니다.

지구의 대륙이 이동한다는 이론을 요약해보면 이렇습니다. 지구의 지각은 6개의 큰 판과 작은 판 몇 개로 이루어져 있으며, 이들은 마치 바다에 뜬 조각난 얼음판처럼 서로 밀거나 멀어지면서 맨틀 위를 1년에 약 1.91㎝(손톱이 1년간 자라는 정도)로 이동하고 있으며, 화산활동과 지진이 발생하는 곳은 주로 대륙이 연결되는 가장자리입니다. 대륙판이 서로 충돌하는 곳에서는 높은 산맥이 생겨나고, 대륙이 서로 떨어지는 곳에는 해구(海溝)와 단층이 생깁니다.

콜럼버스(1451~1506)가 아메리카 대륙을 발견하기 이전에는 지구의 대륙이 어떤 상태로 있는지 몰랐습니다. 지구과학자들의 연구에 의하면, 뜨거운 지구가 식고, 물이 많아져 바다가 만들어졌을 때, 바다 위에 드러난 육지(대륙)는 지금과 전혀 다른 모습이었습니다.

지금의 육지(땅)는 유라시아, 아프리카, 북아메리카, 남아메리카, 오세아니아 그리고 남극 대륙 6개로 크게 나뉘어 있습니다. 그러나 초창기의 대륙은 하나의 덩어리('초대륙'이라 부름)였으며, 그것이 약 10억 년 전부터 몇 개로 갈라져 지금과 같이 6개의 대륙으로 나뉘었다고 믿습니다.

신은 하나이던 대륙을 왜 쪼개어 지구 전체에 흩어놓을 필요가 있었을까요? 지구상에는 사막이 여러 곳에 있습니다. 대표적인 곳은 사하라, 아라비아, 몽고, 미국 중부, 호주 중부 등에 있습니다. 사막은 대개 큰 대륙의 중앙부에 있는데, 대부분 바다와 너무 멀리 떨어져 있어 비가 쉽게 내리지 못하는 곳입니다. 만일 지구의 대륙이 한 덩어리라면, 바다와 가까운 가장자리를 제외한 대부분의 대륙이 사막일지 모릅니다. 그러면 동식물과 인간이 풍요롭게 살 수 있는 범위가 매우 제한될 것입니다.

지구는 대륙이 여러 개로 나뉘는 과정에 높은 산도 생기고 깊은 바다도 있는 매우 다양한 환경을 가지게 되었습니다. 열대 정글지대가 있고, 4계절이 바뀌는 온대지역이 있으며, 얼음으로 뒤덮인 극지역도 있지요. 그에 따라 지구상에서는 환경에 따라 수없이 다양한 생명체가 나타나 번성할 수 있었습니다.

⋮ 사막은 건강한 지구에 필요

세계적으로 사막 면적이 확대되고 있어 이 또한 지구가 당면한 커다란 재난으로 보고 있습니다. 사막 주변에는 풀만 겨우 자라는 광대한 초원이 있게 마련입니다. 인구가 증가하면서 이런 초원에서 사육하는 가축의 수가 늘어나자, 풀이 없어진 초원은 점진적으로 사막화하는 것입니다.

사막은 대부분 큰 대륙의 중앙부에 있습니다. 사막이 만들어지는 이유를 간단히 알아봅니다. 적도에 가까운 바다에서는 태양이 강하게 비치기 때문에 수분을 대량 포함한 바람이 생겨납니다. 과습한 바람이 광대한 대륙으로 불어가면, 도중에 높은 산을 만나 그곳에서 비가 되어버립니다. 그러므로 산을 넘어 대륙을 거쳐 온 바람에는 습기가 없어 비가 내리지 못하게 됩니다.

세계의 큰 대륙에는 모두 사막이 있으며, 전체 사막의 면적은 전 육지 면적의 약 30%를 차지합니다. 세계에서 가장 큰 아프리카 북부의 사하라사막은 지중해보다 3배 넓은 약 900만㎢나 됩니다. 그다음으로 넓은 사막은 사우디아라비아와 요르단, 이란, 이락, 쿠웨이트, 카타르 등이 있는 중동의 아라비아 사막(230만㎢)입니다. 세 번째인 고비사막은 약 130만㎢를 차지합니다. 미국 남부에도 멕시코와 연결된 광대한 사막이 있으며, 오스트레일리아 내륙에도 사막이 있지요. 적도 가까이 있는 사막은 낮에는 50℃를 넘도록 덥다가 밤에는 0℃ 정도로 내려가 매우 춥기도 합니다.

지구상에는 사하라사막보다 더 넓은 사막이 있습니다. 그곳은 바로 남극대륙(1,400만㎢)입니다. 남극대륙에 1년 동안 내리는 비(눈)의 양은 200㎜ 정도이므로 사막에 속합니다. 그래서 과학자들은 지구의 사막을 두 종류로 나눕니다. 사하라사막처럼 적도 가까운 곳의 사막은 '더운 사막', 남극대륙과 그린란드의 사막은 '추운 사막'입니다.

사막에도 때때로 비가 내립니다. 그러나 그 빗방울은 뜨거운 모래와 태양열에 금방 증발해버립니다. 사막의 대기 중에는 습기가 적기 때문에 기온이 40℃를 넘어도 그늘에 들어가면 더위를 잘 느끼지 않습니다. 사막의 하늘에는 구름도 보기 어렵습니다. 구름이 전혀 없으면 낮 동안 뜨거워진 지열이 금방 하늘로 사라집니다. 그러므로 해가 지고나면 기온이 급강하합니다. 북극 가까운 지역의 사막에는 물이 많이 있습니다만, 그 물은 모두 땅 표면 아래에서 동토(凍土)가 되어 얼음 상태로 있습니다.

불모(不毛)라고 생각되는 광대한 사막은 지구의 기후를 적절하게 조절하는 대기의 순환에 큰 기능을 합니다. 낮 동안 지표면 공기는 열기 때문에 팽창하여 상공으로 올라가게 되고, 그에 따라 주변 지역의 공기가 사막으로 밀려들어옵니다. 이때 모래 산을 옮길 정도의 강풍이 발생하기도 합니다. 반대로 밤이 되면 지면의 기온이 떨어져 반대방향으로 바람이 부는 대규모 '대기의 순환'이 이루어집니다.

　현재의 사막지대가 과거에는 사막이 아니었기도 합니다. 인류가 사용하는 화석 연료가 중동의 사막지대에서 대량 생산되는 것은, 그 땅이 과거에는 생명이 가득하던 곳임을 증명합니다. 만일 아마존의 정글이라든가 열대아시아의 우림지대에 큰 유전이 있다면, 아마도 사람들은 그런 삼림지대를 자연 그대로 남겨두지 않을 것입니다. 세계의 중요 산유국이 사막지대에 있다는 것이 다행이라는 생각이 들기도 합니다.

기상을 지배하는 자연의 법칙

　지구는 온갖 생명체들이 사는 거대한 농장이며, 신은 이 농장을 자연의 힘을 이용하여 관리합니다. 지구상에서는 태풍(허리케인), 사이클론, 폭우, 폭설로 인한 기상재해가 끊임없이 발생합니다. 사람들은 오래도록 가뭄이 계속되면 신에게 비를 내려달라고 기우제(祈雨祭)를 지내기도 하지요. 대규모 기상변화는 연중 비슷하게 주기적으로 발생합니다.

　농부들은 채소밭이 잡초에 파묻히지 않도록 수시로 밭매기를 합니다. 잡초는 채소의 생장에 필요한 햇빛을 가리고, 공기가 잘 통하지 않도록 하며, 땅의 양분까지 뺐어갑니다. 태풍이나 강풍이 불고나면 숲의 나무들은 대규모로 부러지고 뽑히는 등의 피해를 입습니다. 그러나 강풍이 휩쓸고 간 숲은 마치 잡초를 제거한 채소밭처럼 되지요. 하늘이 보이지 않을 정도이던 나뭇가지들이 강풍에 부러지거나 넘어짐에 따라 마치 간벌(間伐)한 것과 같은 상황이 됩니다. 그러고 나면 나무 사이로 통풍이 잘 이루어지고, 햇빛도 바닥까지 들게 됩니다.

이러한 상황은 폭설이 내렸을 때도 볼 수 있습니다. 나뭇가지에 무겁게 눈이 쌓이면 부실한 가지들은 부러지기 쉽습니다. 그러므로 기상재해는 '지구 농장'에 생존하는 모든 생물이 번성하도록 하는 신의 경작(耕作) 방법으로 볼 수 있습니다. 그러므로 기상재해를 탓할 것이 아니라 오히려 자연의 변화를 감사해 하면서, 다만 재난을 당하지 않도록 조심하고 피하는 지혜가 필요합니다.

'기상예보'는 '구름예보'라고도 할 수 있습니다. 태풍이 발생하면 텔레비전 뉴스에서는 태풍권의 구름 사진을 시시각각 보여줍니다. 열대 태평양에서는 여름부터 가을에 걸쳐 수증기를 가득 포함한 더운 공기가 대규모로 발생함에 따라 저기압이 됩니다. 태평양에서 생겨난 저기압이 아시아대륙 북쪽으로 이동하는 것을 일반적으로 '태풍'이라 합니다. 태풍의 평균 풍속은 시속 16~97㎞이고, 태풍권은 약 1,600㎞의 직경을 가지며, 1시간에 약 40㎞의 속도로 이동합니다. 소규모 태풍은 소용돌이 직경이 200㎞ 미만인 것이고, 중형 태풍은 200~300㎞, 대형은 300~600㎞이며, 초대형 태풍은 600~900㎞에 이릅니다.

대서양에서 발생하는 저기압은 허리케인이라 부릅니다. 일반적으로 허리케인은 풍속이 시속 120~320㎞이고, 시속 16~32㎞로 이동하며, 직경이 약 1,000㎞에 이르므로 초대형 태풍의 규모입니다. 이런 태풍과 허리케인은 물과 공기의 지구적 순환 시스템입니다. 만일 이런 순환이 제대로 일어나지 않는다면 지구는 살아있는 세계가 될 수 없습니다. 미국 대륙에 자주 발생하여 뉴스가 되는 토네이도(선풍) 역시 구름의 변형입니다. 구름은 물만 저장하여 운반하는 것이 아니라, 번개를 만들어 식물을 자라게 하는 비료를 생산합니다(번개 항목 참조). 비는 먼지로 더러워진 하늘과 지상을 씻어내려 청소도 해줍니다.

: 안전하게 창조된 빗방울의 크기

대규모 산림화재가 발생하여 며칠이 지나도 도저히 진화할 수 없을 때, 사람들은 비가 쏟아지기만을 기원합니다. 한여름 푹푹 찌는 날이면 소나기를 기다립니다. 소나기는 더위를 순간에 시원하게 해주는 대자연의 에어컨입니다. 대도시를 덮은 공기가 매연으로 가득하여 하늘이 불투명할 때 한줄기 소나기가 쏟아지고 나면 파란 하늘과 먼 산이 시원하게 드러납니다.

신은 빗방울의 크기와 낙하 속도가 적절하도록 했습니다. 작은 빗방울이 떨어질 때는 우산을 쓰더라도 빗방울 소리가 잘 들리지 않으나, 큰 빗방울을 가진 소나기가 우산을 두드리면 요란합니다. 일반적으로 빗방울 크기는 0.1~9㎜인데, 0.5㎜ 직경의 빗방울은 1초에 약 2m 속도로 떨어지고, 5㎜ 빗방울은 9m를 낙하합니다. 빗방울이 떨어지는 속도는 빗방울 자체의 무게와 바람의 속도에 따라 달라집니다.

만일 더 큰 빗방울이 있어 더 빠르게 낙하한다면 토양 침식이 심해져 산사태가 쉽게 날 것이며, 그럴 때면 냇물이나 강바닥이 토사로 매워져 홍수 피해가 막심해집니다. 나무들의 잎에 큰 빗방울이 고속으로 떨어지면 그 충격으로 잎은 사정없이 손상을 입을 것입니다.

：지구 농장(農場)의 비배관리(肥培管理) 법칙

자연재해 가운데 가장 인명 피해가 많은 것은 낙뢰사고랍니다. 전 지구적으로 매년 수만 명이 낙뢰로 목숨을 잃거나 부상을 입습니다. 기상학 가운데 번개에 대한 연구를 영어로 fulminology라 합니다. 우리말 이름을 몰라 '번개과학'이라 해봅니다.

번개과학자들의 보고에 의하면, 전 지구상에서 번개는 1초에 약 44회(1년으로 계산하면 약 14억 회) 발생한답니다. 대부분의 번개는 대기(大氣)가 일으키는 대규모적인 전기현상입니다. 해수면이나 지상으로부터 상승기류가 올라갈 때 공기 분자가 서로 마찰하여 전자가 생겨납니다. 막대한 양의 전자가 구름(뇌운)에 모여 있다가 구름과 구름 사이 또는 구름과 지면 사이에 방전을 일으킨 것이 번개입니다. 번개는 마른하늘에서 생기기도 하고, 화산폭발 구름, 원자폭탄의 구름 속에서도 발생합니다.

번개의 75%는 구름과 구름 사이에서 발생하고, 구름과 지면 사이의 번개는 약 25%입니다. 지구상에서 번개가 가장 많이 발생하는 곳은 뇌우가 잘 쏟아지는 열대지방(약 70%)입니다. 여름 하늘에 솜덩이처럼 생긴 구름은 보기에 아름답지만 대개는 정전기(전자)를 가득 가진 뇌운입니다.

구름과 지면 사이에 방전이 일어날 때, 불운하게 그곳에 있다가 사람이나 가축이 피해를 입는 경우가 자주 발생합니다. 번개의 전압은 일반적으로 약 $10^{12}W$(1 테라와트)이고, 번개가 흐를 때 그 주변의 공기는 순식간에 온도가 약 30,000℃까지 오른다고 합니다. 번개가 지나는 곳의 온도가 갑자기 높아지면 그 주변의 공기가 급팽창하게 되어 폭죽이 터지듯 큰 뇌성이 됩니다. 만일 이런 번개에 지상의 모래가 노출된다면, 순간에 녹아 펄규라이트(fulgurite)라는 암석이 됩니다.

사람들은 가장 빠른 것을 '번개 같다'고 표현하기 좋아합니다. 번개가 흐르는 속도는 초속 약 220,000㎞이고, 눈에 보이는 시간은 겨우 3,000만 분의 1초라고 합니다. 인간의 눈은 잔상(殘像) 현상 때문에 훨씬 길게 느끼게 됩니다. 과학자들은 번개에 담긴 전기를 수확하여 이용하는 방법을 찾고 있습니다만, 워낙 위험한 연구인지라 진보가 없어 보입니다.

번개의 빛과 천둥소리에 공포심을 갖거나 피해를 경험한 사람은 번개를 좋아하지 않을 것입니다. 그러나 신은 인간이 상상할 수 없는 규모의 정전기를 대기 중에서 방전시키는 방법(번개 현상)으로 질소와 산소를 반응시켜 막대한 양의 질소비료 성분을 합성합니다. 만일 번개현상이 없다면 지구를 덮은 식물들은 질소비료를 공급받지 못하는 상황이 됩니다. 이런 사실을 알고 보면, 신은 지구 농장의 식물을 간단한 방법으로 관리하며 경작한다는 생각이 듭니다.

⦂ 물을 운송하는 자연의 법칙

이스라엘 민족이 모세의 인도로 이집트를 떠나 사막을 지나면서 더위에 허덕일 때, 구름으로 그늘을 만들어 보호했다는 성경 이야기는 아름답습니다. 구름 모양은 너무나 다양하고 순간순간 변합니다. 그름은 모양만 아니라 색깔까지 경이롭게 변하기도 합니다. 일출이나 일몰 때 아름답게 물든 구름을 바라보는 사람은 누구나 자연을 찬탄합니다. 구름은 아름답기만 한 것이 아니라, 모든 생명에게 필요한 물을 가득 담은 자연의 저수장으로서, 온 하늘을 이동하다가 필요한 시기와 장소에 맞춰 적당량을 쏟아줍니다.

신은 구름에 담긴 물이 함부로 쏟아지지 않도록 정교한 준비를 했습니다. 그 첫 번째는 빗방울의 크기입니다. 고산이나 비행기 옆으로 지나가는 구름의 물방울 크기는 약 0.002㎜입니다. 이 정도의 물방울은 상승기류 때문에 땅으로 잘 내려오지 않고 떠 있습니다. 그러다가 이 물방울이 0.04㎜ 정도로 크게 응결하면 상승기류의 힘보다 중력이 강해 지상으로 떨어집니다. 도중에 물방울끼리 붙어 큰 빗방울이 되기도 하지요.

두 번째는 구름의 물방울이 하늘의 조건에 따라 비, 우박, 눈으로 변하여 내리도록 한 것입니다. 따뜻한 계절에는 물방울 상태로 떨어지지만, 겨울이 되면 눈의 상태로 얼려 내려 보냅니다. 겨울 동안 쌓였던 눈은 이른 봄에 천천히 녹으면서 봄을 기다린 생명들에게 생명의 물을 공급합니다.

인간은 물이 부족한 곳에서도 농사를 짓기 위해 저주지를 축조하고, 기나긴 수로를 만들며, 펌프나 인력으로 물을 퍼 올리는 엄청난 노력을 합니다. 신은 온 지구의 생명들이 사용할 물을 바다라는 초대형 저수지에 저장해두었다가, 그 물을 태양에너지를 활용하여 수증기로 만들어 하늘로 올린 후, 구름이라는 물그릇에 담아 바람의 힘으로 필요한 곳까지 운반하도록 했습니다.

기상학자들의 조사에 의하면, 1년 동안에 지구 표면에 내리는 비의 총량은 약 505,000㎦(1㎦은 1,000,000,000톤)입니다. 이 중에 398,000㎦은 바다에 떨어지고, 지상에 내리는 양은 107,000㎦입니다. 이 강수량(降水量)은 둥근 지구 표면을 990㎜ 두께로 고루 덮을 양입니다.

다양한 구름의 모양을 관찰하던 영국의 기상학자 하워드(Luke Howard, 1772~1864)는 1803년에 구름 형태에 따라 체계적으로 이름을 붙였습니다. 기상학자들은 지금도 구름 이름을 대부분 그가 지은 대로 사용합니다. 흔히 말하는 '뭉게구름'은 문학적으로 표현한 것이고,

기상학적 이름은 '적운(積雲)'입니다. 적운은 거대한 솜덩이가 높이 쌓인 것 같은 형태입니다. 적운은 습기가 많은 따뜻한 공기가 고공의 찬 공기를 만나 물방울이 되면서 만들어집니다.

대표적인 구름으로 층운(層雲)과 권운(卷雲)이 있습니다. 층운은 수평선과 나란히 층을 이루는 비교적 낮은 구름이고, 권운은 높은 하늘에 새털처럼 옅은 구름입니다. 구름의 모양은 발생 지역, 바람, 기온, 지나가는 곳의 산이나 지형 등에 따라 달라집니다. 바람이 심한 날은 구름의 변화가 더욱 빠릅니다.

⋮ 바다가 흐르는 해류의 자연법칙

방대한 양의 바닷물은 얕은 곳만 아니라 가장 깊은 곳의 물까지 전체가 끊임없이 이동하고 있습니다. 바닷물이 움직이도록 하는 주원인은 2가지입니다. 첫째는 달의 인력에 의한 조석(潮汐) 현상이고, 두 번째는 열대와 한대지역 바다의 수온 차이에 의해 일어나는 대규모 대류 현상입니다. 한대지역의 해수는 차기 때문에 적도 지역의 물보다 무겁지요. 그러므로 찬 바다의 냉수는 해저로 내려가고, 따뜻한 물은 북쪽(남반구에서는 남쪽)으로 이동합니다. 이 대류(對流) 현상이 세계의 바다에서 일어나는 해류입니다.

태양도 지구의 바닷물을 당기지만, 태양은 달보다 390배나 멀리 떨어져 있어 중력의 영향이 달에 비해 적습니다. 때때로 달과 태양이 한쪽 방향에 일렬로 있게 되면, 중력의 영향은 다른 때보다 크게 나타나지요. 대조(大潮)라 부르는 이때는 조수가 최고로 올라왔다가 또 최하로 낮게 내려갑니다.

조석 현상으로 해수면은 겨우 몇m 높아지지만, 이때 전 세계의 바다에서는 엄청난 양의 해수가 이동하게 됩니다. 끊임없이 일어나는 조석 현상은 바닷물이 서로 고르게 섞이도록 합니다. 그 결과 모든 바닷물에 포함된 영양분, 이산화탄소, 산소 등은 전체적으로 고르게 됩니다. 그에 따라 바다의 모든 생명체는 서로 먹고 먹히는 '먹이사슬'을 이루며 왕성하게 살아갈 수 있습니다. 만일 물이 혼합되지 않고 고여 있는 바다가 있다면, 그곳은 이산화탄소와 산소가 부족하고 영양분이 없어 생명체가 살아가지 못하는 환경으로 됩니다.

바다의 조석 현상에는 창조의 치밀한 자연법칙이 작용합니다. 지구와 달 사이의 적절한 거리, 알맞은 달의 크기, 달이 지구를 도는 동안 조석 현상이 매일 두 차례 일어나는 것은 오묘한 창조의 설계입니다. 만일 하루 1차례만 조석현상이 일어난다면, 바다에 사는 생물들에게 필요한 영양과 산소, 이산화탄소 등의 공급이 충분할 수 없습니다. 개펄이 하루

2차례 드러나는 덕분에 그곳의 생명체들은 풍성하게 번성하며, 바다에 양식을 의지하고 사는 사람들은 하루 2차례 해산물 수확이 가능합니다.

ː 눈(雪)은 대규모 저수(貯水) 방법

세상을 한순간에 백색으로 변화시키는 눈을 창조한 신의 의도는 무엇이었을까요? 겨울이 끝나고 봄이 시작되면 식물에게는 많은 물이 필요합니다. 이럴 때를 대비하여 신은 높은 산에 눈의 상태로 물을 저장해 두었습니다. 고산에 쌓인 눈과 얼음은 쉽게 녹아버리지 않고 서서히 녹으면서 장기간 흘러내려옵니다. 겨우내 쌓였다 녹아 흐르는 물은 사람들에게 봄의 희망을 줍니다. 농부들에게는 눈 녹은 물이 1년 농사를 시작하게 하는 생명수입니다. 세계의 고산지대에 두텁게 쌓인 눈은 세계 인구 절반 가까이 혜택을 입는 엄청난 규모의 저수시설이지요.

구름 속에서 수증기가 결합하여 눈이 되면 모두 6각형을 이룹니다. 일정한 각도를 가진 모양을 결정체(結晶體)라고 하는데, 눈은 6각형 결정체입니다. 눈의 결정은 처음 생겨날 때는 아주 작지만, 수증기가 계속 응결하여 큰 결정으로 자랍니다. 지상에 떨어지는 눈을 검은 천으로 받아 확대경이나 현미경으로 보면, 인간의 손으로는 절대 만들 수 없을 만큼 아름다운 6각형들이 결집한 보석입니다.

눈송이는 공중에 떠 있을 수 없을 정도로 무거워졌을 때 지상으로 천천히 내려옵니다. 눈송이 하나는 수억 개의 물 분자가 결합해 있으며, 물 분자들이 결합할 때마다 상황이 다르므로 눈송이는 같은 모양을 가진 것이 없습니다. 구름에서 만들어진 눈의 크기는 작지만, 작은 눈들이 서로 붙어(때로는 200여 개의 눈이 결합) 커다란 눈송이가 됩니다. 만일 눈이 내려오는 동안 공중의 기온이 따뜻하면 녹아 진눈개비가 됩니다.

눈은 기온이 낮으면 가루 같은 상태로 내리고, 기온이 높을 때는 젖은 눈이 되어 내리므로 손으로 잘 뭉쳐집니다. 그러므로 눈의 상태에 따라 물의 양(강수량 降水量)은 상당한 차이가 납니다. 젖은 눈 10㎝를 녹이면 약 2.5㎝ 높이의 물이 되고, 마른 눈이라면 38㎝를 녹여야 2.5㎝의 물이 됩니다. 비닐하우스 위에 많은 눈이 쌓이면 그 무게 때문에 주저앉습니다. 이럴 때 젖은 눈이라면 더욱 위험합니다.

눈의 결정 중심에는 반드시 작은 먼지 알갱이가 있습니다. 빗방울의 중심에도 먼지가 있습니다. 모든 빗방울이나 눈은 공중에 떠도는 작은 먼지를 중심(핵)으로 만들어지기 시작합니다. '비의 핵' 또는 '눈의 핵'이 없으면 빗방울이나 눈이 만들어지지 않습니다. 그래서 금방 내린 빗물이나 눈을 그릇에 담아두면 바닥에 미량의 먼지가 가라앉는 것을 볼 수 있습니다.

가뭄이 심해 인공적으로 비를 내릴 때는 비행기에서 미세한 입자로 된 '요드화은'(silver nitride)이라는 물질을 드라이아이스(고체 이산화탄소)와 함께 살포합니다. 드라이아이스는 공중의 기온을 떨어뜨려 수증기가 잘 응축할 수 있는 환경을 만들고, 입자가 지극히 작은 요드화은은 인공비의 핵이 됩니다.

눈과 빗방울 형성에 반드시 핵이 필요하도록 한 것은 신의 놀라운 설계입니다. 지면에 바람이 불면 먼지가 날아오릅니다. 화산재도 뿜어 나옵니다. 자동차와 공장 굴뚝에서는 매연과 연기 입자가 올라갑니다. 바다 위로 바람이 불면 소금 성분도 입자가 되어 바람과 함께 공중으로 오릅니다. 이렇게 하늘로 올라간 막대한 양의 먼지를 지상으로 다시 끌어내려 청소해주는 것은 빗방울과 눈입니다. 만일 비와 눈이 없다면 하늘의 먼지는 청소가 되지 않아 태양을 가리고 말 것입니다.

⋮ 대기 중에 저장된 물-이슬

대기 중에 저장된 물이라고 하면 구름과 비를 생각할 것입니다. 신은 비가 내리지 않는 사막의 대기 중에도 물을 저장해 두고 생명체들이 이용토록 했습니다. 사막은 물이 없어 식물이 살 수 없다고 생각됩니다. 그러나 텔레비전의 자연 다큐멘터리에서는 사막 환경에서 생명들이 신비스럽게 살아가는 것을 자주 보여줍니다. 자연은 사막의 생명에게도 최소한의 물을 공급합니다. 이른 아침에 풀이 무성한 오솔길을 걸으면 금방 신발과 하의가 이슬에 젖어버립니다. 그러다가 햇살이 비치기 시작하면 풀잎에서 보석처럼 반짝이던 이슬은 차츰 사라집니다.

이슬은 대개 밤 동안에 생겨납니다. 사막일지라도 밤에 기온이 떨어지면 공기 중의 수증기가 응결(凝結)하여 작은 물방울이 됩니다. 풀잎에 매달린 이슬은 잎에서 솟아난 것처럼 보이지만, 마치 얼음물이 담긴 유리 컵 주변에 물방울이 맺히는 것과 같은 이치로 생겨납니다. 공기는 기온이 높으면 많은 수증기를 포함할 수 있고, 기온이 내려가면 반대가 되지요. 예를 들어 1기압 조건에서 기온이 50℃일 때는 1㎥의 공기 중에 최대 83g의 수분이 포함될 수 있습니다. 그러나 기온이 30℃이면 30.4g, 0℃이면 4.8g, −10℃이면 겨우 2.3g 포함될 수 있습니다. 그러므로 사막이라도 기온이 0℃ 가까이 내려가면 여분의 수증기는 물방울로 변합니다. 기상학에서 물방울이 맺히는 온도를 '이슬점 온도'(dew point temperature)라 합니다.

이슬은 지면(地面) 가까운 풀잎에 더 많이 생겨납니다. 이것은 지면의 습도가 공중보다 더 높기 때문입니다. 만일 밤의 기온이 영하로 내려간다면, 수증기는 물방울로 존재하지 못하고 얼어 서리가 됩니다. 사막의 식물들은 밤에 생기는 소량의 이슬을 생존에 필요한 물로 사용합니다. 사막이라도 식물이 살면 그 밑에는 곤충과 다른 동물들이 깃들어 생명의 세계를 이룹니다.

지구 온난화는 인간이 초래한 재앙

　'지구온난화', '온실효과'는 가장 자주 보도되는 전 지구인이 걱정하는 지구 환경 문제입니다. '온실 효과 이론'(Greenhouse Effect Theory)을 맨 처음 주장한 사람은 스웨덴의 물리화학자 아르헤니우스(Svante Arrhenius, 1859~1927)였습니다. 그는 1896년에 "이산화탄소, 산화질소, 메탄, 오존 그리고 플루오르화탄소와 같은 기체는 열을 잘 흡수하기 때문에, 대기 중에 포함되는 양이 증가하면 지구의 기온이 상승할 것이다."라고 주장했습니다. 아르헤니우스가 이러한 '온실 효과'를 발표하고 1세기가 지나자, 세계인들은 정말로 온실 효과에 의해 지구 온난화가 진행되어 위기가 닥쳐왔음을 알게 되었습니다.

　태양에서 지구에 오는 전체 에너지의 20% 정도는 대기층에서 흡수되고, 30% 정도는 구름과 지표면에서 반사되어 우주로 나가버립니다.

지구온난화에 의한 이상기후로 폭설, 폭우, 한파, 폭염의 규모가 점점 심해지고 있습니다. 이런 기상 재난은 인명과 재산은 물론 산업활동에 막심한 피해를 줍니다.

이산화탄소는 대기 중에 0.03% 뿐이지만 태양 에너지를 잘 흡수하여 지구 전체의 기온을 연평균 15℃ 정도가 되도록 따뜻하게 합니다. 만일 이산화탄소가 대기층에 전혀 없다면 지구의 연평균 기온은 −18℃로 내려가게 된다고 추정합니다. 이런 기온이라면 지구상에는 인간은 물론 어떤 생명체도 존재하기 어렵습니다.

현대에 와서 인류는 공장과 자동차 등에서 이산화탄소를 너무 많이 배출할 뿐만 아니라, 열대지방의 산림까지 파괴하는 상황입니다. 그에 따라 대기 중의 이산화탄소 양은 점점 많아지게 되었습니다. 지구상에서 대기오염이 가장 적은 곳인 하와이 섬의 모우나 로아(Maouna Loa) 화산에 있는 관측소의 조사에 따르면, 1960년에는 대기 중의 이산화탄소 농도가 0.0313%였으나, 2012년에는 0.039%까지 증가해 있었습니다.

가축의 분뇨가 분해될 때는 많은 양의 메탄가스가 발생합니다. 메탄가스도 이산화탄소처럼 열을 잘 흡수하는 온실가스의 하나입니다. 그러나 이산화탄소에 비하면 그 양이 훨씬 소량입니다. 온실가스들의 양이 조금씩 증가함에 따라 지구의 평균 기온이 오르자, 남북극 지역의 빙하와 빙산이 대규모로 녹아 해수면이 높아지고 있고, 태풍과 홍수, 폭설, 한발 등의 기상 변화가 심각해졌습니다.

온실 속이 따뜻해지는 이유는, 태양 에너지를 받아 따뜻해진 내부의 온도가 외부 공기와 대류 되지 않기 때문입니다. 그러므로 온실가스 증가에 의해 발생하는 온난화 현상을 '온실 효과'라고 말하는 것은 적절한 표현이 아니지만, 오늘날 그대로 통용되고 있습니다. 인간은 신이 갖추어준 대기 환경을 그대로 보존하지 않아 재앙을 자초(自招)하고 있는 것입니다.

: 지구는 온실효과를 스스로 회복 가능할까?

지구온난화가 계속되어 예기치 못한 재난들이 연달아 발생하자, 세계 각국은 기후변화 회의를 열어 나라마다 의무적으로 이산화탄소를 감축하는 국제협약을 체결하기도 합니다. 이런 시기에 영국의 환경과학자인 러브록(James Lovelock, 1919~)은 '가이아 가설'(Gaia hypothesis)이라는 기후 학설을 1972년에 발표했습니다. 지구를 '생명체'처럼 생각하는 그는 다음과 같은 요지의 주장을 했습니다.

"지구는 생물과 환경으로 이루어진 거대한 생명체와 같아서, 그 시스템이 파괴된다면 스스로 적응하며 본래의 상태를 유지할 능력이 있다. 인간은 자신들을 지구의 주인이라고 생각하지만, 인간은 지구의 일부일 뿐이다." 러브록이 이런 주장을 하는 배경에는 다음과 같은 몇 가지 이유가 있습니다.

1. 지구는 태양으로부터 수십억 년을 두고 끊임없이 막대한 에너지를 받아왔지만, 대기의 온도는 항상 일정하다.

2. 대기의 성분은 긴 세월 동안 질소 79%, 산소 20.7%, 이산화탄소 0.03%를 유지해 왔다.

3. 육지의 광물질을 녹인 강물이 끊임없이 바다로 흘러들어 증발하지

만, 바닷물의 염도는 항상 3.4%이다.

4. 대기 중의 이산화탄소가 많아지면, 이산화탄소는 물에 녹아 탄산이 되고, 다시 칼슘과 결합하여 석회석으로 변할 것이다.

　그의 가설은 지구는 거대한 생명체(superorganism)이므로 그 환경을 스스로 치유하는 항상성(恒常性 homeostasis) 기능을 가졌다는 것입니다. 만일 이 가설이 옳다면, 현재 온실가스의 증가로 인한 기온 상승, 빙하가 녹아 해수면이 상승하는 현상, 오존층이 파괴된 현상 등도 자연히 정상으로 회복되어야 할 것입니다. 이 가설의 명칭이 된 '가이아'는 그리스 신화에 나오는 '지구의 여신' 이름입니다. 러브록의 가설은 별달리 관심을 끌지 못하고, 반대 의견을 가진 학자가 더 많습니다.(지구 온난화 방지 대책은 제4장 석회석 참조)

제 2 장

중력·운동·에너지의 자연법칙

과학이란 자연 현상의 이유, 원리, 법칙 등을 연구하는 학문이라 말합니다. 유사 이래 자연을 이해하려 애써온 인류는 여러 자연 법칙(rule)과 원리(principle), 이론(theory), 가설(hypothesis), 공식(公式 rule), 공리(公理 postulate), 정리(定理 theorem), 방정식(equation), 상수(常數 constant) 등을 발견했습니다. 신의 창조 설계도를 열어보려고 수많은 과학자들이 노력합니다. 그 간에 찾아낸 정보의 양은 참 많지만, 우주 전체 규모로 볼 때는 모래알 정도일 것이라는 생각을 합니다.

스위스 제네바에 있는 이름난 입자물리연구소(CERN, 1954년 설립)는 원자의 핵을 연구하는 대표적인 성지입니다. 이곳에서는 빼어난 물리학자가 해마다 10,000명 이상 찾아와 그곳의 입자가속기(LHC)라는 실험장치를 사용하여 연구와 실험에 몰두합니다. 이 연구소에서 행하는 궁극적인 연구 과제는 "우주는 무엇으로부터 만들어져 지금처럼 되었나?" 하는 것입니다. 이것은 종교에서 "나는 어디에서 왔고, 무엇이며, 어디로 가고 있는가?" 하는 의문을 풀려는 마음으로 수도(修道)하는 것과 닮아 보입니다.

세상에 알려진 무형의 물리법칙들도 역시 인간을 위한 신의 계획된 창조물이라는 생각으로 귀착합니다. 물리학에서 가장 작은 존재를 연구하는 분야는 핵물리학(입자물리학)이고, 가장 큰 것을 다루는 쪽은 천체물리학입니다. 입자물리학과 천체물리학은 반대편인 것 같지만 바로 이웃입니다. 왜냐 하면, 입자물리학은 궁극적으로 우주의 처음을 연구하고, 천체물리학은 우주의 현재와 미래를 탐구하기 때문입니다.

중력의 자연법칙

　신은 대자연 속에 4가지 '자연의 힘'(에너지)이 작용하도록 했습니다. 그것은 1)중력(重力), 2)전자기력(電磁氣力), 그리고 핵력(核力)이라 부르는 3)강력과 4)약력입니다.

　신이 중력을 창조했다는 말씀은 성서에 없습니다. 그러나 중력은 우주를 다스리는 근본적인 무형(無形)의 창조물입니다. 중력이라고 하면 누구나 영국의 물리학자이며 수학자인 아이작 뉴턴(Isaac Newton 1642~1727)을 생각합니다. 그는 갈릴레오가 세상을 떠난 해에 또 한 사람의 위대한 물리학자로 탄생했습니다.

　뉴턴은 정원에서 사과가 수직으로 땅에 떨어지는 것을 보면서, "왜 사과는 공중으로 날아가지 않고 땅으로 떨어질까?" 하고 의문을 가졌다고 전해옵니다. 그는 "사과가 낙하하는 것은 지구가 가진 어떤 힘이 잡아당기기 때문일 것이다. 그렇다면 하늘에 뜬 달은 왜 지구로 떨어지지 않을까?" 하는 생각을 했습니다. 결국 그는 우주의 만물은 모두 끌어당기는 인력(引力)을 가졌으며, 그 인력(중력)에는 엄격한 법칙(중력의 법칙)이 있음을 발견하고 그것을 수식(數式)으로 밝혀내는데 성공했습니다.

뉴턴은 중력의 법칙을 비롯하여, 그가 행한 여러 연구 내용을 모아 〈자연철학의 수학적 원리〉라는 저서를 1687년에 내놓았습니다. 라틴어로 쓴 이 책은 역사상 최고의 과학책이었기에 당시에는 '과학의 성서(聖書)'라 불릴 정도였습니다. 오늘날에는 이 책을 〈프린키피아〉(Principia)라 부릅니다.

〈프린키피아〉 제1권에는 힘에 대한 물리 법칙을, 제2권에는 유체(流體)의 운동에 대하여, 그리고 제3권에는 중력의 법칙을 기록했습니다. 이 책에서 뉴턴은 행성(지구, 화성, 목성 등)들은 중력의 영향으로 각자의 궤도를 따라 태양 둘레를 선회하고 있고, 달도 자기 궤도가 있으며, 바다에서는 달의 중력 때문에 조석(潮汐) 현상이 나타난다고 했습니다.

⋮ 자연이 가진 근본적인 힘

중력이란 왜 생기는 힘인가? 이 문제에 대해서는 뉴턴도 설명할 수 없었습니다. 그로부터 2세기도 더 지난 1915년에 아인슈타인은 '상대성 이론'을 통해 중력에 대해 몇 가지 중요한 법칙을 밝혔습니다. 그는 중력은 빛(광자)도 끌어당긴다고 했으며, 그의 이론은 실험으로 증명할 수도 있었습니다. 그러나 중력이 왜 생겨나는지, 왜 끌어당기는지에 대한 근본적인 대답은 아무도 알 수 없는 것입니다. 신은 우리가 중력(gravity)이라 부르는 '자연의 힘'을 창조하여 태양, 달, 지구, 화성 등 우주 공간을 차지한 모든 천체들만 아니라 세상 만물이 제 위치에서 균형을 이룬 상태로 일정한 위치와 궤도에 있도록 했습니다.

체중(體重)이라는 것은 자신의 몸체와 지구 사이에 작용하는 중력의 세기입니다. 중력은 물체의 질량이 클수록, 그리고 두 물체 사이의 거리가 가까울수록 크게 작용합니다. 달의 중력은 유동(流動)하는 바다의 물을 끌어당겨 조석현상을 일으킵니다. 중력은 바로 우주의 만물이 질서를 갖도록 하는 가장 중요한 자연의 힘입니다.

자기력(磁氣力)은 쇠를 끌어당기는 자연의 힘입니다. 이 자력은 매우 큰 힘이지요. 자기력과 비교할 때 중력은 비교할 수 없도록 미약한 힘입니다. 그렇지만 태양이라든가 지구와 같은 천체는 질량이 큰 물체이기에 막강한 중력을 가집니다. 참고로 원자의 핵이 가진 힘(핵력)을 1이라고 할 때, 전자기력은 핵력의 100분의 1(10^{-2})이랍니다. 신비롭게도 중력은 아무리 시간이 지나도 사라지거나 약해지지 않습니다. 앞으로 10

억년이 더 지나도 지구나 태양의 중력은 변하지 않는 것입니다.

: 지구 중력의 자연법칙

창조의 놀라움은 중력 그 자체에도 있지만, 지구가 가진 중력의 세기가 모든 생명체가 살기에 너무나 적당하다는 것입니다. 아폴로 달 탐험계획 때 달에 내린 우주비행사들은 이상스럽게 껑충거리는 걸음걸이로 달 위를 보행해야 했습니다. 그 이유는 달의 중력이 지구에서보다 6분의 1 정도로 작았기 때문입니다.

신은 지구의 중력이 너무나 적당하도록 창조했습니다. 인류는 다른 천체로 여행을 떠나는 꿈을 갖습니다만, 가장 큰 애로사항은 외계의 천체가 가진 중력을 어떻게 극복할 것인가에 있습니다. 중력은 무엇으로도 차단하지 못합니다. 중력은 진공만 아니라 지구, 태양 무엇이든 그대로 통과합니다. 그런데 우주의 천체들은 중력 때문에 서로 끌어당겨 점점 가까워질 것이고, 우주 전체는 축소해야만 할 것 같습니다. 하지만 반대로 우주는 계속 팽창하고 있습니다.

만일 중력이 한 순간이라도 사라지는 일이 생긴다면, 세상 만물은 회오리바람에 날리는 공중의 먼지처럼 사방천지로 흩어져버릴 것입니다. 혼돈의 세상이지요. 오늘날 과학자들은 중력을 설명하기 위해 '우주의 끈'이라든가 '중력파' 등의 이론을 내놓고 있습니다만, 중력의 신비는 신성발현(神聖發現 manifestation)의 첫 번째 증거로 생각됩니다.

전기력, 자기력의 자연법칙

전등, 텔레비전, 휴대폰, 지하철, 냉장고, 전기난로, 주변에 보이는 거의 모든 기구들이 전기의 힘 즉 '전자기력'으로 동작합니다. 정전(停電) 사고가 발생하면(전자기력이 없어지면) 그 순간부터 온 세상은 난리입니다. 늘 누려오던 문명의 편리는 즉시 원시로 돌아가니까요.

성경에는 중력과 마찬가지로 신이 전자기를 창조했다는 말씀은 없습니다. 2,000년도 더 이전의 기록이므로 당연합니다. 전기와 자기에 대한 오늘날의 과학은 매우 복잡하고 광범위하여 그에 대한 전문적인 지식을 아무나 가질 수 없습니다. 그러나 전자기가 얼마나 중요한 존재인지, 전기 없이는 살 수 없다는 것은 모두 압니다.

전기는 일반적으로 발전소에서 생산하거나 전지(電池)라는 것에서 얻습니다. 또 정전기라는 것도 있습니다. 그런데 발전소에서 전기를 생산하는 핵심인 발전기(發電機)의 중심부에는 강한 자기(磁氣)를 가진 자석이 놓여 있습니다. 그 이유는 자기가 있어야 전기가 생겨나고, 전기가 있으면 자기가 생겨나기 때문입니다.

전기(電氣)와 자기(磁氣)는 서로 영향을 주고받는 관계이기 때문에, 과학자들은 이 두 가지를 '전자기'(電磁氣)라 부르고 이에 대한 연구를 '전자기학'이라 합니다. 전선에 전류가 흐르면 전선 주변에 자기장(磁氣場)이 형성됩니다. 이와 반대로 전선 주변에 자석(자기장)을 가까이 가져가면 전선에 전류가 생겨납니다. 이런 현상을 '전자기유도'(電磁氣誘導)라 하지요.

전류라는 것은 전선 속으로 전자(電子)들이 흐르기 때문에 생겨나는 현상입니다. 겨울철에 문고리를 잡는 순간 깜짝 놀라도록 튀는 정전기는 전자의 흐름입니다. 구름에서 발생하는 번개도 정전기입니다. 그러므로 전기, 자기, 전자 이들은 모두 하나이면서 서로 다른 존재처럼 작용합니다. 신은 전자, 전기, 자기로 형성되는 '전자기력'이라는 자연의 힘을 창조하여 인간이 이용토록 해주었습니다. 전자기력은 중력보다 10^{36}(10에 0을 36개 붙인 수)배나 큰 힘입니다.

자기는 S극과 N극이 있어 같은 극은 서로 밀고(척력), 다른 극은 서로 끄는(인력) 현상을 나타냅니다. 전기도 양전기와 음전기가 있어 서로 당기거나 반발합니다. 전기현상인 번개는 태초부터 있었습니다. 그러나 전기에 양전기와 음전기가 있다는 것을 처음 알아낸 때는 1733년이었습니다. 프랑스의 물리학자 쿨롱(Charles Coulomb 1736~1806)이 이를 알고 '쿨롱의 법칙'이라 불리는 수식(數式)까지 연구하여 발표했습니다. 이때부터 전자기에 대한 연구는 폭발적으로 진행되어 드디어 오늘날과 같은 전(자)기 시대를 전개하게 되었습니다.

그런데 전자기는 전선 속으로만 흐르는 것이 아니라 인체(생명체) 속으로도 흘러 뇌와 감각기관 사이에 정보를 송수신하는 작용을 합니다. 만일 생명채의 몸속에 작용하는 전자기가 없었다면 단세포의 하등생물이 복잡한 다세포생물로 진화하는 것은 불가능했을 것입니다. 인체 속으로 흐르는 전류는 이탈리아의 의학자 갈바니(Luigi Galvani, 1737~1798)가 1786년에 개구리를 해부하던 중에 처음 알게 되었습니다.

현대의 인류는 전파통신 시대를 향유합니다. 전(자)파를 만들고, 허공으로 날려 보내고, 안테나를 통해 그것을 수신하고, 재생하는 일 모두 전자기력이 합니다. 경이롭게도 전기장과 자기장의 작용 속도는 빛의 빠르기와 같습니다.

원자의 힘 – 강력(强力)과 약력(弱力)

세상의 수만 가지 물질은 수소, 산소, 질소, 탄소, 철, 황, 금, 우라늄 등 모두 100여 종의 원소로 구성되어 있습니다. 원소의 최소 단위는 원자입니다. 원자의 모습은 원소의 종류에 따라 다릅니다. 예를 들어 수소의 원자는 핵에 양성자가 1개만 있고, 우라늄 원자의 핵은 92개의 양성자와 146개의 중성자로 이루어져 있습니다.

원자는 전자현미경으로도 볼 수 없는 초미시의 세계입니다. 핵물리학자들은 이렇게 작은 원자 세계의 신비를 조사하느라 밤을 새웁니다. 일반인들은 원자라고 하면 중심에 핵이 있고 핵 주변을 전자가 돌고 있다는 정도로 알고 지냅니다. 사실 원자의 세계를 더 이상 알기란 어렵고 복잡합니다. 원자라는 초미시의 세계는 물리학자들이 아무리 연구해도 의문은 더욱 많아질 뿐입니다. 원자를 구성하는 입자들은 우리가 일상에서 볼 수 있는 모습으로 존재하지 않고 전혀 다른 상황입니다.

수소나 탄소를 (산소와 함께) 태우면 빛과 열이 발생하고, 수소의 핵을 융합시키면 막대한 에너지가 나옵니다. 우라늄 원자의 핵을 깨뜨려도 엄청난 에너지가 나옵니다. 이런 놀라운 일이 일어날 수 있는 이유는 핵 속에 강력(強力), 약력(弱力)이라는 두 종류의 힘이 작용하기 때문입니다.

원자 사이에 작용하는 자연의 힘에 '강력'(strong force)이라는 이름을 붙이게 된 것은 그 힘이 전자기력보다 거의 100배나 크기 때문이었습니다. '강력'은 원자를 구성하는 양성자와 중성자 등이 서로 떨어지지 않고 결합해 있도록 하는 힘입니다. 물리학자들은 '양성자'나 '중성자'라는 것도 '쿼크'(quark)라 부르는 몇 가지 더 작은 입자들로 이루어져 있다고 합니다. 약력은 쿼크 같은 것들 사이에 작용하는 작은 힘(강력의 약 10^{13}분의 1)이랍니다. 만일 원자가 가진 강력과 약력이라는 자연의 힘이 없다면 만물을 구성하는 원자 자체가 형성될 수 없습니다.

원자의 핵 1개의 크기가 어느 정도인지 비유로 생각해봅시다. 핵을 구성하는 양성자와 중성자 사이의 거리는 1에 0을 15개 붙인 것 분의 1m 정도이고, 전자의 크기는 핵 크기의 1,842분의 1에 불과하답니다. 만일 원자 1개의 모습을 축구장 크기의 모형으로 만든다면, 핵의 크기는 운동장 중앙에 놓인 축구공만 하고, 전자는 축구장 주변을 날아다니는 별의 크기라 할 수 있을 것입니다. 원자의 핵과 주변을 도는 전자 사이는 축구장만한 텅 빈 3차원 공간이라고 합니다.

쇠나 금을 만져보면, 그들을 이루는 원자의 핵은 빈틈없이 붙어 있을 것이라는 생각이 듭니다. 그러나 원자의 구조는 이처럼 거의 전부가 공간입니다. 신은 지극히 적은 원료로 무한한 규모의 우주를 효과적으로 만든 것입니다. 과학자들이 설명하는 '빅뱅' 이론에서 주장하는 최초의 한 점은 크기가 어느 정도인지 알 수 없지만, 원자를 이루는 공간이 얼마나 허공인지 알고 나면 신의 전능함에 감탄이 나옵니다.

뉴스에서 가끔 중성자별이라든가 블랙홀이라는 천체 이야기가 나옵니다. 중성자별은 극도로 응축된 천체로서 직경이 수십 ㎞에 불과하지만 그 중력은 태양의 중력에 버금간다고 하며, 블랙홀은 중력이 너무 커서 힘이 미치는 범위 안에 있는 것을 모조리 빨아들인다고 말하기도 합니다.

원자의 구조와 행동을 연구하는 특별한 실험장비를 입자가속기(particle accelerator)라 합니다. 2010년에는 캐나다 밴쿠버의 브리티시 컬럼비아 대학에 세계 최대의 입자가속기(명칭 TRIUMF)가 완성되었습니다. 이곳 연구소에는 수천 명의 과학자들이 와서 연구합니다. 그 동안 수만 명의 세계적인 물리학자들이 원자의 세계를 연구했음에도 불구하고 그 신비는 끝이 보이지 않는다 합니다.

신은 중력이라는 작은 힘으로 전 우주를 다스리는 큰 힘으로 사용하고. 전자기력으로는 모든 물질과 생명활동을 다스리고, 강력과 약력이라는 힘으로는 원자라는 소우주를 관장하고 있는 것입니다. 20세기가 시작된 이후 원자의 세계를 드려다 본 물리학자들은 물질을 구성하는 입자들 간에는 지금까지 알아왔던 뉴턴의 물리 이론과는 다른 법칙이 작용한다는 것을 발견했습니다. 물리학자들은 원자의 세계에서 전개되는 현상과 이론은 일반 물리학법칙으로 설명할 수 없기 때문에, 양자역학(量子力學 quantum mechanics) 또는 양자물리학이라 부릅니다.

물리학자들은 중력, 전자기력, 강력, 약력 등의 현상을 통합할 수 있는 자연법칙을 찾으려고 노력합니다. 상대성 이론, 통일장 이론, '초끈이론'(superstring theory) 등은 이와 관련된 대표적 이론입니다. 우주만물 전체를 지배하는 가상의 이론을 '만물이론'(The Theories of Everything, ToE)이라 합니다. 오늘날 최고의 명성을 가진 물리학자들이 만물이론을 인정하면서 그에 대해 연구하지만, 아마도 이 문제는 영원한 연구 과제일지 모릅니다.

에너지의 자연법칙

세상에 움직이지 않고 정지해 있는 것은 아무것도 없습니다. 산처럼 큰 바위일지라도 그 자체는 지구에 얹혀 태양 둘레를 운동하면서 우주 속을 이동합니다. 뿐만 아니라 바위를 구성하는 원자와 분자들도 좁은 공간에서 모두 진동(振動)하고 있습니다. 물체가 가진 열(熱)은 물체의 원자와 분자가 진동하기 때문에 생겨나며, 진동이 심할수록 열도 높아집니다. 이는 열에너지의 자연법칙입니다.

사람들은 에너지라는 말을 자주 듣고 말하기도 합니다. 에너지는 원래 물리학 용어로서 'energeia'(활동, 작동)라는 그리스어에서 나온 말입니다. 에너지란 세상 만물을 움직이게 하는 힘을 말합니다. 에너지는 종류가 많습니다. 그중 하나인 '빛에너지'는 물체가 눈에 보이도록 하고 식물의 잎에서 광합성 작용을 하는 '빛의 힘'을 말합니다. 에너지에는 열에너지, 중력에너지, 화학에너지, 전자기에너지, 위치에너지, 운동에너지, 소리(진동)에너지, 기계적 에너지 등이 있습니다.

신은 여러 가지 에너지를 종류별로 창조한 것이 아니라 단 하나로 만들어 여러 상태로 변신할 수 있도록 했습니다. 빛에너지는 전기에너지로 바뀔 수 있고, 전기에너지는 모터와 기계를 동작시키는 운동에너지로 변할 수 있습니다. 동시에 전기에너지는 전등을 켜서 빛에너지로 되돌아갈 수도 있습니다. 댐에 고인 물이 떨어지는 것은 중력에너지인데, 이는 발전기를 돌려 전자기에너지로 변화시킵니다. 전기다리미의 전기에너지는 열에너지를 내어 구겨진 천을 바르게 펴줍니다. 킬로와트시(kWh), 칼로리(Cal), 줄(joule) 등은 물리학에서 에너지의 크기를 나타내는 단위입니다.

에너지는 절대 소멸하지 않습니다. 뜨겁던 물이 식으면 에너지가 없어진 것처럼 생각되지만, 열에너지는 주변의 공기와 수증기로 옮겨갔을 뿐입니다. 신이 창조한 것은 어떤 것도 없어지는 것이 없습니다. 열에너지에 의해 발생한 상승기류를 따라 공중으로 올라간 수증기는 물방울이 되어 중력에너지를 갖게 되어 땅으로 떨어집니다. 이처럼 에너지는 모습이 변하지만 없어지지 않으므로, 이를 '에너지 불변의 법칙'이라 합니다. 이와 연관되는 자연법칙에 '질량불변의 법칙'(물질불멸의 법칙)이 있습니다.

물질이 곧 에너지라는 아인슈타인의 공식 E = mc²만 아니라 '플랑크의 법칙'이라든가 '러더퍼드의 방정식', 특수상대성 이론 방정식 등 많은 물리법칙 공식에는 모두 빛의 속도(c)가 상수(常數)로 들어갑니다. 이것을 보면, 신은 빛에너지로 생명만 아니라 우주 전체를 지배하고 있다고 할 것입니다.

⋮ 만능 에너지를 가진 빛

번개가 치거나 형광등을 켜는 순간 라디오에서 잡음이 발생하는 것은, 방전(放電)이 일어날 때 전자기파(전파)가 발생하기 때문입니다. 독일의 물리학자 헤르츠(Heinrich Rudolf Hertz, 1857~1894)는 1884년에 오늘의 전파시대를 열게 한 놀라운 발견(전자기파의 발견)을 했지만, 자신이 얼마나 중요한 일을 했는지 잘 알지 못했습니다. 그러나 헤르츠의 전자기파 발견은 이탈리아의 물리학자 마르코니(Guglielmo marconi, 1874~1937)로 하여금 전선 없이 공중으로 정보를 송수신하는 무선전신을 발명하도록 했습니다. 오늘날 인류는 전자기파를 이용하여 온갖 방송 시스템, 통신기기, 우주 공간의 위성과도 연결되는 수백 가지 통신장치를 개발하여 활용합니다.

창세 때 신이 첫 번으로 만든 빛은 단순한 가시광선이 아니라 전자기파였습니다. 태양에서 오는 빛(전자기파)에는 파장이 다른 장파, 방송파(중파, 초단파, 단파 등), 적외선, 가시광선, 자외선, X선, 감마선이 모두 포함되어 있습니다. 오늘의 과학기술은 전자기파를 온갖 방법으로 활용합니다. 만일 신이 빛을 다양한 전자기파로 창조하지 않았더라면 인류는 문명이 없는 농경시대를 살아가야 할 것입니다.

전자기파 중에서 우리 생활과 가까우면서도 본질을 잘 알지 못하는 X선에 대해 조금 살펴봅시다. X선의 존재는 독일의 물리학자 뢴트겐(Wilhelm Conrad Rntgen, 1845~~1923)이 1895년에 처음 발견했습니다. 그 이전까지는 이처럼 투과력이 강한 전자기파가 있다는 것을 상상도 못하고 있었지요. 뢴트겐은 진공관의 일종인 크룩스관(Crooke's tube)에 고압 전류를 걸고 실험하던 중에 스크린에 자기의 손 뼈 그림자가 얼핏 비치는 것을 발견했습니다. 실험을 계속한 그는 결국 크룩스관에서 미지의 방사선이 나오며, 그 방사선은 두꺼운 종이, 목재, 알루미늄 등을 투과할 수 있고, 사진건판도 감광시킨다는 사실을 발견했습니다.

발견 당시에는 이 빛의 성질에 대해 잘 알지 못했기 때문에 그는 'X-ray'라고 불렀습니다. 새로운 빛(전자기파)의 발견이 세상에 알려지자, 어떤 신문에서는 "엑스선으로 집을 비추면 방안의 모습도 볼 수 있을 것이다."라는 내용의 글을 쓰기도 했답니다. 이런 공상은 곧 사라졌고, 엑스선의 발견으로 현대 물리학과 의학 발전에 대변화가 일어났습니다. 엑스선은 강한 침투력을 가진 빛이므로, 생물의 조직에 쪼이면 심각한 손상을 일으킬 수 있지요. 병원 진단용으로는 강도가 극히 약한 X선을 이용합니다. 신은 빛을 광합성과 조명(照明)으로만 아니라 현대문명에서 온갖 이기(利器)에 이용하도록 했습니다.

: 빛 에너지를 이용하는 자연 법칙

요즘 곳곳에 태양전지판을 설치하여 전기를 생산하는 '태양전지' 또는 '태양발전'이라는 시설이 늘어납니다. 어떤 물질이라도 전자기파(가시광선이나 자외선)를 쪼이면, 그 에너지를 흡수하여 그 물질에서 전자가 방출됩니다. 이런 현상을 광전효과(光電效果)라 하고, 광전효과에 의해 나오는 전자를 광전자(光電子)라 부릅니다. 아인슈타인은 광전효과와 광전자에 대한 이론을 처음 확립했습니다. 이 발견으로 빛은 '파동'이면서 '입자'라는 이중성(二重性)을 확인하게 되었습니다.

광전 효과는 빛이 입자이면서 파동이라는 두 성질을 가지기 때문에 나타날 수 있습니다. 신은 빛이라는 것에 여러 성질과 기능을 넣어 창조함으로써, 인류의 삶이 풍요롭고 더 찬란하도록 했다는 생각이 듭니다.

지금도 많은 과학자들은 약한 빛을 받아도 전류를 잘 생산하는 물질을 경쟁적으로 연구합니다. 광전효과는 광다이오드, 광 트랜지스터, 영상 센서, 야간경(夜間鏡) 등에도 이용되고 있습니다.

빛이 '입자'이면서 '파'라고 하는 이중(二重) 성격은 물리학자들의 머리에서만 쉽게 상상이 될 것입니다. 광자는 무게가 전혀 없는 무형의 입자라고 합니다. 그래서 현대 물리학은 양자(量子 quantum)라는 용어로 원자, 전자기파, 에너지, 중력 등을 통합하여 그 성질과 관계를 연구합니다.

빛이 눈에 보이는 것은 빛에너지가 시각(視覺) 신경을 자극한 결과입니다. 빛을 받은 시각신경은 그 정보를 다시 전기의 형태로 바꾸어 뇌에 전달합니다. 인간은 빛(전자기파) 중에서 일부 파장만 볼 수 있습니다. 이 것은 참 다행입니다. 만일 우리가 더 넓은 파장의 전자기파를 볼 수 있다면, 대자연은 지금처럼 아름다운 색으로 보이지 않을지도 모릅니다. 그러나 신은 눈으로 보지 못하는 전자기파들을 이용하는 지혜를 인간에게 주었습니다. 대표적인 것이 무선통신, 라디오와 TV방송에 이용하는 '방송통신파'라 부르는 긴 파장의 빛입니다. 한편 파장이 짧은 자외선, X선, 감마선은 산업이나 의학적으로 이용하고 있습니다. 어떤 동물들은 사람의 시각(視覺)과 다소 차이가 있다고 합니다. 예를 들면 꿀벌은 자외선을 감지한다고 판단합니다만, 인간 이외의 생명체들에게는 방송통신파라든가 X선이나 감마선이 따로 필요치 않을 것입니다. 빛이 어떤 작용을 하는지 조금 더 정리하여 생각해봅니다.

1) 태양전지판에 비친 빛은 전력을 생산하여 전구를 켜고, 온갖 기계와 장치들을 작동시킵니다.

2) 적외선은 따뜻한 열에너지를 제공합니다.

3) 식물은 빛으로 광합성을 합니다.

4) 인간과 많은 동물은 빛을 시각기관으로 느껴 편리하게 살아갑니다.

5) 물질을 태우거나 마찰하거나 화학반응을 일으켜도 빛이 발생합니다.

6) 장파, 라디오파, 단파는 정보전달의 도구입니다, 그것도 빛의 속도로 말입니다.

7) X선은 인체 진단만 아니라 온갖 산업에서도 이용됩니다.

8) 파장이 짧은 감마선은 큰 에너지를 가졌습니다. 감마선은 인체에 위험하지만, 잘 이용하여 살균, 암세포 치료, 단층촬영 등에 이용합니다.

9) 빛(자외선과 적외선)이 없다면 사진, 복사, 영상산업이 불가능합니다.

10) 자외선은 살균, 탈색, 공해물질을 분해합니다.

　　과학시간에 빛의 직진, 반사, 굴절, 회절(回折), 간섭(干涉) 등의 성질에 대해 배웁니다. 광학기구라 불리는 카메라, 망원경, 영사기, 현미경, 안경, 반사경, 프리즘 등은 모두 빛이 가진 성질을 이용하여 만든 이기(利器)들입니다. 만일 빛이 굴절하는 성질을 가지지 않았다면 광학기구는 존재할 수 없습니다. 또 무지개가 생겨날 수 없으며, 다이아몬드나 크리스털로부터 아름다운 광채가 날 수 없지요.

물리학이 이룬 가장 큰 성과를 말할 때 원자력(핵에너지)과 레이저 광선 등을 듭니다. 태양이나 전등에서 나오는 빛은 여러 파장의 빛이 섞여 있으므로, 각 파들은 서로 간섭하게 됩니다. 그 결과 전등 빛은 에너지가 집중되지 못하므로 멀리까지 비출 수 없습니다. 과학자들은 동일한 파장을 가진 빛만 발생시키는 방법을 알게 되었습니다. 그러한 빛을 '레이저'라 합니다. 파장이 일정한 레이저는 줄지어 행렬하는 군대처럼 에너지가 집중되기 때문에 흩어지지 않고 멀리 비칠 수 있습니다. 그래서 에너지가 강한 레이저를 이용하여 쇠를 자르고, 약한 레이저로는 암 조직을 수술하며, CD에 디지털 정보를 기록하거나 읽는데 이용합니다. 심지어 강력한 레이저를 달까지 비추어 반사되게 하여, 달과 지구 사이의 거리를 정확히 재기도 합니다.

⠿ '에너지 ≒ 물질'인 자연법칙

아인슈타인은 100년도 더 이전인 1905년에 과학 방정식 가운데 가장 유명한 '물질과 에너지에 대한 공식'을 발표했습니다. 이 공식은 물질이 에너지가 될 수 있고, 에너지가 물질로 될 수 있다는 것을 설명합니다. 당초 과학자들은 물질과 에너지는 별개의 것이라고 생각했습니다. 그러나 아인슈타인은 '물체가 가진 에너지(E)는 물체의 질량(m)에 빛의 속도(c) 제곱 값을 곱한 것이다'는 공식 $E = mc^2$을 발표하면서, "조건이 주어지면 물질과 에너지는 서로 바뀔 수 있다."고 했습니다. 이 위대한 자연법칙은 그의 특수 상대성 이론에서 소개되었습니다.

이 법칙에 의하면, 물질 1kg은 $1 \times 300,000,000 \times 300,000,000$ joule이며. 이것은 TNT 20,000,000톤의 에너지에 해당합니다. 히로시마에 투하된 원자폭탄은 TNT 15,000톤의 위력이었다고 합니다. 이 공식을 처음 생각한 아인슈타인은 한동안 자신의 공식에 대해 확신을 갖지 못했다 합니다. 그러나 일본에 투하된 원자폭탄은 이 공식의 진실을 증명했습니다. 그리고 이때로부터 '원자력시대'가 확실히 열리게 되었습니다. 핵물질의 핵이 연쇄적으로 분열하면, 질량이 감소하면서 줄어든 질량에 해당하는 에너지가 엄청나게 나온다는 것이 확인되었던 것입니다.

그런데 에너지를 물질로 만드는 작업은 창조의 신이 태초에 했을 뿐, 인간의 능력으로는 아직 불가능합니다. 지극히 작은 양의 물질이라도 만들자면, 원자폭탄의 위력에 해당하는 에너지를 순간에 집중시킬 수 있어야 한답니다.

: 반물질의 존재

영화 〈스타 트랙〉에 등장하는 우주선 〈엔터프라이스 호〉는 반물질의 힘으로 비행합니다. 반물질은 공상과학이 아니라 현실이라 합니다. 영국의 물리학자 슈스터(Arthur Schuster, 1851~1934)는 1898년에 '일반 물질과 반대되는 성질을 가진 신기한 물질'도 존재할 수 있다는 생각을 했습니다. 그 후에 영국의 이론 물리학자 디랙(Paul Adrien Maurice Dirac, 1902~1984)이 슈스터의 생각이 옳다고 했습니다. 그는 '소립자에는 마치 거울의 상처럼, 질량은 같으면서 전하가 반대인 반입자(反粒子)가 모두 있다'는 것을 증명하는 '반물질(反物質) 이론'(Dirac's Antimatter Theory)을 1928년에 발표한 것입니다.

그는 이론에서, 음(-)전하를 가진 전자와 정반대 성질을 가진, 양(+)전하를 가지면서 질량이 같은 반전자(反電子 antielectron)가 있다고 예측했습니다. 그가 주장한 반전자를 지금은 양전자(陽電子 positron)라 부릅니다. 미국의 물리학자 앤더슨(Carl Anderson, 1905~1991)은 1932년에 디랙이 예측한대로 양전자를 발견했고, 그로부터 23년 후인 1955년에는 캘리포니아 대학의 가속기(加速器 accelerator)에서 음전하를 가진 반양성자(antiproton)를 만들어냈습니다. 앤더슨은 이 연구로 1936년에 노벨 물리학상을 수상했습니다. 벌써 거의 80년 이전에 이루어진 연구들입니다.

물리학자들은 일반인들이 이해하지 못할 생각들을 합니다. 예를 들면, 일반 물질과 반물질이 만나면 폭발을 일으키면서 물질은 없어진다고 합니다. 만일 태양계(또는 우주)에 물질과 반물질이 함께 있다면, 태양계(또는 우주)가 소멸할 것이므로, 반물질은 태양계가 속해 있는 이 우주가 아닌 다른 우주에 존재한다고 말합니다. 반물질에 대한 연구가 진행되자, 과학자들은 일반물질은 끌어당기는 인력(引力)을 가졌지만, 반물질은 밀어내는 척력(斥力)을 가졌을까? 하는 의문도 갖게 되었습니다. 가속기는 이러한 연구와 실험에도 이용된다는데, 창조에 대한 신비는 인간에게 영원한 숙제일 것이라 생각됩니다.

물리학자들은 중력, 전자기파, 에너지, 물체의 운동 등 모든 물리현상이 어떤 하나의 통합되는 법칙을 따르고 있을지 모른다는 생각을 갖습니다. 그래서 중력, 전자기력, 강력, 약력 4가지 힘을 하나의 원리(theory of everything)로 통일해보려는 연구를 하고 있습니다. 신이 우주 만물을 다스리는 방법들은 알고 보면 모두가 단순하니까요. 신의 자연법칙은 영원불변입니다.

움직이는 물체의 운동법칙

: 관성의 자연법칙

공중을 날아가는 공, 화살, 비행기, 물에서 다니는 배와 잠수함, 언덕을 굴러 내려가는 돌, 시계추의 흔들림(진자운동 振子運動), 자동차의 이동, 제자리에서 맴도는 팽이, 회전하는 물체, 궤도를 따라 도는 달과 행성, 바닷물의 조석 현상, 이 모든 것이 운동입니다. 중력의 법칙을 발견한 뉴턴은 모든 물체와 우주의 천체들이 일정한 법칙대로 움직인다는 내용을 〈프린키피아〉에 발표했습니다. 뉴턴이 밝혀낸 운동법칙 중에는 '관성의 법칙'과, '작용과 반작용의 법칙'이 있습니다. 이 운동법칙을 생각해보면 세상만물의 운동을 다스리는 신의 방법이 너무나 경이롭습니다.

'관성(慣性)'이라는 운동 현상을 생각해봅시다. 관성이란, '정지하고 있는 물체는 항상 정지해 있고, 운동하고 있는 물체는 항상 같은 운동방향으로 동일한 속도로 움직이려 한다'는 것입니다. 즉 날아가는 화살이 공기의 저항을 받지 않는다면, 화살은 같은 방향으로 속도가 변하지 않는 상태로 영구히 날아간다는 겁니다. 지구에서는 공기가 없는 곳이 없고, 중력 영향을 받지 않는 공간이 없으므로, 이 법칙을 증명하기 어려우나, 진공이고 무중력인 우주공간에서는 증명됩니다. 지구 주변의 무중력 공간을 선회하는 수많은 인공위성들이 그 증거이지요. 만일 물체의 운동에 관성(慣性)이 없다면, 달리는 자동차, 비행기, 화살, 탄환 모두 무질서한 운동을 하게 될 것입니다. 또한 자전거나 자동차의 바퀴는 바르게 구르지 못할 것입니다.

ː 작용과 반작용의 법칙

운동의 법칙 중에 '작용과 반작용의 법칙'이 있습니다. 물체 A가 물체 B에 힘을 주면, 물체 B는 물체 A에 대해 크기는 같고 방향은 반대인 힘을 동시에 작용한다는 내용입니다. 작용과 반작용의 힘은 크기가 같고 작용하는 방향은 반대입니다. 예를 들어 보트를 타고 노를 뒤로 저으면 배는 앞으로 갑니다. 선박의 스크루, 비행기의 프로펠러, 제트기와 로켓의 분사, 오징어의 이동은 모두 반작용의 힘을 이용하여 전진합니다.

걸음을 걷는 것은 발로 땅을 미는 반작용입니다. 신발에 묻은 흙이나 옷의 먼지를 털어낼 때는 반작용의 원리가 작용합니다. 목수(木手)가 대패 날을 끼워 넣거나 뽑을 때는 망치로 대패의 앞이나 뒤를 두들기는 반작용의 힘을 이용합니다. 만일 작용과 반작용이라는 힘의 자연법칙이 없다면 스키와 스케이팅도 불가능하고, 엔진 고장으로 멈춘 자동차를 사람이 뒤에서 밀어 앞으로 구르도록 할 수도 없을 것입니다.

: 마찰력(摩擦力)의 자연법칙

물리학에서 에너지와 운동에 대한 연구는 '물리학의 주춧돌'이라 할 수 있습니다. 마찰력, 원심력과 같은 물리 현상 역시 무형의 특별 창조물입니다. 마찰은 물체가 서로 마주 붙어 움직일 때, 두 물체 사이에 운동을 방해하는 힘입니다. 회전하는 기계들에서는 마찰을 줄이기 위해 윤활유를 넣거나 베어링을 사용합니다. 반면에 달리는 자동차의 바퀴를 멈추게 하는 브레이크는 마찰력이 강하게 작용토록 한 것입니다. 자동차가 달리면 아무리 유선형이라도 공기와 마찰합니다. 두 물체가 마찰하면 마주치는 면에서 열이 발생합니다. 이것은 마찰에 작용한 운동에너지가 열에너지로 변한 때문입니다.

지구 궤도로부터 지구로 들어오는 우주선의 동체는 공기와 마찰하여 표면이 고온이 됩니다. 마찰은 기계의 회전을 방해하고, 차와 배의 속도를 느리게 한다고 생각되지만, 마찰력이 없으면 온 세상은 미끄러워 제대로 움직일 수 없을 것입니다. 마찰이 적은 얼음판을 걸을 때 마찰력의 고마움을 느낍니다. 마찰력은 절대 없어서는 안 되는 현상입니다. 대기권으로 날아 들어온 운석 조각은 공기와 마찰하여 생긴 고열 때문에 공중에서 빛을 내며 증발해 없어집니다. 만일 마찰이 없다면 수없이 떨어지는 운석 파편에 지상의 생명체는 살아남지 못합니다.

: 회전하는 물체의 원심력(遠心力)

달리던 차가 급선회를 하면, 타고 있던 사람은 같은 방향으로 운동하려 하는 관성 때문에 차가 진행하던 방향으로 몸이 쏠립니다. 끈에 돌을 매달아 빙빙 돌리면 돌은 관성에 의해 직선 방향으로 가려고 하는데, 끈이 원 궤도에서 잡아당기기 때문에 돌은 손에서 벗어나 멀리 가려는 힘을 갖게 되지요. 원심력은 이처럼 관성 때문에 생겨난 힘입니다. 만일 중력이라는 끈에 매달린 원심력이 없다면 지구는 태양 둘레를 일정한 궤도에서 돌지 않게 됩니다.

원심력이 없다면 달도 지구 둘레에 있지 않고 어디론가 직선으로 가버릴 것입니다. 지구가 태양 둘레의 궤도를 벗어나지 않는 것은 지구의 원심력과 중력이 동일한 힘으로 작용하기 때문입니다. 원심력에 대항하는 힘은 구심력(求心力)이라 하며, 원심력과 구심력은 힘이 같습니다. 이것은 작용과 반작용의 힘이 동일한 것과 마찬가지입니다.

끈에 매달린 돌을 돌릴 때, 돌의 회전 속도가 빠를수록 원심력이 강해집니다. 세탁기의 탈수장치는 원심력을 이용하여 물기를 제거하는 장치입니다. 탈수기는 고속 회전일수록 물기를 더 잘 털어냅니다. 골프공이나 야구공은 휘두른 원심력으로부터 힘을 얻어 그 반작용으로 멀리 날아갑니다. 원심분리기를 비롯한 많은 기계장치들이 원심력을 이용합니다. 체조경기에서 투포환은 쇠공을 남보다 빠른 속도로 돌려 멀리 던지는 원심력 경기입니다.

열에너지의 자연법칙

철이나 금은 평소 단단한 고체이지만 일정 온도 이상 고온이 되면 액체가 되고, 온도가 더 오르면 기체가 됩니다. 고체가 녹거나(액화) 기화(氣化)하는 온도는 물질의 종류에 따라 다릅니다. 예를 들어 쇠(철)는 1,538℃를 넘으면 녹아 액체상태가 됩니다. 만일 온도를 2,862℃ 이상으로 더 높인다면 기체 상태의 철이 됩니다. 반면에 질소는 기체이지만 온도를 영하 195.79℃도로 내리면 액체 상태의 질소로 변하고, 이보다 15℃ 정도(-210℃) 더 내리면 얼음 같은 고체 질소로 변해버립니다. 과학자들은 액체 질소를 만들어 그 속에 생체 조직을 장기간 보존하기도 하고, 심지어 냉동인간을 보존하기도 합니다.

우리는 물질들이 가진 녹는 온도와 끓는 온도를 조사하여 매우 유용하게 이용합니다. 예를 들면 납은 낮은 온도(327.46℃)에서 녹는 금속이기 때문에 납땜에 이용하고, 텅스텐은 고온(3,422℃)에서 녹기 때문에 전등의 필라멘트를 만듭니다.

: 부피를 변화시키는 열의 법칙

열과 관련된 과학을 열역학(熱力學)이라 합니다. 열역학은 복잡하고 광범위한 연구이지만, '신의 열역학'은 매우 단순해 보입니다. 신은 온도가 오르면 물질의 부피가 증가하고 온도가 내려가면 부피가 줄도록 했습니다(4℃ 이하의 물은 예외). 바람이 빠진 고무공을 따뜻하게 해주면 부피가 부풀어납니다. 커다란 열기구(熱氣球)는 공기가 팽창함으로써 가벼워져 사람을 태우고 공중으로 떠오릅니다. 증기기관은 부피가 증가한 뜨거운 수증기의 압력을 일하는 힘(에너지)으로 바꾸는 기계장치입니다.

지구가 탄생하고 얼마큼 시간이 지나 식었을 때, 표면은 단단한 바위가 덮고 있어 육상이든 바다이든 식물이 뿌리를 내리고, 동물들이 땅굴을 파고 살 수 있는 흙이 없었습니다. 이럴 때 신은 간단한 방법으로 토양을 만들기 시작했습니다. 여름과 겨울에 따라, 밤낮에 따라, 양지와 음지에 따라 지표면의 바위 온도를 높였다 내렸다 함으로써, 바위의 분자들이 팽창과 수축을 거듭하는 동안 부서져 가루(토양)가 되도록 한 것입니다.

신은 같은 방법으로 기상변화도 일으켰습니다. 태양열에 의해 더워진 기체는 팽창하기 때문에 가벼워져 고공으로 올라갑니다. 그리고 공중에서 식은 공기는 무거워져 다시 지면으로 내려옵니다. 이런 현상 때문에 구름과 빗방울과 눈이 생겨나고, 지구상 어디나 대류(對流)와 순환이 일어나 공기의 성분과 온도가 균형을 이룹니다. 바다에서도 이런 현상이 일어나 해류가 생겨납니다.

열은 왜 물질의 부피를 확대시킬까요? 열이 높으면 높을수록 물질을 구성하는 원자들은 더 심하게 서로 충돌함으로써 부피가 부푸는 것입니다. 온도계 속의 붉은색 알코올은 온도가 높을수록 팽창하여 눈금을 높입니다. 열에 의한 부피 증가의 정도는 물질의 종류와, 상태(기체, 액체, 고체)에 따라 차이가 있습니다.

: 물을 가열하는 전자기파의 이치

전자레인지의 최대 수출국은 한국이라 합니다. 전자레인지(마이크로오븐)의 동작 원리는 단순합니다. 전자레인지 속의 마그네트론이라는 진공관에서는 강력한 전자기파(2,450MHz의 극초단파)가 나옵니다. 이 주파수의 전자기파는 물과 기름의 분자만을 선택적으로 심하게 진동케 하여 열에너지로 변화시킵니다. 전자기파는 불꽃 위에서 물을 끓이는 것보다 훨씬 빨리 물의 온도를 높여줍니다.

전자레인지로 데운 음식을 드러내보면, 음식이 담긴 사기그릇도 뜨거워져 있습니다. 그러나 사기그릇만 넣고 같은 시간 동안 전자레인지를 켜두면 그릇은 미지근할 정도입니다. 사기그릇이 뜨거워진 것은 음식 속의 물 또는 기름이 데워져, 그 열이 그릇에 전달된 때문입니다. 그러나 사기나 플라스틱 그릇은 온도가 약간 오를 정도입니다. 신은 음식을 데워먹는 인간을 위해 전자기파까지 이용하도록 배려했다는 생각이 듭니다. 음식을 열처리하여 먹는 생명체는 인간뿐입니다. 열을 받은 음식은 부드러워져 소화가 쉽고, 냄새와 맛이 한결 좋아집니다.

⋮ 초저온일 때 나타나는 현상

'온도'라고 하면 일반인들은 체온, 기온, 수온 정도만 생각합니다. 그러나 과학자들에게는 온도라는 것이 복잡한 문제입니다. 일반적으로 열은 섭씨온도($℃$) 또는 화씨온도($℉$)로 나타내는데, 과학자들은 K(kelvin)로 열에너지의 정도를 나타내기도 합니다.

물체가 온도를 갖게 되는 것은 그 물체를 구성하는 분자가 운동하기 때문입니다. 그러므로 분자의 운동이 심할수록 온도는 높아지고, 운동량이 적으면 내려갑니다. 그런데 분자가 전혀 운동하지 않고 멈춘다면 그때의 온도는 –273.15℃까지 내려갑니다. 이보다 더 낮은 온도는 없습니다. 그래서 –273.15℃를 '절대온도 0도'라 하며 '0 K'로 나타냅니다. 그래서 섭씨 0℃는 273.15K이지요. 낮은 온도는 이렇게 하한(下限)의 최저 온도가 있지만 고온에는 상한(上限)이 없어 보입니다. 태양의 표면 온도는 약 5,500℃이고, 내부는 수억℃라고 하니까요.

전선에 큰 전류가 흐르면 전선이 뜨거워집니다. 이것은 전류의 흐름을 방해하는 현상이 발생한 때문인데, 이를 '전기저항'이라 부릅니다. 금과 은은 전기저항이 가장 없는, 가장 전기가 잘 흐르는 물질에 속합니다. 그런데 0 K 가까운 온도가 되면 금이나 은이 아니더라도 도체 속으로 흐르는 전기저항이 전혀 없어지는 '초전도현상'이 나타납니다. 금속 도선에 초전도현상이 일어난다면 아무리 전류가 흘러도 저항에 의한 에너지 소실 없이 계속 전류가 흐르는 상태가 됩니다.

인위적으로 절대 0도(0 K) 상태가 되도록 하려면 어려운 일입니다. 그런데 어떤 금속은 절대 0도 보다 상당히 높은 온도일지라도 초전도현상을 나타냅니다. 이와 같은 특이한 물질을 초전도체(superconductor)라 하며, 오늘날 초전도체는 여러 기술에 편리하게 응용되고 있습니다. 1986년까지만 해도 초전도에 대한 연구는 별로 진전되지 못하고 있었습니다. 질소 기체를 액화시킨 '액체질소'라는 것은 온도가 –195℃인데, 액체질소는 비교적 쉽게 생산할 수 있습니다. 그런데 이 액체질소의 온도에서 초전도현상을 나타내는 몇 가지 물질들이 발견되고 있습니다.

초전도현상을 응용한 것의 하나가 병원에서 정밀진단에 사용하는 MRI(magnetic resonance imaging)라 부르는 '자기공명영상촬영장치'입니다. MRI는 초강력 전자석(초전도자석)을 이용하여 인체 내부의 형상을 볼 수 있는 진단 장비인데, 만일 MRI의 전자석을 일반적인 방법으로 만든다면, 큰 트럭 크기가 되어야 하고, 그런 장비를 가동하자면 고압 전류를 대량 흘려야 하며, 그렇게 할 때는 엄청난 열이 발생합니다. 그러므로 그 열을 냉각시키자면 강물처럼 물을 흘려야 합니다.

그러나 초전도물질로 만든 전자석에 흐르는 전류는 저항이 없으므로 열이 발생하지 않으며, 전력 소모도 극히 적습니다. 오늘날 초전도현상 기술은 입자가속기, 반도체 제조 등에 쓰이며, 초전도자석으로 기차를 레일 위에 뜨게 하여 달리도록 만든 자기부상열차는 실용화에 이르렀습니다. 초저온 현상이 나타나도록 한 것 또한 은총임에 분명합니다.

ː 열전도와 대류의 법칙

달 표면은 장소에 따라 온도 차이가 매우 큽니다. 태양이 비치는 부분은 150℃까지 오르고, 그늘진 곳은 −150℃ 가까이 내려갑니다. 이렇게 온도 차가 큰 이유는 온도를 균일하도록 해줄 공기가 없기 때문입니다. 만일 지구 표면의 온도가 달과 같다면 생명체가 존재할 수 없습니다.

　방안에 난로를 피우면 차츰 온 방이 고르게 따뜻해집니다. 이것은 난로 주변에 있던 공기 분자가 열을 흡수하면 그 열에너지가 이웃 공기 분자에게 전달되는 현상이 연속적으로 일어나기 때문입니다. 즉 난로불로부터 열에너지를 얻은 분자는 이웃 분자와 당구공처럼 충돌하면서 열에너지를 전달하는 것입니다. 이처럼 열이 사방으로 전달되는 것을 열의 복사(輻射)라 합니다. 열전도가 되는 정도는 물질의 종류에 따라 다릅니다. 금속은 열전도가 빨리 이루어지고, 나무라든가 플라스틱, 도자기, 흙 따위는 느리게 전달됩니다. 달에는 공기가 없으므로 이런 열전도가 일어날 수 없습니다.

　열은 원자에서 원자로 전달됩니다. 그러므로 원자가 전혀 없는 진공 속에서는 열이 전도되지 않습니다. 이 원리로 보온병을 만들지요. 그런데 태양의 열은 우주가 진공이지만 지구까지 올 수 있습니다. 태양에서 오는 빛은 물질을 이루는 원자가 아니라 열에너지를 가진 광자(光子)이기 때문에 진공을 그대로 통과하여 옵니다.

　신은 매우 간단한 방법으로 지구상의 기온을 적절히 조절합니다. 바다와 지상의 물이 태양에너지를 받아 따뜻해지면 증발하여 기체(수증기)

로 변합니다. 이때 수증기는 태양으로부터 얻은 에너지를 그대로 품고 있습니다. 그런 수증기가 고공에서 찬 공기를 만나면 가지고 있던 열에 너지를 방출하면서 빗방울 또는 눈으로 변합니다.

물리학에서는 물(액체)이 기체(수증기)로 될 때 외부로부터 흡수하는 열(에너지)을 '기화열'(또는 증발열)이라 하고, 기체가 액체(빗방울)로 될 때 방출하는 열은 '액화열', 물방울이 얼음(눈)으로 될 때 방출하는 열은 '응고열'(凝固熱)이라 합니다.

겨울에 춥던 날씨가 갑자기 기온이 풀리면 곧 눈이나 비가 오기 쉽습니다. 눈이 내리기 전에 기온이 상승하는 것은 눈의 결정이 만들어질 때 에너지(응고열)를 방출하기 때문입니다. 신은 기화열, 액화열, 응고열 현상이 일어나도록 하면서 비, 눈, 안개, 우박, 이슬과 같은 현상을 일으킵니다. 냄비의 물은 기화열을 공급해주어야(끓여야) 수증기가 되지요. 냉장고나 에어컨의 냉동 원리는 액화된 냉매를 전기에너지의 힘으로 기화시킬 때, 열(기화열)을 흡수하여 온도를 내리도록 만든 것입니다.

음파(音波)의 자연법칙

숲속을 걸으면 나뭇잎을 스쳐가는 바람소리와 온갖 새소리를 듣습니다. 냇가를 거닐면 여울 흐르는 물소리가, 해변에서는 파도소리가, 공연장의 음악소리는 우리를 행복하게 합니다. 신은 물체가 '진동'(振動)하기만 하면 음파(音波)가 생겨나고, 그 음파가 귀에 들릴 수 있도록 했습니다. 목소리는 성대가 진동하여 생기고, 현악기는 현(絃)이 진동하여 아름다운 소리를 냅니다. 번개가 칠 때 들리는 엄청난 굉음은 번개의 고온에 순간적으로 팽창한 공기가 진동하여 생겨납니다. 음파는 진공(眞空)이 아니라면 어떤 물질 속이라도 전파됩니다. 음파의 성질을 나타내는 물리학 용어 중에는 진동수, 파장, 진폭, 음색, 진행속도, 반향(反響), 공명(共鳴) 등이 있습니다.

신은 소리의 종류가 무한히 많도록 했습니다. 개, 소, 참새, 꾀꼬리,

귀뚜라미, 개구리의 울음소리는 모두 특색을 가진 다른 소리입니다. 같은 사람도 각자 목소리가 조금씩 다르도록 했습니다. 기계장치로 개구리의 목청을 비교하면 개구리마다 다릅니다. 신은 소리를 내고 듣는 훌륭한 발성기관과 소리를 듣는 청각기관을 다양하게 만들었습니다.

⋮ 인간이 듣는 소리의 한계

소리(음파)는 '소리의 3요소'라 부르는 진폭(소리의 크기), 진동수(소리의 높이) 그리고 소리맵시(파형, 음색)의 차이에 의해 달라집니다. 인간에게 소리(말)는 정보를 얻거나 나누는 가장 편리한 도구입니다. 대부분의 사람은 진동수가 20Hz(헤르츠)인 아주 낮은 음파(저주파)에서부터 약 20,000Hz 사이의 음파만 들을 수 있습니다. 쇠붙이가 긁히는 소리를 들으면 소름이 끼치도록 싫은데 이는 고주파 음이기 때문입니다. 사람이 듣지 못하는 음파를 '초음파'(超音波)라 하는데, 주파수가 너무 낮은 초음파는 '저주파'라 하고, 너무 높은 것은 '고주파'라 부릅니다.

만일 사람이 진동수가 많은 음파까지 듣는 능력이 있다면 아마도 온갖 이유로 큰 고통을 당할 것입니다. 개는 사람이 듣지 못하는 일부 고주파 영역까지 듣습니다. 잘 알려져 있듯이 고래와 박쥐 등은 초음파를 내기도 하고 듣기도 하는 능력이 있습니다. 박쥐의 경우에는 가느다란 철사 줄을 얼기설기 설치한 방에서도 걸리지 않고 날아다닐 수 있습니다. 밤의 세계를 사는 박쥐를 비롯한 동물들에게는 음파가 시각(視覺)을 보충해줍니다. 초음파를 듣는 능력은 많은 곤충도 가졌습니다.

소리의 속도는 공기 중(20℃)에서는 초속 약 343m, 물속에서는 약 1,482m, 그리고 쇠 속에서는 5,960m를 진행합니다. 온도가 높으면 소리의 전달 속도는 조금씩 더 빨라집니다. 인간은 아름다운 소리를 즐기기 위해 온갖 악기와 음악의 세계를 만듭니다. 인간은 소리를 멀리서도 들을 수 있도록 유선전화기를 만들었고, 지금은 무선전화기를 사용합니다. 물속의 소리를 듣기 위해 음파탐지기라는 것도 만들었습니다. 음파탐지기는 가장 깊은 바다의 수심도 측정할 수 있습니다. 음향기기(音響器機)를 둘러보면 소리의 세계가 얼마나 인간에게 중요한지 알게 됩니다.

신은 온 세상 동물들이 음파를 삶의 도구로 쓰도록 했습니다. 소리의 편리함과 고마움을 생각하면 청각장애인에 대한 연민이 깊어집니다. 청각장애를 가진 농견(聾犬)도 드물게 태어납니다. 이런 개는 자연계에서는 생존이 불가능하며, 애완견으로 사육하기를 기피하지요. 미국에는 농견 보호를 위한 'Deaf Dog Education Action Fund'라는 기구가 있다 합니다.

힘을 확대하는 자연의 여러 법칙

인간의 힘에는 한계가 있어 일반적으로 자기 체중보다 2배 이상 되는 무게는 거의 들지 못합니다. 그러나 신은 힘을 확대할 수 있는 방법을 자연에 주었습니다. 수천 톤의 비행기를 날게 하는 양력(揚力), 큰 배가 물에 뜨도록 하는 부력(浮力), 정비공장의 자동차를 가볍게 들어 옮길 수 있는 유압력(油壓力), 이들 외에도 표면장력, 응집력, 탄력, 팽창력 등은 모두 자연의 힘입니다.

: 새를 날게 하는 양력의 법칙

기체와 액체는 흐를 수 있는 물질입니다. 만일 양력(揚力)이라는 힘이 생겨나지 않는다면 비행기가 떠오를 수 없을 것입니다. 새의 날개를 보면 윗면이 불룩하고 아랫면은 평평합니다. 이러한 모양은 비행기 날개

비행기가 빠른 속도로 수면 위로 지나가자, 비행기 아래 부분 수면의 기압이 낮아져 바닷물이 솟아오릅니다.

의 설계에 그대로 응용되었습니다. 무리지어 날아가는 기러기를 보면, 제일 앞에 한 마리가 날면 나머지 기러기는 좌우로 V자형 편대를 이루어 날아갑니다. 이렇게 비행하면 앞서 나는 새의 기류가 빠르게 흐름에 따라 뒤따르는 기러기가 힘을 덜 들이고 날 수 있기 때문입니다.

학교에서 배우는 여러 과학법칙 중에 '베르누이 원리'(Bernoulli principle)가 있습니다. 이 원리는 비행기나 선박, 자동차를 설계할 때 중요하게 적용됩니다. 이 원리에 잘 맞도록 설계되어야 비행기나 차가 적은 힘으로 뜨고 달릴 수 있기 때문입니다. 비행기가 앞으로 가면 불룩하게 만든 날개 윗면을 흐르는 공기의 유속(流速)이 아랫면을 직선으로 지나는 유속보다 빠르게 됩니다. 그러면 유속이 빠른 쪽의 기압(氣壓)이 낮아져 비행기 날개는 위로 뜨는 힘(양력 揚力)을 자연히 얻게 됩니다. 이처럼 기체의 흐름 속도가 빠른 곳이 느린 곳보다 기압이 낮아지는 현상을 '베르누이의 원리'라 합니다.

좁은 관 속으로 바람을 불어 물을 안개처럼 뿜도록 만든 분무기라든가 농약 살포기는 베르누이 원리를 응용한 것입니다. 이러한 자연의 이치는 네덜란드의 과학자 베르누이(Daniel Bernoulli, 1700~1782)가 1738년에 처음 발견했습니다. 야구 투수는 공을 여러 가지 방법으로 회전시켜 던짐으로써 공이 휘어가도록 합니다.

⋮ 표면장력과 응집력의 섭리(攝理)

소금쟁이는 수면에서 스키를 잘 타는 수상 곤충으로 유명합니다. 수상스키를 하는 거미 종류도 있습니다. 이들이 물에 빠지지 않고 자유롭게 수면을 다닐 수 있는 것은 물(액체)이 가진 표면장력 덕분입니다.

액체의 표면에 있는 원자나 분자는 외부의 압력에 저항하는 상당한 힘(표면장력)을 가졌습니다. 물은 다른 액체에 비해 유난히 표면장력이 큽니다. 만일 표면장력이라는 자연의 섭리가 없었더라면 이른 아침에 풀잎마다 맺혀 있는 물방울, 물거품, 비눗방울, 연잎 위를 구르는 물방울, 빗방울 등이 동그란 모양으로 생겨나지 못할 것입니다.

표면장력이 생기도록 한 신의 방법은 간단합니다. 물(액체)을 구성하는 분자들이 가루처럼 흩어지지 않고 방울이 지는 것은, 물 분자들 사이에 서로 끌어당기는 힘(응집력)이 작용하기 때문입니다. 그러므로 물의 분자는 언제나 상하좌우로 서로 끌어당기고 있습니다. 그러나 표면에 놓인 물의 분자는 위로부터 끌어당기는 힘이 없기 때문에 표면의 물 분자끼리 당기는 힘(표면장력)이 조금 더 강해질 수 있습니다. 물의 이런 표면장력은 매우 작은 힘이지만 세상의 물방울을 다 만들고, 물방개와 소금쟁이가 수상 스키를 즐기도록 하며, 심지어 태초의 지구가 고열에 녹아 있을 때 둥글어지도록 하기도 했습니다.

유리관 속이 좁을수록 물은 더 높이 올라갑니다. 모세관 현상은 물 분자와 유리 분자 사이의 부착력, 물 분자끼리의 응집력에 의해 생겨나는 생명의 힘입니다. 모세관현상은 물의 표면장력까지 합세하기 때문에 상상 외로 높이 올라갑니다.

모세관에서 작용하는 강력한 힘

일반적으로 물은 중력에 끌려 아래로만 흐르는 물질입니다. 그러나

유리관 속이 좁을수록 물은 더 높이 올라갑니다. 모세관 현상은 물 분자와 유리 분자사이의 부착력 물 분자끼리의 응집력에 의해 생겨나는 생명의 힘입니다,.모세관현상은 물의 표면장력까지 합세하기 때문에 상상 외로 높이 올라갑니다.

나무의 뿌리털로부터 흡수된 토양 속의 물은 펌프질을 하지 않아도 높은 꼭대기 잎까지 올라갑니다. 미국의 유명한 메터시코이어(metasequoia) 나무는 수고(樹高)가 거의 100m인데도 수분은 올라갑니다. 물이 오르는 수로(水路)는 '물관'이라 부르는 좁다란 섬유질 관입니다.

물(액체)이 좁은 관이나 틈새를 따라 저절로 이동하는 현상을 '모세관

현상'이라 합니다. 마른 수건 한쪽 끝을 물에 담가두면 얼마 지나지 않아 수건 전부가 젖습니다. 이러한 현상은 물 분자가 섬유(다른 물질)의 분자와 부착하는 성질 때문에 일어납니다. 인체의 모세혈관도 마찬가지입니다. 모세관 현상은 틈새가 비좁을수록 더 높이 올라갑니다.

만일 모세관현상이라는 자연현상이 없다면, 지하를 흐르는 물은 흙 틈새로 토양 표면까지 올라오지 못할 것이며, 식물은 땅속의 물을 빨아들여 꼭대기 수관부(樹冠部)까지 보낼 수 없을 것입니다. 창조주는 모세관현상이라는 방법으로 이 지상에 수목이 번성할 수 있도록 했습니다. 인간(피를 가진 모든 동물)의 혈관도 마찬가지입니다. 심장은 강력하게 펌프질을 하여 혈액을 순환시킵니다만, 심장 근육의 힘만으로 모든 세포까지 혈액을 보낼 수 없습니다. 그러나 온몸에 퍼져있는 실핏줄(모세혈관) 속으로는 거의 저절로 혈액이 흐릅니다.

⋮ 수압(水壓)의 자연법칙

작은 힘으로 무거운 물건을 들어 올리거나 움직이려면 지렛대나 도르래, 또는 유압기(油壓器)라는 것을 이용합니다. 무거운 짐을 싣고 달리는 트럭이라도 브레이크를 살짝 밟으면, 순간에 바퀴의 회전축에 큰 힘이 작용하여 멈추게 됩니다. 자동차의 브레이크 힘은 파스칼의 원리를 적용하여 만든 유압장치에서 얻습니다. 큰 힘을 얻는 이 원리는 프랑스의 수학자이며 물리학자인 동시에 종교 철학자였던 파스칼(Blaise Pascal, 1623~1662)에 의해 처음 알려졌습니다.

지게차라든가 자동차 정비공장에서 차를 가볍게 들어 올리는 것도 유압기입니다. 유압기는 기름이 아니라 물을 채워 사용하는 것이었으나, 장치에 녹이 생기는 것을 막기 위해 기름을 사용합니다. 건축 등에서 수백 톤의 큰 힘이 필요할 때 고체도 아닌 물이나 기름의 힘을 이용할 수 있도록 한 것은 창조의 배려입니다.

⋮ 탄력과 폭발력의 법칙

고무줄을 당겼다 놓거나, 스프링을 눌렀다가 놓아주면 제자리로 돌아가는 탄성이 있습니다. 공기를 채운 고무공, 타이어, 풍선도 탄력성이 강합니다. 터널 공사 중에 암벽을 깨뜨릴 때는 폭약을 이용합니다. 폭약을 폭발시키면 화학반응으로 이산화탄소와 같은 고온 기체가 대량 발생합니다. 이런 기체는 엄청난 팽창력을 나타냅니다. 고온이 된 기체는 부피가 수백 배 팽창하지요. 만일 기체에 이러한 팽창 성질이 없다면, 증기기관이 생겨나지 않았으며, 더운 공기를 보내는 난방 시스템도 불가능할 것입니다.

자연의 법칙은 수학의 법칙

코페르니쿠스(Nicolaus Copernicus 1473~1543)가 타계하기 직전 1543년에 발표한 지동설을 알게 된 덴마크의 브라헤(Tycho Brache 1546~1601)와 독일의 케플러(Johannes Kepler 1571~1630)는 '천체들이 질서 있게 운행하는 것은 신의 의도적인 지적 설계에 의해 이루어지는 것'이라고 믿었습니다. 이러한 견해는 프랑스의 철학자인 데카르트(Ren Descartes 1596~1650), 독일의 수학자이자 철학자인 라이프니츠(Gottfried Wilhelm Leibniz 1646~1716), 그리고 뉴턴(Isaac Newton 1642~1727)도 가지고 있었습니다. 특히 중력과 운동법칙을 발견한 뉴턴은 '수학법칙'까지 신의 창조물이라고 강력히 믿었습니다.

'우주는 신이 정교하게 만든 거대한 기계와 같은 것'이라고 생각하게 된 17세기부터 과학자들은 자연의 질서를 수학의 법칙으로 밝히려 했습니다. 그래서 그때를 '신성과학(神性科學 holistic science)의 시대'였다고 말합니다. 천문학자이며 수학자인 진스(James Jeans 1877~1946)는 '신은 수학자이다'라고 말했습니다. 이 말은 금방 인정될 것입니다. 세상의 모든 물리법칙은 수학적인 공식으로 풀이되니까요. 수학은 인간이 발전시킨 것이기는 하지만 태초부터 우주에 존재하던 신의 창조물입니다.

전자기파를 연구하던 독일의 물리학자 헤르츠(Heinrich Hertz 1857~1894)는 빛에 대해 실험하던 중에 빛의 성질을 나타내는 수학 공식을 발견하고는, '이 공식은 내가 찾아낸 것이 아니고 원래 존재하던 것'이라는 의미의 말을 했습니다. 헤르츠의 이러한 생각은 다른 물리학자나 수학자들의 공감을 받았습니다. 매직 수학, 수학 퍼즐, 수학 도형 등을 보면 그 속에서 수학의 신비를 발견하게 되고, 그 신비감은 이 세상은 수학으로 창조되었다는 생각을 갖게 합니다.

태양은 매일 아침 떠오릅니다. 내일 아침에 해가 뜨지 않는다고 하면 아무도 믿지 않습니다. 과학의 역사 속에서 새로운 자연법칙이 발견될 때마다 예기치 못했던 세상을 알게 되었습니다. 예를 들어 뉴턴의 중력법칙과 운동법칙을 알게 되면서 행성들이 어떤 궤도를 따라 언제 어디를 가고 있을 것인지, 핼리 혜성이 언제 다시 지구에 접근할 것인지, 일월식이 어느 날 몇 시에 어떤 상태로 일어날 것인지, 인천 지역의 조위(潮位)가 언제 어느 정도 될 것인지 100년 후라도 정확히 계산할 수 있게 되었습니다. 우주선을 발사할 때는 그 궤도와 비행시간을 정확이 계산할 수 있습니다. 모두 우주가 수학의 법칙으로 이루어져 있기 때문입니다.

⋮ 신은 수학으로 우주를 창조

영국의 이론물리학자 배로우(John D. Barrow 1952~2020)는 '자연이 수학으로 되어 있다는 것은 불가사의'라고 했습니다. 컴퓨터 과학의 개척자 중 한 사람인 미국의 프레드킨(Ed Fredkin 1934~)과 수학자이며 우주물리학자인 티플러(Frank Tipler 1947~) 교수 등은 정교하게 움직이고 조정되는 우주를 '완전히 프로그램된 거대한 컴퓨터'라고 말합니다. 이는 우주가 컴퓨터처럼 정확하게 움직이기 때문입니다.

비행기가 빠른 속도로 수면 위로 지나가자, 비행기 아래 부분 수면의 기압이 낮아져 바닷물이 솟아오릅니다.

신이 창조한 수학은 멘델의 유전법칙에서만 아니라, 생명체의 모습 속에서도 발견할 수 있습니다. 꽃들이 만드는 아름다운 문양, 해바라기 꽃의 씨 배열, 해변에서 채집한 소라를 절단했을 때 그 속에서 발견할 수 있는 놀라운 기하 법칙, 현미경이나 전자현미경 아래에서 볼 수 있는 미생물들의 기하학적 형태, 결정체를 이룬 물질의 모습 등에서 신의 수학을 발견합니다. 만일 수학자가 미시의 세계에서 발견되는 미생물들의 모습을 깊이 관찰한다면 새로운 수학의 법칙을 계속 발견해낼지 모릅니다.

생명체들은 물리법칙을 따라 살아갑니다. 새들은 항공역학의 수학적 질서에 따라 날고 있으며, 고성능 컴퓨터보다 복잡하게 돌아가는 인간의 뇌는 뉴런이라 부르는 신경세포의 작용으로 복잡한 일을 합니다. 뇌세포의 작용을 물리법칙으로 설명하지는 못하고 있지만, 전자기와 관련된 수학법칙에 따라 작용하고 있을 것입니다. 아인슈타인은 '자연은 단순한 수학으로 존재한다'는 생각을 일찍부터 가지고 있었습니다.

영국의 시인이자 화가인 블레이크(William Blake 1757~1827)는 성경 속의 세계를 자주 영상화했습니다. 그의 그림 중에 〈태고의 날〉(The Ancient of Days)을 보면, 신이 달에 걸터앉아 커다란 컴퍼스로 우주를 그리고 있습니다.

자연의 법칙이란 지구에서만 아니라 우주 어느 곳이든, 우주 역사 어느 때이든, 변함없는 법칙으로 예외 없이 정확하게 전개되는 현상입니다. 달이라고 해서 다른 중력 법칙이 적용된다거나, 1,000년 후에 중력 법칙이 변한다거나 하는 일은 절대로 없습니다. 자연의 법칙은 수억 년이 지나도 변하지 않습니다. 물리, 화학만 아니라 '생명과 유전의 법칙'도 마찬가지입니다. 개가 송아지를 낳을 것이라고는 누구도 생각지 않습니다. 자연법칙의 완전함을 의심하지 않는 것은 신에 대한 신뢰입니다. 우주만물이 컴퓨터의 하드웨어라면 자연의 법칙은 소프트웨어라 할 수 있겠습니다. 자연의 법칙이 수학의 법칙인 것은 신의 약속을 드러냅니다.

제 3 장
생명 창조와 진화의 자연법칙

생명체의 세계에도 여러 자연법칙이 있습니다. 그중 잘 알려진 자연 법칙은 '진화의 법칙'과 '유전의 법칙'에 대한 내용입니다. 지구상에는 현재 약 1,000만 종의 생명체가 살고 있지만. 그들의 공통 조상은 37억 년 전에 탄생한 최초의 단세포 생물이었습니다. 이 생명체는 장구한 시간이 지나는 동안 끊임없이 진화를 거듭하여 오늘의 모습이 되었습니다.

다윈은 진화 이론의 핵심으로 '적응'과 '자연선택'(natural selection) 이라는 용어를 사용했습니다. 자연 환경에 잘 적응하는 생명체가 선택 적으로 살아남게 된다는 것입니다. 자연선택 이론에 이어 멘델의 유전 법칙이 발견(1865)되자, 진화 이론은 더욱 확고해졌습니다.

다윈 이후, 진화를 증명하려는 고생물학과 동식물의 해부학이 크게 발전했습니다. 20세기가 시작되면서 돌연변이, 집단유전학, 유전자, DNA(분자생물학) 등에 대한 지식이 뒷받침되어 현대의 진화 이론은 새로운 모습이 되었습니다. 오늘날 많은 과학자들은 '진화는 신이 생명체를 창조하는 도구'라고 생각하는 진화창조론을 지지합니다.

베네딕토 16세 교황이 주도하여 완성한 〈YOUCAT〉(가톨릭출판사가 한국어판 발간)라는 책은 527항목의 교리 질문과 답이 실려 있는데, 그중에 "진화를 확신하면서도 창조주에 대한 신앙을 가질 수 있나요?" 하는 질문이 포함되어 있습니다. 여기에 대한 답으로 "신앙은 자연과학적 지식과 가설에 열린 견해를 갖습니다. 인간을 생물학적 (진화)과정의 우연한 산물로 여기는 오류에 빠지지만 않는다면, 그리스도인은 인간을 설명하는데 도움이 되는 이론으로 진화론을 받아들일 수 있습니다." 라고 답하고 있습니다.

진화의 자연법칙 – 자연선택

영국의 다윈(Charles Robert Darwin, 1809~1882)이 1859년에 〈종의 기원〉(On the Origin of Species)을 출판하자 첫날에 모든 책이 다 팔렸다니, 아마도 책 내용이 미리 알려졌던 모양입니다. 당시까지 사람들은 〈창세기〉에 기록된 내용대로, 모든 생물은 신이 처음 창조한 모습으로 지금까지 살고 있다고 믿었습니다. 그러나 다윈은 그의 책에서 "지금 살고 있는 생물은 긴 세월을 두고 계속 변해왔기 때문에, 과거에 살았던 생물과는 다르며, 또한 지난날 살았던 많은 생물은 사라져 지금은 없고, 현재 사는 모든 생물은 하등한 생물체로부터 '자연선택'(自然選擇)의 과정을 거쳐 진화한 것이다."고 주장했습니다.

지질학에 대한 견문도 많았던 다윈은 탐험선 '비글(Beagle)호'를 타고 1831년부터 거의 5년 동안 세계를 여행하고 왔습니다. 그는 그 동안 생물과 지질에 대해 세밀히 기록하고 다수의 표본과 화석을 채집했습니다. 특히 그는 남아메리카 대륙에서 외따로 고립되어 있는 갈라파고스 섬의 독특한 생물들을 관찰한 뒤 진화를 굳게 확신하게 되었습니다. 다윈이 진화론을 집필하고 있을 때, 마침 영국의 박물학자 윌리스(Alfred Russel Wallace 1823~1913)가 비슷한 진화 이론을 적은 편지를 다윈에게 보내왔습니다. 윌리스도 남아메리카와 호주, 말레이시아 등지를 여행하여 125,000가지 이상의 표본을 수집하고 나서 그 여행기를 출판하기도 한 학자였습니다.

다윈이 진화론을 발표하자 많은 사람들, 특히 기독교 지도자들은 강력하게 반발했고, 온 유럽 사회는 진화에 대한 논쟁으로 시끄러웠습니다. 다윈은 그의 책 속에서 인간의 진화에 대해서는 논하지 않았습니다. 그러나 1871년에 낸 〈인류의 계통〉(The Descent of Man)이란 책에서 인류는 원숭이와 동일한 선조로부터 진화했다고 썼습니다. 그의 진화론(Darwin's Theory of Evolution) 요점은 이렇습니다.

1. 생물의 종(種)은 매우 다양한 모습과 행동을 가지며, 그러한 다양성(多樣性)은 후대로 이어진다.

2. 모든 종은 환경에서 살아남을 수 있는 수보다 더 많은 자손을 낳고

있다.

3. 같은 종일지라도 환경에 잘 적응하는 것이 살아남는다. 이것이 '적자생존'(適者生存 survival of the fittest)이고, '자연 선택'(natural selection)이다.

4. 유전적 변화나 변이 등에 의해 자연선택이 거듭되면 새로운 종으로 진화한다.

첫 생명체의 탄생

성경에는 창조 5일 째에 물고기와 새와 집짐승과 길짐승 등 온갖 동물을 창조했다고 했습니다. 구약시대만 아니라 다윈의 진화론이 알려지기 이전까지는 누구도 '진화'를 알지 못했습니다. 과학자들은 지구가 약 46억 년 전에 탄생했다는 데에 의견이 거의 일치합니다. 그리고 이 지구에 최초의 생명체(단세포 미생물)가 탄생한 때는 약 36~37억 년 전이었다고 생각합니다. 진화 이론은 아직도 불명확하고 진위에 대한 논란이 많지만, 진화 자체는 인정하지 않을 수 없습니다. 참고로 과학자들이 생각하는 중요 생물들의 진화 시각표는 이렇습니다.

46억 년 전 : 지구의 탄생

36~37억 년 전 : 물에 녹은 유기물을 섭취하는 단세포 생명체 탄생

34억 년 전 : 광합성을 하는 단세포 생명체 탄생

20억 년 전 : 원시적 다세포 동물 탄생

10억 년 전 : 다세포 하등동물 탄생

6억 년 전 : 단순한 구조의 하등동물 탄생

5억 7천만 년 전 : 곤충, 거미, 갑각류의 선조 탄생

5억 년 전 : 물고기 탄생

4억 7,500만 년 전 : 육상에 이끼. 고사리 같은 하등식물 탄생

4억 년 전 : 종자식물 탄생

3억 3,600만 년 전 : 양서류(개구리 등) 탄생

3억 년 전 : 파충류(뱀, 거북, 악어, 공룡 등) 탄생

1억 5,000만 년 전 : 새(조류) 탄생

1억 3,000만 년 전 : 포유류 탄생

6,500만 년 전 : 공룡 사라짐

1,000만 년 전 : 유인원 탄생

250~500만 년 전 : 원시 인류 탄생

200,000년 전 : 오늘의 인류 탄생

25,000년 전 : 네안데르탈인 사라짐

2~3만 년 전 : 석기시대 시작

진화는 생명 창조의 도구

창세기가 기록되던 당시에는 동물에 대한 지식이 극히 제한되어 있었습니다. 지금의 과학자들은 모든 동물을 '등뼈가 있는 것'(척주동물), '없는 것'(무척추동물) 두 가지로 크게 나눕니다. 조사에 따르면 지구에 사는 수백만 종의 동물 중 95%는 무척추동물(지렁이, 조개, 곤충, 해면, 오징어 등)입니다. 곤충은 종류가 가장 많아 1,000,000종을 넘고, 연체동물은 60,000여 종 알려져 있습니다. 그러나 척추동물은 모두 70,000여 종 뿐인데, 그들 중 물고기는 30,000여 종, 양서류는 4,000여 종, 파충류는 6,500여 종, 새(조류)는 8,600여 종이고 포유류는 4,300여 종 있습니다.

그동안 과학자들은 화석으로만 존재하는 동식물의 종류도 많이 발견했습니다. 동물의 크기를 보면, 현미경으로 겨우 보일 정도로 작은 것이 있는가 하면, 대형 고래에 이르기까지 크기와 모양이 다양합니다. 사람들이 집에서 키우는 애완견의 품종은 수십 가지입니다. 그러나 분류학적으로는 모두 '개' 1종입니다.

진화론은 처음 발표되었을 때는 말할 것 없지만 지금도 논쟁이 이어지고 있습니다. 특히 기독교인 중에는 진화론을 거부하는 사람이 상당수 있습니다. 법으로 진화론 교육을 금지하거나, 창조론을 교육하도록 하는 곳도 있다 합니다. 그러나 우주, 지구의 환경, 다양한 생명들에 대해 알면 알수록, 모든 생명체는 '진화라는 방법'으로 다양하게 창조되어 왔으며, 다양한 생명 창조는 계속될 것이라는 믿음을 갖게 합니다. 이런 생각을 '진화적 창조주의'(evolutionary creationism), 또는 '창조적 진화'(creative evolution)라고 합니다.

17세기에 과학의 혁명이 시작된 이후 신학은 점차 과학에 순응해야 하게 되었습니다. 또한 현대의 지식으로 설명이 불편한 성서 구절들은 비유적으로나 상징적인 의미로 해석하게 되었습니다. 생물학을 깊이 공부해보면 가장 하찮아 보이는 생명체도 참으로 외경할 진화의 걸작이라는 믿음을 갖게 됩니다. 과거에는 진화가 자연의 조화에 의해서만 진행되었지만, 인류가 출현한 이후부터 인위적 진화도 진행되어 왔습니다. 그 증거는 끊임없이 개량된 농작물과 다양한 가축 품종에서 볼 수 있습니다.

진화론이 세상에 알려진 후 진화와 교리(教理)에 관련된 책이 수없이 출판되었습니다. 처음에는 고생물학자와 지질학자들이 진화론을 주로 지지했으나, 19세기 후반에 이르자 진화론은 널리 인식되어, 인간사회를 진화 이론으로 설명하는 사회다위니즘(Social Darwinism)까지 등장했습니다. 즉 진화론에 등장하는 약육강식(弱肉強食), 우승열패(優勝劣敗), 적자생존(適者生存), 생존경쟁, 자연선택(자연도태), 적응, 격리(隔離) 등의 이론을 인간사회에 적용하여 개인, 국가, 종족 간에도 생존경쟁에 이겨야 살아남는다는 주장이 나온 것입니다.

진화론에 입각하지 않은 철학, 사상, 교육, 사회, 평화는 모두 공리공론(空理空論)이라고 말하는 극단적인 학자도 있었습니다. 국가 간의 경쟁에 이기기 위해서는 가장 강력한 생존경쟁의 도구인 과학문명이 반드시 앞서야 한다고 주장하면서 과학교육을 역설하기도 합니다. 한편 공룡이 사라진 것, 앵무조개 등이 화석으로만 존재하는 것을 볼 때 인류도 언젠가 사라질지 모른다는 '인류 멸망론'을 펴는 사람도 나왔습니다. 어떤 학자는 인류가 지구의 주인이 될 수 있었던 것은 손으로 조작하는 도구를 발명하여 사용해온 때문인데, 기계화와 자동화는 손을 퇴화시키고 머리만 큰 인간으로 진화시킬 것이라는 주장도 있었습니다.

진화론이 나온 이후 진화 연구는 세계적 붐이었습니다. 그에 따라 진화의 원인에 대한 이론이 계속 알려졌습니다. 생물학이 발전함에 따라 다윈이 말한 적자생존이라든가 자연선택, 약육강식 등의 이론들이 진화를 완전히 설명하는 데 한계가 있음을 알게 되었습니다. 그런 과정에 과학자와 신학자 사이에서는 진화론과 기독교가 대립되지 않는다는 생각이 차츰 퍼져나갔습니다. 진화론이 수용됨에 따라 20세기 초의 생물학은 진화를 밝히는 학문으로 정의되기도 했습니다.

⋮ 유신진화론(진화적 창조론)

코페르니쿠스(1473~1543)의 '태양중심설'에 이어, 뉴턴(1642~1727)의 중력 이론과 여러 물리법칙들이 알려지고, 다윈(1809~1892)에 의해 진화론이 발표되어 많은 사람들이 진화론을 지지하게 되자, 성서를 문자적으로만 해석하지 않고 현대 과학지식과 융합하여 교리를 이해하려는 노력이 시도되었습니다. '진화는 절대자에 의해 계획된 과정'이라는 생각이 바로 '유신진화론'(theistic evolution, TE)입니다.

유신진화론을 지지하는 사람들 중에 대표적인 학자로는 예수회 수사이면서 고생물학자이며 지질학자였던 샤르뎅(Pierre Teihard de Chardin 1881~1955)과 하버드 대학의 유전학자 도브잔스키(Theodosius

Dovzhansky 1900~1975)가 있습니다. 도브잔스키는 1973년에 〈진화의 조명(照明)이 없으면 생물학은 의미가 없다〉라는 유명한 글에서 다음과 같은 유신진화론의 요지(要旨)를 말했습니다.

"나는 창조론자인 동시에 진화론자이다. 진화는 신의, 대자연의 창조 방법이다. 창조는 6,000년 전에 이루어진 것이 아니라 수십억 년 전에 있었고, 지금도 진행되고 있다. 진화론은 신앙과 충돌하는 것이 절대 아니다. 진화의 부정은 천문학, 지질학, 인류학의 기본 교과서인 성서의 신성한 창조 기록을 잘못 판단하는 실수이며, 창조주를 속이는 신에 대한 불경이다."

유신진화론을 요약하는 명문입니다. 진화에 의한 창조는 수억 년을 두고 진행되어 왔고 또 계속될 것입니다. 100년 정도의 수명을 가진 인간이 생애 동안에 진화를 직접 확인하기란 불가능합니다. 생각건대 앞으로 수백 년을 더 연구해도 진화의 경로를 정확히 알아낼 수는 없을 것입니다. 진화론의 이해는 성서와 교리의 부정이 아니라 오히려 신과 더 가까워지게 한다고 믿습니다.

∶ 37억 년 전의 첫 생명

우주 공간으로 나가 지구를 바라보면 푸른 바다, 흰 구름, 눈 덮인 회색의 산, 주황색 사막, 식물로 덮인 초록색이 어우러져 매우 아름답게 보입니다. 그러나 약 37억 년 전의 지구는 전혀 다른 모습이었습니다. 수십억 년을 두고 지상에서 바다로 흘러든 물에는 온갖 물질이 녹아들어 영양물질이 가득한 상태였습니다. 과학자들은 이러한 시기에 해수 속에서 처음으로 생명체가 생겨났으며, 막 태어난 원시 생명은 단세포였고 두 쪽으로 쪼개지는 방법으로 증식했을 것이라고 생각합니다.

최초의 생명체 탄생 비밀은 생물학의 가장 큰 숙제 가운데 하나입니다. 성경 기록대로 창조론이 지배하던 시대에는 '태초의 생명체는 저절로 생겨났다'고 주장하는 자연발생론은 거론조차 어려운 일이었습니다. 그러나 오늘날에는 생명 탄생 과정을 전문으로 연구하는 '생명자연발생학'(abiogenesis)이라는 분야까지 있습니다.

생명체는 가장 하등한 것일지라도 그 몸은 핵산, 아미노산, 단백질이라는 복잡한 화학적 구조물질을 가졌습니다. 단백질은 생물의 몸을 구성하는 벽돌이라고 말합니다. 그러므로 생명체가 저절로 태어나 생명력을 가질 수 있으려면, 먼저 단백질 합성이 자연히 이루어질 수 있어야 합니다. 러시아의 오파린(Alekesandr Ivanovich Oparine, 1894~1980)은 최초의 생명체가 자연적으로 탄생되는 과정에 대한 이론을 1936년에 발표했습니다. 요약하면 이렇습니다.

"지구 역사 초기에 대기 중에 가득하던 수분, 메탄, 암모니아가 화합하여 대량의 유기물이 만들어졌고, 유기물은 비와 함께 떨어져 바다에 모였다. 수천만 년 후, 유기물이 죽(수프)처럼 진하게 고인 바다에서 유기물들이 결합하여 단백질과 핵산(DNA 분자)이 우연히 만들어졌고, 이들에서 최초의 생명체가 생겨났다. 최초의 생명체는 스스로 복제(複製)할 수 있었다."

오파린의 이론은 한동안 증명될 수 없었습니다. 그러나 그로부터 17년 후인 1953년, 시카고 대학의 밀러(Stanly Miller, 1930~2007)와 유리(Harold Urey, 1893~1981)는 유리 실험기구에 물, 메탄, 암모니아, 수소 4가지 '가상의 원시 대기 물질'을 넣고 거기에 전극을 꽂아 몇 주일간 전기 방전을 일으켰습니다. 전기 방전은 자연적인 번개 현상을 대신한 것입니다. 그 결과 여러 가지 유기물과 글라이신을 포함한 아미노산 11가지, 당분, 지방, 핵산이 생겨난 것을 확인했습니다. 만들어지지 않은 유기물질도 여러 가지 있었지만, 이 연구는 당시 세계를 놀라게 한 유명한 '스탠리 - 유리 실험'(Stanly-Urey experiment)입니다. 이 실험에 동참한 유리(Urey)는 동위원소에 대한 연구도 하여 1934년에 노벨 화학상을 받았습니다.

: 단세포 광합성식물의 창조

37억 년 전에 탄생한 최초의 생명체에게는 엽록소가 없었으므로 광합성을 하지 못했습니다. 그러나 물에는 최초 생명체의 영양이 될 수 있는 유기물이 많았습니다. 한편 당시의 대기 중에는 산소가 없었으므로 탄소와 수소가 결합한 유기물(탄화수소)만 생성될 수 있었을 것입니다. 만일 당시에 대기 중에 산소가 많았더라면, 산소는 화학작용이 강한 원소인지라 탄소와 만나면 이산화탄소가 되고, 수소와 만나면 물이 되어버려, 탄화수소가 만들어지기 어려웠을 것입니다. 이 시기에 대기 중에 산소가 없었던 것은 생명 창조에 다행한 일이었다고 생각됩니다.

수억 년이 더 지난 뒤, 태양 에너지를 이용하여 광합성을 하는 하등한 단세포 식물이 생겨났습니다. 구체적인 과정은 알지 못하지만, 그들은 물과 이산화탄소를 원료로 태양 에너지를 흡수하여 영양분을 만들었습니다. 뿐만 아니라 그 부산물로 다량의 산소를 내놓았습니다. 광합성을 하는 생명체의 세포에는 '엽록소'라는 복잡한 구조의 분자가 있습니다. 아무리 화학적 분석을 하고 전자현미경으로 살펴도 엽록소가 생겨나는 과정은 아직 알지 못합니다. 어떤 과학자는 엽록소 자체가 원래 원시 생명체였으며, 그것이 다른 세포 속으로 우연히 들어가 단세포의 식물이 될 수 있었다고 추측하기도 합니다.

원시식물이 생겨난 이후 그들은 진화를 거듭했고, 수억 년이 지나자 대기 중에 가득했던 이산화탄소가 줄어드는 동시에 산소가 많아졌습니다. 최초의 단세포식물은 오늘날에도 번성하는 남조류, 녹조류, 규조류 등입니다. 이들은 모든 물에 살았습니다.

시간이 더 흘러 물과 대기 중에 산소가 충분해지자 드디어 원시동물이 탄생하여 '동물 진화'의 장정(長程)을 시작했습니다. 이때부터 하등동식물은 복잡한 과정을 거쳐 고등동식물로 진화가 진행되었습니다. 진화는 끊임없는 새로운 종의 창조였습니다.

식물의 대표적 특성인 광합성은 자연계에서 일어나는 가장 중요한 화학반응입니다. 잎에서 일어나는 광합성은 복잡한 화학반응이지만 화학공장과는 달리 열이나 소음이 발생하거나 공해물질이 배출되는 일이 없습니다. 식물은 물(H_2O)과 이산화탄소(CO_2) 그리고 태양 에너지(광자)를 이용하여 기본 영양물질인 포도당($C_6H_{12}O_6$)과 산소(O_2)를 만듭니다. '광합성'이라 부르는 화학반응은 잎 세포에 있는 '엽록체'라는 작은 입자에서 일어납니다. 엽록체를 더 확대해보면, 그 속에 '엽록소'라 부르는 녹색을 가진 커다란 분자가 가득합니다. 오늘날에는 전자현미경으로 그 구조를 볼 수 있고, 분자구조까지 밝히고 있습니다.

지난 세기 동안에 과학자들은 광합성 과정에 대해 많은 것을 알아냈습니다. 1958년에 '캘빈 회로'(Calvin Cycle)라 불리는 광합성의 핵심 과정이 밝혀졌을 때만 해도 과학자들은 광합성의 신비를 전부 밝히는데 긴 시간이 걸리지 않을 것이라 믿었습니다. 그러나 많은 과학자들의 노력에도 불구하고 광합성의 비밀은 끝이 보이지 않습니다.

광합성의 신비는 태양을 향해 펼쳐진 나뭇잎들의 모습에서도 발견됩니다. 그들은 태양광을 잘 받도록 가지와 잎을 효과적으로 배치합니다. 가지에 매달린 잎 하나하나는 가능한 겹침을 줄이도록 배열되어 있습니다. 흥미로운 것은 그 배치 방법이 식물의 종류마다 다르다는 것입니다. 또한 세포 속에서도 엽록체는 효율적으로 공간 배열이 되어 있습니다.

식물이 광합성으로 생산하는 첫 제품인 포도당은 달콤한 맛을 가졌습니다. 환자를 위한 영양주사가 되기도 하지요. 식물은 포도당을 그냥 두지 않고 '전분'(澱粉)이라는 형태로 바꾸어 뿌리나 열매(저장기관)에 저장합니다. 쌀알이라든가 감자 속은 전분 분자로 뭉쳐진 입자(전분립)로 가득합니다. 전분은 물에 녹지 않으므로 저장기관에 보존이 잘 됩니다. 식물은 필요할 때 저장 전분을 포도당으로 바꾸어 생존에 이용합니다. 이 변화 과정은 밥을 씹는 동안에 입안에서도 일어납니다. 포도당을 전분으로 바꾼다든가, 포도당을 전분으로 변화시키는 일은 특정한 효소가 합니다.

그러나 실험실에서는 포도당이라든가 설탕을 전분으로 변화시키지 못합니다. 광합성 반응 과정에 감추어진 신의 화학법칙은 숙제입니다. 뿐만 아니라 식물은 잎에서 생산한 포도당을 원료로 하여 섬유질, 단백질, 지방질, 비타민, 효소 등 무엇이든지 만듭니다. 이런 화학반응 과정 역시 신비스럽게 일어납니다. 어떤 화학자도 전분을 단백질, 지방질, 섬유소로 변화시키지 못합니다만, 식물은 수억 년 전부터 해왔습니다.

: 화석에 드러나는 진화의 증거

화석은 흙과 모래가 쌓인 퇴적암 속에서 잘 발견됩니다. 석회암은 바다동식물의 껍데기가 퇴적하여 생긴 것이라 화석이 자주 나옵니다. 화석이라고 하면 뼈, 이빨, 조개껍데기 등만 아니라 바위에서 발견되는 공룡이나 새의 발자국도 포함됩니다. 식물의 경우에는 줄기, 잎, 열매를 비롯하여 꽃가루 화석도 있습니다. 석탄은 전체가 고대의 식물 화석입니다.

지금까지 알려진 화석 중에서 가장 오래된 생명체는 아프리카 남쪽 트란스발이라는 곳의 사암(砂岩 ; 퇴적암의 일종)에서 발견된 32억 년 전의 단세포 하등식물(남조)입니다. 일반적으로 화석은 약 5억 년 전(캄브리아기) 이후의 것이 잘 발견됩니다. 왜냐 하면 이 시기에 보존이 잘 되는 뼈를 가진 동물이 나타났기 때문입니다. 고생물학자는 어딘가에서 화석이 발견되면 달려갑니다. 왜냐하면 화석은 찾기 어렵기도 하려니와, 화석을 분석함으로써 고대에 어떤 생물이 어디에 어떤 모습으로 살았는지 여러 가지 사실을 추측할 수 있기 때문입니다.

동물이든 식물이든 죽으면, 그 순간부터 시체에 박테리아가 번식하여 모든 것을 부패시키고 맙니다. 부드러운 부분은 빨리 썩고, 뼈나 이빨, 조개껍데기 등 단단한 부분은 완전히 없어지기까지 긴 시간이 걸립니다. 강가에 살던 공룡 한 마리가 죽었다고 가정합시다. 마침 홍수가 발생하여 공룡의 시체가 강물에 떠내려가 호수 깊은 곳에 가라앉았을 때, 수만 년 동안 그 위에 흙이나 모래가 높이 쌓이면 뼈는 퇴적암의 일부가 됩니다. 만일 화산이 터졌다면, 화산재가 공룡을 뒤덮은 상태로 화산암이 될 것입니다.

주변에서 보는 진화의 증거들

창조론자가 하룻밤 사이에 진화론자가 될 수는 없을 것입니다. 지구과학, 고고학, 화석학 등과 함께 생명체에 대해 상당한 지식을 가져야 진화를 바르게 이해할 수 있습니다. 한 종이 진화하여 다른 종으로 변하는 데는 수만 년 수백만 년이 걸리므로 1,000년을 살더라도 진화를 직접 확인하기는 어렵습니다. 그러나 진화를 짐작케 하는 증거들을 주변에서 찾아볼 수 있습니다.

반려동물인 개를 예로 들어 봅시다. 개는 적어도 15,000년 전부터 인간의 친구가 되었다고 추정하고 있습니다. 지난 2008년 벨기에의 한 동굴에서 약 31,700년 전의 개 이빨이 발견되기도 하여, 인간이 개와 함께 산 연대가 좀 더 오래되는 상황입니다. 개는 지구상 어디에서나 인간과 함께 살았으며, 그 품종은 수백 종에 이릅니다. 개는 야생동물인 늑대나 코요테와 닮았습니다. 유전학자들은 개와 늑대, 코요테 등(개과에 속하는 동물)의 유전자와 화석을 조사한 결과, 약 10만~15만 년 전에 개의 조상이 탄생했을 것이라고 추정합니다. 그러나 그들이 어떤 과정을 거쳐 개로 진화했는지 알아내지는 못했습니다.

개 중에 가장 체형이 작은 '치와와' 품종과 대형견 '아이리시 울프하운드', 인상이 무서운 '불도그'을 나란히 두고 보면, 셋이 같은 종(개)이라고 믿어지지 않을 정도입니다. 치와와 중에는 키가 15~25㎝에 불과한 것도 있습니다. 이렇게 작은 개는 야생 그대로가 아니라 인간이 가축으로 기르는 동안에 길러낸(육종된) 것입니다. 가장 큰 개도 마찬가지입니다. 수천 년이 더 지나면 그때는 다른 종으로 진화해 있을지도 모르겠습니다.

벼, 옥수수, 콩, 감자, 사과 등은 모두 사람들이 키워낸 작물입니다.

브라질에 자라는 야생 옥수수를 보면 자루도 아주 작고, 매달린 알맹이가 보잘것없어 도저히 옥수수라고 믿어지지 않습니다. 또 우리나라 산야에는 야생 콩 종류가 여러 가지 자랍니다. 인류가 수백 년 걸려 개량해온 지금의 메주콩이라든가 커다란 작두콩을 야생 콩과 비교해보면 진화를 인식하게 될 것입니다.

다른 작물도 마찬가지입니다. 야생종은 씨가 동시에 영글지 않아 수확하기가 여의치 않습니다. 그러나 장기간 재배하면서 씨나 열매가 동시에 성숙하는 품종이 선발(選拔)되었습니다. 반세기 전만 해도 사과 품종은 그리 많지 않았습니다. 그러나 지금은 크고 달고 향기롭고 보기 탐스러운 것으로 바뀌었습니다.

가톨릭교회가 사용하는 구약성경 중의 〈지혜서〉(개신교 성경에서는 채용하지 않음. 신의 지혜를 능가하는 것이 없음을 일깨우는 내용이 기록되어 있어 〈솔로몬의 지혜서〉라 불리기도 함)에는 진화를 나타내는 다음 구절이 있어 적어봅니다.

"실제로 육지동물들이 수중동물로 변하고
헤엄치는 동물들이 뭍으로 자리를 옮겼습니다."
– 지혜서 19 : 19

⋮ 변태(變態) 과정에 드러나는 진화

나비의 일생을 봅시다. 어미나비가 풀잎에 알을 낳으면 부화하여 애벌레가 되고, 애벌레는 자라 번데기로 변하며, 번데기 속에서 고운 날개를 가진 어른나비가 나옵니다. 곤충들은 모두 이런 변태 과정을 거쳐 성체로 됩니다. 만일 적절한 시기에 변태를 하지 않으면 단단한 외부껍질(외골격)에 갇혀 더 이상 자라지 못합니다. 곤충처럼 성장하는 동안 변태를 하는 동물인 개구리를 봅시다. 개구리 알이 부화하면 올챙이가 되었다가, 차츰 꼬리가 없어지면서 4개의 다리가 나와 개구리로 변태합니다. 이런 '변태 생활사'(生活史)는 모든 곤충과 많은 하등동물에서 봅니다.

변태 동물의 생활사(life cycle)를 보면 생장 단계마다 형태만 아니라 생존방법도 달라집니다. 나비의 애벌레는 여린 잎을 갉아먹으나 성체가 되면 꽃의 꿀을 먹습니다. 올챙이는 마치 작은 물고기처럼 수생 동식물을 먹고 자라다가 개구리가 되면 살아있는 곤충을 포식합니다. 그리고 올챙이 때는 물고기처럼 아가미를 가지고 있으나 개구리로 변태했을 때는 폐를 갖게 됩니다.

진화학자들이 중요하게 생각하는 점은, 곤충이 애벌레일 때는 진화상 그들보다 더 하등한 동물을 닮았다는 것입니다. 어린 개구리인 올챙이는 진화상 아래 단계인 물고기를 닮았으며, 성체로 자랐을 때는 폐로 호흡하는 양서류입니다. 이처럼 변태하는 동물은 성장하는 동안 진화상의 자기 선조 모습을 드러냅니다.

닭의 경우, 어미가 포란(抱卵)을 시작하면 계란 속의 1개 알세포가 세포분열을 시작하여 차츰 심장, 혈관, 눈 등의 기관들이 발생하면서 병아리 모습으로(개체발생) 변합니다. 이런 발생과정은 사람도 마찬가지입니다. 독일의 해켈(Ernest Haekel 1834~1919)은 다윈의 진화론을 널리 알린 과학자로 유명합니다. 그는 여러 동물의 발생 과정(개체발생)을 조사하여 새와 포유류의 경우 배발생(胚發生)을 하는 동안 진화상의 선조(先祖) 형태를 거쳐 성체로 된다는 사실을 발견했습니다. 이런 발생과정을 '계통발생'(系統發生)이라 하며, '개체발생은 계통발생을 되풀이 한다'는 진화의 한 이론으로 알려졌습니다.

명주실을 만드는 누에나방의 발생과정을 생각해봅시다. 알에서 깨어난 애벌레는 조금 자라면 몸을 둘러싼 껍질이 굳어지기 때문에 더 이상 몸이 커지기 어렵게 됩니다. 이럴 때 애벌레는 묵은 껍질을 벗어버리고 (탈피) 부드러운 새 피부를 가지면서 훨씬 성장한 애벌레로 됩니다. 누에의 경우 이런 탈피를 4차례 끝내면 애벌레는 드디어 침샘에서 명주실을 뽑아내어 고치를 만들고 그 속에서 번데기가 됩니다. 이러한 변태 과정은 기적입니다. 누에나방이 변태를 할 수 있는 것은 그때마다 내분비기관에서 '변태 호르몬'이 나오기 때문입니다.

변태 호르몬이라는 신비한 물질을 내어 유충(幼蟲)을 번데기로, 다시 커다란 날개를 가진 나방으로 변화시키는 것은 아무리 봐도 신기한 마법입니다. 누에를 길러 명주실을 생산하는 방법은 약 5,000년 전에 알려졌다고 합니다. 누에나방은 꿀벌과 함께 사람이 돌보아야만 생존하는 '곤충 가축'입니다. 사람이 돌보지 않으면 자연에서 살지 못하는 두 가지 가축 곤충은 '진화에 의해 생겨난 신이 내려준 특별한 생명체'라는 생각을 하게 합니다.

유전과 진화의 자연법칙

생물 전체를 크게 분류해보면, 암수 성(性)을 가지고 번식하는(유성생식) 무리와, 그 구분이 없는 무성생식(無性生殖)하는 무리가 있습니다. 유성생식이든 무성생식이든 선대의 형질이 자손에게 전달된다는 것은 의심할 수 없는 자연의 이치입니다. 여기에 어떤 법칙이 있다는 것을 처음 밝혀낸 과학자는 오스트리아의 식물학자 멘델(Gregor Johann Mendel, 1822~1884)이었습니다. 멘델은 식물학자이면서 가톨릭교 아우구스티누스 교단의 수도원 성직자이기도 했습니다.

그는 수도원 공터에 각기 다른 특징을 가진 완두(豌豆 pea) 종류를 심어, 서로 교배했을 때 어떤 결과가 나타나는지 조사하는 실험에 착수했습니다. 그가 교배실험에 사용한 완두의 특징들은 씨의 모양(둥근 것과 주름진 것), 씨의 색(회색과 흰색), 꼬투리의 모양(불룩한 것과 납작한 것), 꼬투리의 색(녹색과 황색), 꽃의 색(황색과 녹색), 꽃이 달리는 모양(흩어져 피는 것과 모여 피는 것), 줄기의 길이가 긴 것과 짧은 것 이렇게 일곱 가지였습니다.

그는 1856년부터 1863년까지 7년간 여러 세대에 걸쳐 29,000포기의 완두를 길러내며 실험 결과를 수학적으로 분석하여, 오늘날 '우열의 법칙(또는 우성의 법칙)', '분리의 법칙', 그리고 '독립의 법칙'이라 불리는 유전의 기본 법칙을 발견했습니다. 그는 이 결과를 1865년에 학술지에 발표했습니다.

우열의 법칙(우성의 법칙)

제1대 잡종에서는 대립(對立)형질 중에 우성(優性) 형질만 나타납니다.

분리의 법칙

1대 잡종을 자가수분(自家受粉)하면, 제2대에서는 우성과 열성(劣性) 형질이 3 : 1로 분리되어 나타납니다.

독립의 법칙

두 가지 이상의 형질이 유전될 때, 각 형질은 서로 간섭하지 않고 독립적으로 분리의 법칙을 따릅니다.

멘델이 발견한 3가지 유전의 법칙은 발표 당시에는 주목을 받지 않았으나 다윈의 진화론을 지지하게 되면서 유전만 아니라 생물학 전체에 대한 연구열이 뜨거워졌습니다. 멘델이 세상을 떠나고 16년이 지난 1900년에 3사람의 유럽 과학자들이 각기 유전실험을 해본 결과, 멘델의 논문이 중요하다는 사실을 발견했습니다. 영국의 유전학자 베이트슨(William Bateson, 1861~1926)은 멘델의 발견을 강력이 지지한 과학자로서, 현재 사용하는 유전학(genetics), 유전자(gene), 대립유전자(allele)와 같은 용어를 처음 만들기도 했습니다.

⋮ 유전자를 이루는 DNA의 신비

선대(先代)의 형질(形質)이 어떻게 자손에게 그대로 유전(遺傳)되는지에 대한 의문은 너무나 궁금한 숙제였습니다. 성능 좋은 현미경과 화학이 발달하면서 과학자들은 세포의 핵 속에 있는 염색체(染色體)라는 끈 같은 것에 줄지어 있는 유전자(遺傳子)라는 분자가 그 비밀을 가지고 있다는 것을 알았습니다. 유전자는 DNA라는 약호(略號)로 불리는 복잡한 화학물질로 이루어져 있으며, 이 DNA가 세포 속에서 복제(複製)됨으로써 유전물질이 다음 세대로 전달될 수 있습니다. 과학자들은 DNA의 화학성분까지 밝혀내자, 이번에는 DNA의 구조가 어떠하기에 세포 속에서

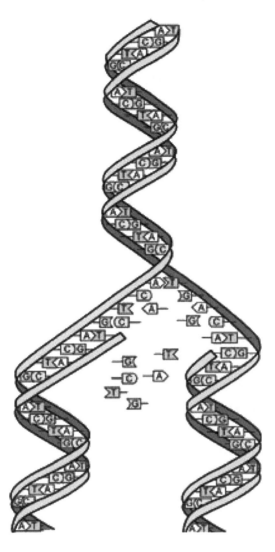

DNA 구조를 나타내는 모형입니다. 뒤틀린 사다리꼴의 염색체는 A, T, C, G 4가지 염기가 여러 가지로 연결되어 있습니다. 유전자의 종류에 따라 염기의 배열이 다릅니다. 인간이 가진 23쌍의 염색체가 가진 유전자 염기 배열을 모두 파악하여 많은 사실을 알게 되었으나, 여전히 온갖 의문이 남았습니다.

간단히 복제될 수 있는지 궁금했습니다.

1953년, 미국의 왓슨(James, Dewey Watson, 1928~)과 영국의 크릭(Francis Crick, 1916~2004) 두 과학자는 'X선 분광분석기술'을 사용하여 드디어 DNA의 분자구조를 밝혀 냈습니다. 이 발견으로 두 과학자는 과학의 역사에서 유명한 인물이 되었으며, 그 공적으로 1962년에 공동으로 노벨 생리의학상을 수상했습니다.

DNA는 사다리를 꼬아둔 것 같은 모습입니다. 나선형이 된 사다리의 발판 중간 부분을 전부 자른다면, 좌우로 반쪽 사다리가 됩니다. 이 좌우 사다리를 주형(鑄型)으로 하여 그와 반대되는 반쪽 사다리를 각각 만들면, 새로 완성된 사다리는 자르기 전의 모습 2개가 됩니다. 그래서 DNA의 구조를 흔히 '이중 나선형'(double helix)이라 말합니다. DNA 사다리의 좌우 지주(支柱)가 되는 기둥은 당분과 인산(燐酸)이라는 물질로 구성되었으며, 사다리의 발판이 되는 부분은 A(adenine), C(cytosine), G(guanine), T(thymine)라는 약호(略號)로 부르는 물질이 서로 중간에서 맞물려 있습니다. 이때 반드시 A는 T와, C는 G와만 연결됩니다. A, C, G, T 4가지를 'DNA를 이루는 기본 염기(鹽基)'라 부르며, 모든 유전자는 이 4가지 염기의 조합이 수백만 가지로 각기 다릅니다.

모르스 신호는 점(·)과 선(-) 두 기호로 모든 언어를 나타냅니다. 세상의 복잡한 일을 도맡아 처리하는 컴퓨터도 1과 0 두 기호로 모든 정보를 처리합니다. 한글은 자음 모음 모두 24자, 영어는 26자의 알파벳으로 모든 언어를 나타냅니다. 신은 단 4개의 DNA 기호(A,C,T,G)로 세상 모든 생명체의 형질을 지배하도록 했습니다. '유전'(遺傳)이란 이 4개의 기호(암호)가 전달되는 과정이며, 진화는 4개 기호가 다양화하는 것이었습니다.

독일 루르 대학의 키드로프스키(K. von Kiedrowsky)는 1986년에 DNA를 최초로 합성했습니다. 그가 합성한 DNA는 작은 DNA 조각 6

개가 붙은 외가닥이었습니다. DNA를 복제해보려는 노력은 계속되고 있지만 특별한 성과는 아직 없어 보입니다.

: 인간의 유전자 지도 완성의 의미

미국, 영국, 프랑스, 독일, 일본, 중국 6나라의 과학자들로 구성된 대규모 연구자들은 아폴로계획에 버금가는 계획인 '인간 지놈 계획'(Human Genome Project, HGP)을 공동으로 시작했습니다. DNA의 구조를 밝힌 제임스 왓슨을 대표로 1990년에 시작된 이 계획은 약 20,000~25,000개로 이루어진 인간 유전자의 염기 서열(序列)을 완전히 밝히는 것이었습니다. 30억 달러의 예산을 들여 15년 계획으로 시작된 이 사업은 예정보다 빠른 2003년 4월에 성공적으로 끝났습니다.

지놈(genome)은 gene(유전자)과 chromosome(염색체)을 합친 말로서, 우리말로는 '유전체'라 하고, 나라에 따라 '지놈 또는 '게놈'으로 발음합니다. 미국의 NIH(National Institute of Health)의 연구시설을 중심으로 이루어진 인간 지놈 계획은 21세기가 시작되는 2000년에 99%의 유전자 지도를 완성하여 1차 발표하고, 나머지 미완성 부분은 2003년까지 완성했습니다.

이 계획에서 밝혀진 유전자의 염기 서열 정보는 1페이지에 1,000자가 들어간 1,000페이지 책 3,300권의 양이었습니다. 이 엄청난 정보는 데이터베이스화되어 필요한 연구자 누구나 사용할 수 있도록 되었습니다. 엄청난 인간 지놈 계획을 실행한 목적은 크게 4가지였다.

1. 인간의 유전자 지도가 완성되면, 인간의 생장과 질병 연구에 필요한 기본 정보를 갖게 된다.

2. 전 세계인의 인종 별 유전자 차이를 연구한다.

3. 인간 유전자의 돌연변이를 연구하는 기초 정보로 쓴다.

4. 인간의 진화 과정을 연구하는 자료로 사용한다.

인간 지놈 계획은 벨기에의 생화학자 피어(Walter Fier, 1931~)가 1976년에 '박테리오파지'라는 바이러스의 유전자 지도를 처음 완성한 것이 동기가 되어 시작되었습니다. 현재 인간 지놈 연구 팀은 계속하여 쥐, 초파리, 이스트, 지렁이, 벼, 밀, 콩 등 식물까지 계속하여 지놈 지도를 작성하고 있습니다.

그런데 인간의 유전자 지도를 완성하면 온갖 유전병이라든가 불치병들을 치료하는 길이 쉽게 열릴 것이라고 생각했습니다. 그러나 막상 유전자지도를 완성하여 펼쳐놓았으나 생명 속에 감추어진 신의 신비는 인간의 생각보다 훨씬 깊고 오묘하다는 것을 알게 되었습니다.

인간의 탄생과 진화

창조 6일째에 신은 자신의 형상대로 남자와 여자(인간)를 창조하고, 그 동안 지은 모든 것을 인간에게 주면서 다스리도록 했다고 기록되어 있습니다. 인류 사회에서 가장 논쟁이 심한 문제는 창조와 진화 그리고 인간의 탄생에 대한 것입니다. 동물학에서 인간을 계통적(系統的)으로 분류할 때, 척추동물에 속하며, 새끼를 젖으로 키우는 포유동물이고, 포유동물 중에서 가장 진화된 영장류(靈長類)이며, 그 중에서도 최상위에 있는 한 종(種)이라고 합니다.

세계의 영장류 종류는 자그마치 420여 종이나 되며, 분류학적으로 복잡하게 구분됩니다. 영장류 중에 가장 체구가 작은 '쥐여우원숭이'는 몸길이가 10㎝도 안 되고, 몸무게는 겨우 30g 정도입니다. 반면에 가장 큰 영장류인 고릴라는 체중이 200kg이나 되기도 합니다. 동물원에서 보는 영장류를 일반인들은 전부 '원숭이'라 부르지만, 영장류는 크게 원숭이(monkeys)와 유인원(apes) 두 무리로 나눌 수 있습니다. 해부학적으로 인간과 비슷한 오랑우탄, 고릴라, 침팬지 그리고 동남아시아에 사는 기번(gibbon)이 유인원으로 분류됩니다. '유인원'(類人猿)이란 인간과 가장 닮았기 때문에 붙여진 이름입니다.

진화학자들의 이론은 복잡하고 다양합니다. 대체적으로 영장류의 조상은 6,500만 년 전에 출현했다고 합니다. 이 시기는 공룡이 멸망했다고 인정되는 직후여서, 공룡 소멸과 영장류 탄생에는 신의 계획이 있었던 것처럼 느껴집니다. 그리고 유인원의 조상은 약 2,000만 년 전에 나타났다고 추정합니다. 이런 결론이 나오기까지는 인류학자, 진화학자, 유전학자, 해부학자 등의 진지한 검증과 토론을 거칩니다.

동물학자들은 유인원 중에 침팬지, 고릴라, 오랑우탄 3종류가 진화적으로 인간에 제일 가깝다고 생각합니다. 그들은 몸의 내부 구조(해부학적으로)가 인간과 비슷하고, 동작도 상당히 닮았으며, 침팬지의 경우에는 유전자의 98%가 인간과 같다고 합니다. 유전자 2%의 차이로 침팬지와 인간이 그토록 다를 수 있다는 것은 놀라운 신의 설계입니다. 더욱 신비한 것은 실험실에서 키우는 초파리의 유전자와 인간의 유전자가 70% 정도 일치한다는 것입니다. 사과가 담긴 접시에 잘 달려드는 2~3

㎜ 정도 크기의 작은 파리와 침팬지, 인간의 유전자가 이처럼 상당 부분 일치한다는 것은 동물이든 식물이든, 하등이든 고등이든 모든 생명체의 세포에 담겨있는 유전자는 서로 공통된 것이 많음을 의미합니다. 그 원인은 모든 생명체의 본질적인 진화는 37억 년 전 최초의 세포에서 대부분 완성되었기 대문이라 할 수 있을 것입니다. 신은 원시 세포의 핵 속에 '핵산'(核酸)이라는 유전 정보를 만들어, 그것을 기본으로 인간까지 수백만 종의 생명체를 창조한 것입니다.

지구상에는 대륙마다 서로 다른 모습과 피부색을 가진 인종들이 삽니다. 아프리카의 중부 콩고 정글 속에는 평균 키가 140㎝에 불과한 '피그미족'이라는 검은 피부를 가진 소인종이 있습니다. 반면에 유럽 대륙에는 키가 2m에 이르면서 흰색 피부를 가진 백인종이 삽니다. 인종마다 모습과 피부색 등이 다르지만, 분류학적으로 모두 같은 염색체와 유전자 구조를 가진 인간입니다. 그런데 같은 한국 사람이라도, 한 형제일지라도 체격과 얼굴 모습과 성격은 물론 음성까지 서로 다릅니다. 인종이나 개인 사이의 유전자 차이는 매우 조금이지만, 서로는 크게 다릅니다.

인간의 선조가 어떤 진화의 과정을 거쳐 언제쯤 어떤 모습으로 나타나게 되었는지 연구하는 학문을 '인류 진화학'이라 합니다. 인류의 진화에 대한 연구는 복잡하고 이론도 여러 가지입니다. 인류 화석과 유적을 추적하여 해답을 찾는 이 연구는 유감스럽게도 진전이 어렵습니다. 지금까지 발견된 인류 화석(두개골, 이빨 등)의 수가 많지도 않고, 좀처럼 발견되지도 않아 진화 과정을 제대로 찾지 못하고 있는 것입니다. 이 연구는 아마도 영원한 숙제일 것입니다.

그런 중에도 과학자들은 그 사이에 발견된 화석을 토대로 침팬지의 조상은 약 500~900만 년 전에 나타났고, 원시 인류는 약 250~500만 년 전에 나왔을 것이라고 추정합니다. 최초의 생명체가 탄생한 37억 년 전과 비교할 때, 인류 진화의 시점은 전체 기간의 수천분의 1 정도로 짧습니다. 그러면 현생 인류의 조상의 조상은 누구였을까요? 여러 인류 진화학자들이 아프리카 대륙의 원시림 속에 들어가 야생의 고릴라, 오랑우탄, 침팬지의 무리들 가까이에서 지내면서 장기간 관찰하여 그들과 인간과의 연계를 연구해왔습니다. 그러나 아직 어떤 뚜렷한 관계를 찾아내지는 못한 것 같습니다. 진화학자들은 지금의 침팬지를 탄생시킨 조상으로부터 인류도 진화되어 나왔을 가능성이 가장 많다고 생각하며, 최초의 인간은 아프리카에서 태어났으리라고 추정합니다. 그러면서도 다양한 인종이 어떻게 생겨났으며, 아프리카에서 다른 대륙으로 인류가 이동한 경로라든가 이동 시기 등에 대해서는 추측조차 어려워합니다.

　신의 특별한 사랑으로 창조되었다고 믿는 인간의 신체구조와 물질 대사(먹고 배설하는 행동) 방법은 다른 동물의 그것과 별로 다르지 않습니다. 의과대학에서는 인체를 해부해보기 전에 물고기라든가 개구리, 토끼 등의 몸을 열고 내장 구조와 기능을 공부합니다. 이때 그들은 실험동물의 내장이라든가 혈관과 근육, 뼈 등이 인간과 비슷하며, 몸을 구성하는 화학적 성분도 거의 같음을 알게 됩니다. 인간과 동물의 신체가 닮은 것은 다행입니다. 만일 소와 인간의 근육 성분이 크게 다르다면, 인간은 쇠고기를 먹어도 영양분으로 할 수 없을 것입니다. 신은 식물이 만든 영양소를 동물이 먹어도 되고, 동물끼리 서로 잡아먹거나, 인간이 다른 동물을 먹어도 살과 피가 되도록 했습니다.

　인간은 장기간의 교육과 훈련을 받음으로써 지혜롭게 생존하는 방법을 알게 됩니다. 또 동물과 달리 본능적으로 살기보다는 '욕망'이라는 것으로 살아갑니다. 인간만이 신을 안다는 생각은 잘못인지 모릅니다. 개미도 잡초 한 포기도 신을 찬양하고 있을지 모릅니다. 공원 연못 속의 바위 위에 올라 햇볕을 쬐는 작은 거북은 신에게 기도하는 것처럼 보입니다. 아름답게 꽃잎을 펼치고 곱게 단장한 꽃들은 인간이 듣지 못하는 소리로 신을 찬양하고 있는지 모릅니다.

⋮ 인류를 진화시킨 손

현생 인류도 다른 동물과 마찬가지로 '자연선택'에 의해 진화되었을까요? 이 문제에 대한 학자들의 의견은 다양합니다. 이런 문제는 전문 진화학자들의 숙제로 두고, 가장 진화된 인간의 특징 몇 가지를 생각해 봅니다.

로봇공학자들이 가진 큰 꿈의 하나는 인간의 손처럼 자유롭게 움직이는 로봇을 만드는 것입니다. 어떤 도구나 기계도 사람의 손처럼 훌륭한 것은 없습니다. 손은 이 세상 사람이 쓰는 모든 도구와 기계를 만들어 냈고, 인류 문명을 창조해 낸 주인공입니다. 우리는 손을 맘껏 사용하면서도 얼마나 놀라운 능력을 가졌는지에 대해 별로 생각하지 않습니다. 헬렌 켈러는 상대방 얼굴을 손으로 만져보면 누구인지 바로 알았고, 상대가 말할 때 그 입술에 손가락을 대면 그의 말을 알아들을 수 있었습니다. 또한 그녀는 라디오 스피커에 손을 대어 어떤 음악이 연주되고 있는지, 또한 바이올린 연주인지 첼로인지를 구별했다 합니다. 이것은 인간의 손이 얼마나 훌륭한 감각 기능을 가지고 있는가를 말해줍니다.

인류의 조상은 뾰족한 창과 몽둥이로 사냥을 했고, 잡은 것은 돌도끼나 돌칼로 손질했습니다. 진화학자들은 인류의 조상이 그렇게 살아오는 동안에 쥐고, 던지고, 비틀고, 다듬고 하는 힘과 솜씨가 발달했다고 말합니다. 성인 남자의 경우 손으로 쥐는 힘(악력 握力)은 40~50kg입니다. 일반적으로 남자는 여자에 비해 2배 가까운 악력을 가졌습니다만, 여자는 남자보다 손놀림이 섬세한 편입니다. 사람의 악력이 얼마나 큰지는 갓난아기에서도 볼 수 있습니다. 갓 태어난 아기지만 작은 손으로 의사의 손가락을 잡고 오래도록 매달려 있는 것을 봅니다.

사람 손은 자랑이 많습니다. 그 중의 하나는 오래도록 힘들게 일해도 좀처럼 피로해지지 않는다는 것입니다. 설령 지쳤다 하더라도 잠시만 쉬면 원상태로 회복됩니다. 손은 훈련에 따라 기적 같은 능력을 발휘합니다. 일급 타자수는 1분에 600번 이상 손가락을 움직여 자판을 두드릴 수 있습니다. 피아니스트나 바이올리니스트가 빠른 곡을 연주하는 것을 보면 도저히 믿어지지 않도록 손가락 끝을 빨리 움직입니다. 손은 정교하게 움직입니다. 화가나 조각가, 공예가의 손은 말할 것도 없거니와 뇌수술을 하는 외과의사도 그에 못지않은 손놀림을 구사합니다. 맹인은 손가락 끝으로 점자를 빠르게 읽고, 또 농아인들은 손으로(수화) 상대와 모든 의사를 주고 받습니다.

인간의 손이 다른 동물의 손과 가장 큰 차이는 엄지손가락이 다른 4개의 손가락과 마주보고 있어 물건을 잘 잡을 수 있다는 것입니다. 손은 무거운 돌을 집어 들기도 하지만, 물이 담긴 종이컵을 들었을 때, 뇌가

따로 명령하지 않아도 절대 꽉 잡지 않습니다. 만일 엄지가 마주보지 않는다면 텔레비전 다이얼 하나도 돌리기가 불편할 것입니다. 사람처럼 엄지를 잘 움직이는 동물은 없습니다. 그래서 어떤 과학자는 "인간의 진화는 손의 진화였다"고 말하기도 합니다. 신은 엄지가 다른 손가락과 마주하도록 하는 간단한 설계만으로 인간이 지구의 주인이 되도록 했다는 생각이 듭니다.

사람 손의 또 다른 자랑은 손바닥이 주름 가득한 부드러운 피부로 싸여 있고, 손바닥에서 항상 알맞은 양의 땀이 분비되는 것입니다. 손바닥 땀은 마찰을 좋게 하여 물건을 미끄러짐 없이 잡도록 해줍니다. 신비하게도 잠자는 동안에는 손바닥에서 땀이 전혀 나오지 않습니다. 발바닥도 마찬가지입니다. 이것은 손이나 발을 사용치 않을 때는 체내의 수분을 절약하도록 진화된 자동조절 기능입니다.

올림픽 경기에서 최고의 선수일지라도 맹수류만큼 빠르게 뛰지 못하고, 원숭이처럼 나무를 오르지 못합니다. 물속에 들어간 인간은 물고기보다 빠르게 헤엄치지 못하는데, 그나마 본능적으로 헤엄치지 못하고 배워야만 합니다. 인간은 추위에도 약하고 더위도 견디지 못합니다. 공기가 조금만 탁해져도 야단입니다. 다른 동물들 만큼 눈과 귀가 밝지도 못하고, 냄새를 맡는 후각도 훨씬 뒤떨어집니다. 그런데도 인간이 만물의 영장(靈長)이 되었습니다.

어린이 만화 속에 "왜 귀가 둘일까?" 하는 질문에 "안경을 걸기 위해서"라는 이야기가 나옵니다. 이 대답은 우스개가 아니라 정답인지 모릅니다. 신은 인간이 진화의 어느 시점에 이르면 안경이 필요해질 것을 알지 않았을까요? 인간만이 위험한 작업을 할 때 보안경을 착용하고, 시력을 보완하기 위해 안경을 씁니다. 머리 중간 좌우 양쪽에 있는 귀는 크기라든가, 눈과 나란한 위치 등이 안경을 걸기에 최적 장소로 보입니다. 적당한 높이의 콧등은 안경을 잘 받쳐줍니다.

ː 인류를 진화시킨 직립 두 발 보행

대부분의 진화학자들은 인간으로 진화하는데 가장 큰 역할을 한 것은 높은 지능을 가진 큰 뇌와, 마음대로 움직이는 손, 그리고 자세를 세우고 두 발로 걷게 된 것이라고 생각합니다. 진화학설을 수립한 다윈은 1871년에 일찍이 '인간은 두 발로 견고하게 설 수 있었기 때문에 손과 팔을 자유롭게 사용하는데 도움이 되었을 것'이라고 했습니다. 독일의 사회학자 엥겔스(Friedrich Engels 1820~1895)는 '다른 동물들은 먹이를 사냥하거나 적으로부터 자신을 방어하는 방법으로 신체의 일부를 무기화했는데, 인류의 조상은 직립 보행하면서 자신을 강화하는 도구를 만들었다'는 말을 남겼습니다.

20세기에 들어와 인류학자들은 영장류와 인간을 해부학적으로 비교 분석하여 진화 과정을 찾았습니다. 턱뼈, 이빨, 두개골, 팔과 다리의 관절 모양 등을 분석하면 많은 것을 알 수 있습니다. 침팬지나 고릴라와 같은 유인원은 사람과 달리 나무에도 잘 오르지만 네 발로 잘 걸어갑니다. 그들의 팔은 길고 손가락은 구부러져 있으며, 걸을 때 구부린 손가락 관절을 땅에 대고 걷습니다.

곡마단이나 동물원의 침팬지를 보면 두 발로도 상당히 잘 걷습니다. 인간과 유연관계가 가장 많다고 인정되는 침팬지는 얼굴과 손발의 바닥, 손가락, 발가락에 털이 없습니다. 머리에서 꼬리 끝까지의 길이는 1.3~1.6m이고, 임신기간은 8개월, 새끼 수유기간은 약 3년이고 이후에도 어미와 함께 지냅니다. 이들은 10세쯤에 성숙해지고 수명은 50년 정도입니다. 15~150마리가 집단을 이루고 살며, 그들은 세력권 내에 다른 집단이 침입하는 것을 협력하여 격퇴합니다.

인류고고학자로 이름난 영국인 리키(Louis Leakey 1903~1972)는 부인과 함께 1930년대부터 아프리카의 탄자니아 북쪽 세렝게티 평원에 있는 '올두바이 조지' 계곡을 일생 조사하여 많은 인류 화석과 유물을 발굴했습니다. 그는 독실한 기독교인이면서 다윈의 진화이론을 확신했습니다. 그가 올두바이 계곡에서 발굴한 대표적인 화석으로는 190만 년 전의 화석인 호모 하빌리스, 180만 년 전의 파란트로푸스 보이세이, 120만 년 전의 호모 이렉투스, 17,000년 전의 호모 사피엔스 등이 있습니다. 그의 연구로 인류 조상은 아프리카에서 기원했다고 확신하게 되었습니다.

미국 남캘리포니아 대학의 인류 진화학자 스탠포드(Craig Stanford)는 2003년에 쓴 〈The Evolutionary Key to Becoming Human〉에서 인간이 두발 보행을 하게 된 이론을 전개합니다. 이 책은 전파과학사에서 〈직립보행〉이라는 제목으로 번역 출간되었습니다. 이 책에서 스탠포드는 인류가 지구의 주인이 될 수 있었던 이유는 뇌의 발달보다 두발로 걷게 된 것이라고 말합니다. 그의 추정에 따르면, 침팬지와 인류는 약 600만 년 전에 공통 조상으로부터 갈라져 진화했다고 합니다. 이때 인류의 선조는 침팬지와 달리 두 발 보행이 가능한 직립자세를 취했다는 것입니다. 이런 추론은 1994년에 케냐 북부에서 발굴된 약 410만 년 전의 초기 인류라고 판단되는 화석을 토대로 합니다. 스탠포드는 이 책에서 두 발 보행의 진화 외에 인류는 언제부터 말을 할 수 있도록 진화되었는지, 그리고 다른 유인원과 달리 인류는 남의 도움 없이 혼자서 출산하기 어렵도록 된 신체 구조 변화에 대한 이론도 말하고 있습니다.

인류 조상으로 판단되는 화석은 케냐, 에티오피아, 남아프리카 등지에서 최근에도 상당 수 발견되었습니다. 초기의 인류 화석은 아프리카 전역에서 발견되며, 발굴되는 화석들의 모습은 지역마다 다양합니다. '루시'(Lucy)로 불리는 논란이 많았던 유명한 화석은 두 발 보행을 했다고 믿어지는 320만 년 전의 초기 인류 화석입니다. 1974년에 에티오피아의 '아와시' 계곡에서 발굴된 루시 화석의 학명은 오스트랄로피테쿠스 아파렌시스입니다. 루시를 조사한 인류학자들은 가장 오래된 두 발 보행 인류 화석이라고 추정했습니다.

네 발로 걷던 유인원이 왜 두 발로 걷도록 진화했을까 하는 이유에 대해 고인류학자들은 이런 추측을 합니다. 빙하기가 시작되면서 환경 변화에 따라 숲이 쇠퇴할 때, 유인원들은 나무에서 내려와 멀리 떨어진 곳까지 이동하면서 먹이를 채집하고 사냥해야 했기 때문이었을 것이라고 합니다. 두 발로 장거리를 쉽게 걷고 뛸 수 있게 된 조상은 생존에 유리한 곳을 찾아 어디로든지 이주할 수 있게 되었고, 동시에 두 손을 자유롭게 사용하여 도구와 무기를 만들 수 있는 인류로 진화했다는 것입니다.

2009년에 미국 〈사이언스〉지는 미국의 고고학자 팀이 에티오피아에서 440만 년 전의 유인원 화석을 발굴했다고 발표했습니다. 인간을 닮은 유인원을 '호미나인'(hominine)이라 하는데, 이 화석은 루시보다 120만 년 앞선 호미나인이었습니다. 호미나인에 '호모 이렉투스'(Homo erectus)라는 학명을 붙였는데, Homo는 '인간', erectus는 '똑바로 서다'는 의미입니다. 호미나인으로부터 진화된 현생 인류의 조상 호모 사피엔스(Homo sapiens)는 약 10만~40만 년 전에 나타난 것으로 추정되고 있으나 학자들의 주장에 차이가 있습니다.

또한 아프리카에서 출현한 고인류가 언제 유라시아 대륙으로 이동했는지에 대한 이론도 증거가 명확하지 않아 불분명합니다. 현대 인류라고 인정되는 화석 중에서 가장 오랜 것은 남아프리카 케이프타운 근처 강어귀의 동굴에서 발견된 10만 년 전 화석과, 이스라엘의 스쿨이라는 곳의 동굴에서 발견된 약 11만 년 전의 인류 유해입니다. 아프리카에서 출현한 인류가 그곳에서 가장 먼 땅인 신대륙으로 건너간 시기는 약 25,000년 전 빙하기였을 것이라고 생각합니다. 그때는 빙하가 대륙을 덮어 해수면이 낮았으므로, 유라시아대륙에서 아메리카대륙으로 건너갈 수 있을 정도로 베링 해협이 이어져 있었다는 것입니다.

⦂ 진화학은 미싱 링크(missing link)의 연구

진화에 대해 이야기할 때 '미싱 링크'(missing link)라는 말이 자주 쓰입니다. 이 말은 과학적 용어는 아니지만, 진화학에서 수시로 등장합니다. 미싱 링크는 진화의 단계가 연속되지 못하고 끊어지는 경우에 씁니다. 특히 인간의 진화에서 더 자주 등장합니다. 예를 들면, 영장류가 원숭이류와 유인원으로 나뉘는 단계라든가, 네 발로 걷던 유인원에서 직립하여 두 발로 걷는 초기 인류로의 진화 단계 등에 뚜렷한 화석의 증거가 없어 이런 말을 합니다.

미싱 링크는 인간만이 아니라 모든 동식물의 진화 단계에도 있습니다. 예를 들자면, 바다에 사는 동물로서 물고기는 가장 하등한 척추동물입니다. 어류보다 진화된 척추동물인 양서류, 파충류, 조류, 영장류는 대부분 육상에 삽니다. 양서류인 개구리는 올챙이 때는 아가미로 물속 산소를 흡수하며 살다가 차츰 폐가 생기고 네 발이 발생하여 육지로 올라갑니다. 이런 변태 과정은 어류로부터 양서류로의 진화를 짐작케 합니다.

송어와 같은 물고기는 상어와 인간 중 어느 쪽과 연관이 더 많은가 하고 묻는다면, 모두 상어라고 대답할 것입니다. 그러나 상어는 연골(軟骨) 척추를 가졌고, 참치와 인간은 경골 척추를 가졌습니다. 폐어(肺魚)와 실러캔스(coelacanth)라는 어류는 폐를 가졌으므로, 폐의 진화로 따지면 송어보다 인간과 더 사촌이 됩니다. 물론 인간의 조상이 진화상 폐어와 가까운 것은 아닙니다. 그러나 연골과 경골의 진화, 아가미와 폐의 진화를 생각할 때는 미싱 링크가 있지요. 오늘의 진화학은 미싱 링크의 연결을 찾는 연구이며, 이 학문의 최후는 언제일지 알 수 없습니다.

창조주의와 창조적 진화주의

영국 옥스퍼드 대학의 유명한 진화생물학자인 도킨스(Richard Dawkins 1941~)는 우주 만물과 인류 모두가 초자연적인 신에 의해 창조되었다고 믿는 '창조주의(創造主義) 기독교'에 대한 비판자이기도 합니다. 그의 저서로는 〈Greatest Show on Earth〉, 〈The Blind Watchmaker〉, 〈The Ancestor's Tale〉 등이 있습니다.

미국에는 1994년에 창립된 'Discovery Institute'라는 민간단체가 있습니다. 시아틀에 본부를 둔 이 단체는 창조주의자들에게 진화를 부정하는 논리를 적극적으로 교육합니다. 한국에는 1981년에 창립된 '한국창조과학회'가 있으며, 이 학회는 완전히 근본주의 회원만 있어 보입니다.

인간의 진화론에는 오스트랄로피테쿠스, 자바인, 북경원인, 크로마

늉인, 루시 등 수많은 화석의 이름들이 등장합니다. 교과서나 자연과학 책에 실린 인간 진화 이론이 부족하거나, 명확치 못하거나, 믿어지지 않는 내용이라 하더라도 그것을 무조건 비난하고 공격해서는 학문의 발전을 방해할 뿐입니다. 따지고 보면 진화론은 신의 인간 창조 과정을 밝혀가는 연구 과정입니다. 진화론을 처음 주장한 다윈 자신도 신앙인이었다는 것을 생각할 필요가 있습니다. 신앙인에게 중요한 것은, 전능한 신은 진화의 방법으로 특별한 모습과 능력을 가진 인간을 창조했다는 믿음일 것입니다.

어떤 신학자는 '성서는 비과학적인 책이 아니라 초과학적인 책'이라고 주장합니다. 이런 주장은 많은 기독교인의 신앙심을 오히려 크게 흔들고 있다고 생각합니다. 현대의 과학기술을 부정하기보다 과학의 성취를 이해하려고 노력하는 것이 더 확실한 신앙을 갖게 할 것이라 믿습니다. 과학이란 어느 한 분야만 독단적으로 발전하지 않았습니다. 진화이론의 부정은 천문학, 지질학, 고고학만 아니라 현대과학 전체를 불신하는 것으로 생각됩니다.

⠆ 역진화는 불가능

쿠바와 가까운 섬나라 도미니카에서 1993년에 한 광부가 산이 무너진 곳에서 유리처럼 번쩍거리는 작은 돌 모양의 호박(琥珀)들을 발견했습니다. 호박을 들여다본 그는 그 속에 흰개미가 묻혀 있는 것을 보았습니다. 이 호박은 미국 자연사박물관으로 보내졌고, 호박 속의 흰개미를 발견한 과학자들은 조사대를 조직하여 현지로 갔습니다. 그곳에서 수집한 호박에서는 흰개미 외에 여러 동식물 화석이 발견되었습니다. 과학자들은 이 호박이 발굴된 장소를 세상에 밝히지 않기로 했습니다. 왜냐하면 사람들이 마구 파헤치면 귀중한 화석을 모두 잃게 될 것이기 때문입니다.

2,500만 년 전, 도미니카 해안에는 '히메나에아'라는 거대한 식물이 무성하게 자랐습니다. 이 지방에는 수시로 강한 태풍(허리케인)이 불고, 그때마다 나무들은 상처를 입어 끈끈한 수액(수지 樹脂)을 흘리게 되었습니다. 이 수액에 모기, 바퀴벌레, 각다귀, 흰개미 따위가 달라붙었습니다. 수지 성분에는 방부제 성분이 있습니다. 그 때문에 수지에 파묻힌 벌레는 썩지 않고 수천만 년이 지나도 원래 모습으로 남은 것입니다. 조사 팀은 직경 2.8㎝ 밖에 안 되는 호박 속에서 62가지나 되는 곤충을 찾아내기도 했습니다.

호박에 묻힌 한 나방은 알까지 낳아 자손과 함께 영원한 미라가 되어 있었습니다. 과학자들은 이 알을 보자, "다시 부화시킬 수 없을까?"하는 생각도 했답니다. 〈쥬라기 공원〉은 관객이 가장 많았던 영화 중의 하나입니다. 영화 속의 과학자는 땅에서 나온 호박 속에서 모기의 화석을 발견하고, 모기 몸속의 피를 조사하던 중에 모기가 빨아먹은 여러 공룡들의 혈액을 찾아냈습니다. 그는 그 피에서 공룡의 유전자를 꺼내어 시험관 속에서 배양하기 시작했고, 뜻밖에도 그 유전자로부터 고대의 공룡들을 되살려내는 데 성공했습니다. '주라기 공원'은 이렇게 시작되는 공상과학 영화입니다. 공룡은 약 2억 3천만 년 전부터 6,500만 년 전까지 지구상에 번성했던 파충류 동물입니다.

과학자들은 화석으로 발견되는 동식물의 유전자도 조사합니다. 〈쥬라기 공원〉과 같은 공상 영화는 있지만, 화석 모기의 혈액에 든 유전자를 살려내는 것은 불가능합니다. 죽어버린 생명체가 다시 살아나는 일은 없습니다. 최근에는 시베리아 동토에서 발굴되는 매머드(mammoth)의 부패하지 않은 털과 조직으로부터 유전자를 꺼내어 그것을 코끼리 난자 속에서 재생하려는 시도가 있다고 합니다. 매머드는 500만 년 전에 세상에 나타나 4,500년 전까지 살았던 코끼리와 비슷한 대형 동물입니다. 매머드나 공룡의 재생은 물론이고, 단세포의 원시 미생물일지라도, 생명의 창조는 오직 신만이 가능한 '자연의 법칙'일 것입니다.

: 인위적 생명 창조는 불가능

난세포와 정자세포 사이에 수정(授精)이 이루어진 세포를 '수정세포'라 합니다. 수정세포는 양쪽 부모의 유전자를 모두 가진 단 1개 세포입니다. 이 수정세포가 모체(母體) 속에서 세포분열을 거듭하면 여러 개의 세포로 이루어진 유배(幼胚 embryo)가 됩니다. 유배는 더욱 분열하여 몸의 각 조직, 이를테면 근육, 뼈, 심장, 간, 눈, 피부, 이빨 등으로 분화(分化)합니다.

사고를 당해 크게 파손된 인간의 신체 조직이나 기관은 재생하지 않으므로 본래의 모습이 될 수 없습니다. 그러나 피부의 작은 상처나 유치(幼齒), 혈액 등은 필요할 때 다시 세포분열이 일어나 없어지거나 부족한 세포를 재생시킵니다. 신비스러운 의문은 유배의 세포는 왜 모든 조직과 기관을 만들 수 있는가 하는 것입니다. 신체의 조직이나 기관으로 분화될 수 있는 세포를 줄기세포(stem cell)라 부릅니다. 즉 줄기세포는 신체 전체를 분화시킬 수 있는 '원조세포'(元祖細胞)입니다. 식물의 경우에는 씨눈에 원조세포가 있습니다.

의학자들은 파손된 뼈나 근육, 간 등의 조직을 시험관 속에서 인공 배양하여 그 자리에 이식시킬 수 있기를 오래도록 희망했습니다. 오늘날 하등동물에서부터 인간에 이르기까지 줄기세포에 대한 연구가 활발합니다. 줄기세포는 크게 둘로 나눌 수 있습니다. 첫 번째는 유배의 세포처럼 모든 조직을 분화시킬 수 있는 분화전능 줄기세포(totipotent stem cell)이고, 다른 한 가지는 조직의 일부나 특정 기관만 분화시킬 수 있는 것입니다. 그러나 인간의 줄기세포를 실험실에서 성공적으로 배양한다는 것은 꿈에 가까운 일이라 믿어집니다.

∴ 외계에도 생명체를 창조했을까?

수시로 UFO에 대한 뉴스가 나옵니다. UFO 목격자는 항상 UFO가 물리법칙을 무시하는 출현과 운동을 했다고 말합니다. UFO에 대한 이야기는 1940년대부터 시작되었으며 UFO(unidentified flying objects)라는 말은 1953년에 만들어졌습니다. 결과는 언제나 UFO로 끝났습니다. 만일 실존하는 것이라면 인간과의 접촉을 피하고 UFO로 남아있을 이유가 없다고 생각됩니다.

천문학이 발달하면서 수없는 천체 중에는 지구처럼 생명체가 탄생하여 존재할 수 있을 것이라는 가능성에 대한 이야기가 자주 나왔습니다. 그러나 지구에서 가장 가까운 별이라 할지라도 3.2광년 거리에 있으므로, 그토록 멀리 떨어진 별 둘레에 있는 행성들의 존재나 상태를 관찰할 방법도 없었거니와, 그런 천체를 탐험한다는 것 또한 비현실적인 생각이었습니다. 따라서 다른 천체로의 우주여행은 공상과학소설의 소재일 뿐이었습니다.

천문학, 우주 관찰, 우주 개발 기술이 발달함에 따라 과학자들은 우주 생명체의 존재에 대한 현실적인 연구를 3방향에서 주로 시작했습니다. 그중 하나는 지구 주변의 다른 행성 특히 화성에 생명체가 존재하는지 확인하려 한 것입니다. 이미 화성에 무인 탐사선을 몇 차례 착륙시켜 조사했지만 아직 어떤 증거도 찾아내지 못했습니다.

두 번째는 외계에 존재할지 모르는 지능 생명체로부터 지구를 향해 어떤 메시지가 오고 있지 않는지 조사하는 것입니다. 코널 대학의 유명한 전파천문학자 드레이크(Frank Drake 1930~)는 1960년부터 지상에 거대한 전파망원경을 설치하여 우주 공간으로부터 오는 전파를 수신하여 그 속에 미지의 ET(외계인 extra terrestrial)가 보내는 메시지가 담겨 있지 않는지 조사하는 한편, 지구의 메시지를 담은 전파를 우주로 발신하는 '오즈마 계획'(Project Ozma)을 시작했습니다. '지구 밖 문명탐사계획'(SETI)에 속하는 이 시도는 지금까지 계속되고 있으나 결과는 얻지 못하고 있습니다.

나머지 하나는 은하계의 수천억 개 별 중에서 태양 외의 다른 태양(extrasolar) 주변에 있는 '외계행성'(exoplanet)을 찾는 것이었습니다. 드디어 1995년에 처음으로 첫 번째 외계행성을 발견하는데 성공했습니다. 지구에서 가장 가까운 거리(4.3광년, 5.96광년 등)에 있는 몇 개의 별에서는 성공하지 못했으나, 지구로부터 50.9광년 떨어진 페가수스자리의 별 하나(51 Pegas)에서 외계행성을 찾아낸 것입니다. 이후부터 연달아 외계행성이 발견되어 2012년 말까지 800개 이상이 발견되었고, 가능성이 있어 보이는 별이 3,000여 개나 되는 것으로 보고되었습니다. 이러한 외계행성 조사는 그 동안에 이루어진 천문학과 각종 관측기기의 발달 덕분입니다.

외계행성의 존재가 확인되면서 지구 외에도 생명체가 존재할 가능성은 더욱 높아지게 되었습니다. 심지어 어떤 학자는 별 10개 중 1개의 둘레에는 생명체가 존재할 수 있는 행성이 있을 것이라고 말하기도 합니다. 칼 세이건 같은 천문학자도 외계 생명체에 대한 관심이 큽니다. 휼렛-페커드사의 창업자 휼렛(Bill Hewlett)과 패커드(Dave Packard), 인텔의 공동 창업자 무어(Gordon Moore), 마이크로소프트의 공동 창업자 앨런(Paul Allen) 등은 SETT 연구의 후원자로 유명합니다.

외계행성에 생명체가 있다 하더라도 그것을 확인할 방법은 아직 없습니다. 그럼에도 불구하고 천문학자들은 우리 은하계 외에 안드로메다와 같은 다른 은하계에도 행성(extragalactic planets)이 있는지 찾으려

고 노력한답니다. 영원한 숙제라고 생각되는 '신의 창조'를 탐구하려는
과학자들의 노력은 중단이 없습니다.

동물세계의 생존 법칙 – 먹이사슬

땅에서 자란 풀(생산자)을 메뚜기(포식자)가 뜯어먹고, 메뚜기는 들쥐가 잡아먹고, 들쥐는 올빼미가 포식하고, 올빼미가 죽어 거름이 되면 식물의 비료가 되는 식으로 표현하는 '먹이사슬'(food chain)은 영국의 동물학자 엘턴(Charles Elton 1900~1991)이 1927년에 출판한 책에 처음 사용한 말입니다. 이 책에서는 먹이그물(food web), 먹이 피라미드(food pyramid)라는 말도 같은 의미로 표현했습니다. '먹이그물'은 먹고 먹히는 관계가 그물처럼 복잡함을 나타내고, '먹이 피라미드'는 가장 아래의 첫 생산자는 양적으로 가장 많고, 소비자(포식자)는 단계가 오를수록 피라미드 구조처럼 좁아드는 데서 나온 말입니다.

생명체의 세계가 건강하게 유지될 수 있는 것은 바로 먹이사슬의 온전한 관계 때문이라 할 수 있습니다. 만일 먹이사슬의 연결이 어디서 단절된다면 생태계에는 큰 혼란이 오고 맙니다. 환경보호 운동가들이 동식물 보호를 위해 가장 잘 사용하는 용어가 '먹이사슬 파괴'이기도 합니다. 언제부터인가 먹이사슬이라는 용어는 '약육강식'과 같은 말과 함께 사회적 언어가 되어 잘 쓰이고 있습니다.

진화 과정에서는 먹이사슬의 관계도 진화되어 왔을 것입니다. 약 37억 년 전 최초의 생명체로부터 약 6억 년 전 하등동물이 나타날 때까지는 하등생명체를 먹을 포식자가 없었으므로 먹이사슬 관계가 생겨날 수 없었을 것입니다. 그러나 이후 곤충, 물고기, 양서류, 파충류, 조류, 포유류가 진화되어 나오고, 약 200,000년 전에 드디어 최상층 소비자인 현대인류까지 진화가 계속되는 동안 먹이사슬의 관계도 진화되었을 것입니다.

꽃을 피우는 식물(현화식물)은 약 1억 3,000만 년 전에 나타났습니다. 식물이 꽃을 피우면 화분(花粉)을 수정해줄 곤충이나 새가 있어야 할 것입니다. 흥미롭게도 현화식물이 탄생했을 때 꽃을 수정시켜 열매를 맺도록 해줄 꿀벌이 진화되어 나타났습니다. 이런 경우 꽃식물과 꿀벌은 '동반진화'(同伴進化)되었다고 말합니다.

약 3억 년 전에 나타난 파충류 중에 공룡은 한 동안 최상급 포식자였을 것입니다. 그런 공룡이 6,500만 년 전에 갑자기 사라지자 먹이사슬의 관계가 크게 변하게 되었습니다. 공룡학자들은 화석을 통해 공룡이 살던 당시와 그 이후의 먹이사슬 관계를 추리하기도 합니다. 한편 오늘날에는 인구 증가, 공해, 대규모 멸종 등에 뒤따를 먹이사슬의 충격에 대한 연구도 합니다.

뱀은 창세기에서 이브를 유혹한 동물로 지목되기도 하고, 징그러운 모습을 가지고 있어 사람들의 사랑을 받지 못합니다만, 세계에는 약 2,400종의 뱀이 있으며, 자연의 먹이사슬에서 없어서는 안 되는 중요한 동물입니다. 쥐 종류는 땅속 굴에 주로 살기 때문에 다른 포식동물로부터 안전합니다. 그러므로 그들에게 뱀이라는 천적이 없다면 너무 번식하게 될 것이고, 결국 다른 동물들의 양식을 쥐들이 먼저 먹어치울 것입니다.

마음대로 굴신하는 긴 몸과 자기 몸보다 큰 먹이를 삼킬 수 있는 입 구조를 가진 뱀은 들쥐라든가 새의 지나친 번식을 제한해주는 중요한 천적(天敵) 역할을 합니다. 그러므로 사람이 뱀을 잡는 행위는 자연의 이치를 거스르는 것입니다. 우리나라에서는 뱀을 너무 포획하여 들쥐가 엄청 많아졌습니다. 뱀을 보양식이라고 잘못 알고 있는 사람들 때문에 참깨, 콩 등의 재배 농가에서는 모르는 사이에 들쥐로부터 큰 피해를 입습니다.

'본능'이라는 동물행동의 자연법칙

일상에서 흔히 사용하는 '본능'이라는 말의 본래 뜻은 동물들이 보여주는 타고난 행동을 말합니다. 동물들은 경험하거나 학습한 적이 없는데도 생존에 필요한 온갖 행동을 정확하게 합니다. 예를 든다면 해변 모래 속에서 부화된 거북 새끼가 곧장 바다로 들어가는 것, 캥거루 새끼가 태어나자마자 어미 가슴의 새끼주머니로 들어가는 것, 새들이 저마다 특징적인 집을 짓는 행동, 철새들이 틀림없이 일정한 곳으로 이동하는 행동, 꿀벌이 춤추는 듯한 몸짓으로 동료와 교신하는 것 등 이루 다 헤아릴 수 없이 많은 본능 행동을 봅니다.

곤충의 본능에 대한 대표적인 연구자로 프랑스의 곤충학자 파브르(Jean Henri Fabre 1823~1915)는 매우 유명합니다. 1950년대부터는 오스트리아의 로렌츠(Konrad Lorenz 1903~1989), 네덜란드의 틴

버겐(Nicholaas Tinbergen 1907~1988), 오스트리아의 프리시(Karl von Frisch 1886~1982) 같은 학자들이 동물의 행동에 대해 많은 연구를 했습니다. 이 세 과학자는 1973년에 공동으로 노벨상을 수상하기도 했습니다. 오늘날 동물의 본능 등에 대해 연구하는 '동물행동학'은 중요한 생명과학입니다.

사람들이 생식본능, 귀소본능, 생존본능 등으로 말하는 본능이라는 것은 과학적으로 설명이 안 되는 신비입니다. 동물들이 보여주는 여러 가지 본능 행동은 유전적으로 타고나는 행동입니다. 동물의 신비스런 본능적인 행동을 과학적으로 해명할 수 없어, '본능'이라는 말로 설명하려 하는 것은 비과학적입니다. 그래서 동물의 본능이 왜 가능한지에 대한 연구가 꾸준히 진행되고 있습니다만, 그 정답은 아직 알려지지 않았습니다. 사람에게는 '모성본능'이라든가 '생존본능'이 있다는 말도 하지만, 그렇지 못한 예를 많이 봅니다. 그러나 동물의 세계에서는 본능이 훨씬 명확하게 나타납니다. 하지만, 동물원에서 자란 암사자나 침팬지는 자기가 출산한 새끼를 거부하는 경우가 있습니다. 이런 경우는 어미 자신이 부모로부터 훈련받지 못한 탓이라고 생각되기도 합니다.

⋮ 새들의 귀소본능

동물학자들은 본능이라는 것을 어떻게든 과학적으로 설명해보려고 온갖 방법으로 많은 연구를 해왔습니다. 대표적인 연구는 비둘기나 철새, 개미, 꿀벌 등이 어떻게 자기 집이라든가 월동지(越冬地)를 찾아갈 수 있는가 하는 것이었습니다.

인간은 시각, 청각, 후각, 미각, 촉각 이렇게 5감이 있습니다. 예로부터 동물들은 인간이 모르는 제6의 감각이 있어 먼 길을 정확히 찾아다닐 수 있다고 생각했습니다. 만일 눈을 가린 사람을 차에 태워 몇 시간 달린 뒤 어딘가에 내려놓는다면, 산과 하늘을 둘러보고 태양의 위치를 가늠해보고서 되돌아가야할 방향이라든가 떨어진 거리를 알 수 있을까요? 그러나 비둘기나 새들이라면 수 백리 밖에서 놓여나더라도 집의 방향을 알고 찾아갑니다.

선박의 항해사는 나침반과 항해 지도를 보면서 끊임없이 현재 가고 있는 위치를 확인합니다. 그러기 위해 배의 속도를 계산하고, 항해한 시간을 재며, 관측 장치로 진행 방향을 확인합니다. 또한 태양의 각도를 재고, 밤이면 북극성의 위치와 각도를 확인하면서 이를 계산기와 자 따위로 셈하여 지도(해도) 상에 행로를 그리면서 갑니다. 오늘날에는 이것만으로 부정확하여 인공위성에서 알려주는 위치정보 시스템을 이용합니다. GPS(global positioning system) 또는 내비게이션 시스템이라 부르는 장비는 인공위성을 이용하여 몇m 오차로 위치를 압니다.

전 세계 약 10,000종의 새 중에 약 1,800종이 장거리 이동을 하는 철새입니다. 철새들은 내비게이션 시스템 없이도 히말라야 산맥을 넘기도 하고, 또는 남극과 북극 사이를 이동하면서 수 천리 떨어진 목적지를 정확히 찾아갑니다. 더 놀라운 것은 새끼들은 한 번도 가보지 않은 길이지만 찾아간다는 것입니다. 북극 가까운 캐나다에 사는 검은솔새라는 작은 새는, 가을이 오면 남아메리카 대륙까지 약 4,000㎞ 거리를 비행합니다. 이런 장거리 이동을 하고 나면 솔새의 몸무게는 절반으로 줄어듭니다.

개미도 먹이를 물고 먼 길을 걸어 제집을 찾아갑니다. 또 꿀벌들은 자기 벌통으로부터 수십㎞ 떨어진 곳에서도 자기 여왕이 있는 곳으로 되돌아옵니다. 보잘것없는 동물들이 어떻게 방향 감각을 가지고 길을 찾아가는지에 대한 의문은 수천 년 전부터 수수께끼였습니다.

철새들에게는 지구의 자력장(磁力場)을 느끼는 특별한 감각기관이 있기 때문이라는 주장이 귀소본능을 설명하는 첫 번째 열쇠가 되었습니다. 지구는 거대한 자석입니다. 독일의 크라머(Gustav Kramer

1910~1959)는 1950년대에, 새들은 자력뿐만 아니라 태양의 위치를 보고서도 방향을 아는 능력이 있다고 주장했습니다. 그와 비슷한 시기에 오스트리아의 과학자 프리쉬(Karl von Frisch 1886~1982)는 꿀벌이 자기 벌통을 찾아올 때, 태양의 위치를 파악하여 방향을 안다는 사실을 구체적으로 밝혀냈습니다. 이 연구로 그는 다른 두 동물행동학자와 1973년에 노벨상을 수상했습니다.

비둘기는 날고 있는 고도가 어느 정도인지 4㎜ 오차로 정밀하게 판단한다는 보고도 있습니다. 또한 비둘기는 자외선을 감각할 수 있고, 인간이 듣지 못하는 아주 낮은 소리(저주파 초음파)를 듣는다는 것이 확인되었습니다. 독일 괴팅겐 대학의 과학자는 비둘기 눈에 반투명한 안경을 씌워 집으로부터 130㎞ 떨어진 곳에서 날려 보내보았습니다. 비둘기의 안경은 5~6m 이상 먼 곳은 보이지 않도록 만든 것이었습니다. 그렇지만 비둘기는 여전히 자기 집을 찾아왔습니다.

이런 사실을 볼 때 비둘기는 자기가 늘 보던 지형을 판단하여 집을 찾아가는 것이 아니라, 태양의 위치를 판단하여 보금자리를 판단하거나(정위 定位 기능이라 함), 자력탐지 기능을 이용한다고 생각되는 것입니다. 그는 비둘기의 비행을 돕는 '생체 컴퓨터'가 몸의 어딘가에 있을 것이라고 생각하여, 비둘기를 멀리 데리고 나가 귀 옆에 작은 자석을 붙여

날려 보냈습니다. 그랬더니 비둘기는 집을 찾지 못했습니다. 자석이 비둘기 머리의 자장 탐지기에 혼란을 일으킨 것입니다.

미국 코널 대학의 엠린(Stephen T. Emlen)은 "철새는 태양을 보고 위치를 판단하는 능력을 가지고 있을 뿐 아니라, 밤에는 별자리를 보고 방향을 안다."는 사실을 1970년대에 보고하여 세상을 놀라게 했습니다. 사실 많은 철새들은 밤에 장거리 비행을 합니다. 달 밝은 밤의 기러기 이야기는 이 사실을 말해주기도 합니다.

신은 철새들에게 태양과 별이 운행하는 고도와 방향을 보고, 지구의 자장을 탐지하여, 후각 등으로 먼 거리를 이동할 수 있는 능력을 주었습니다. 그 방법으로 신은 새들의 머릿속 어딘가에 자력을 탐지하는 철(鐵) 원자 몇 개로 이루어진 탐지장치와 유전자를 주었습니다. 철새의 이런 능력은 아무리 진화의 시간이 길었다 해도 '자연선택'의 결과라고 믿어지지 않습니다.

⠸ 모천(母川)을 찾아오는 연어의 본능

야생 곰들이 강에서 연어를 잡는 영상은 자주 봅니다. 연어는 맑은 물이 흐르는 강에서 태어나 잠시 살다가는 바다로 나가 이곳저곳 다니다가 산란할 정도로 성숙하면 자기가 태어난 강(모천)으로 올라와 알을

224

낳고 죽는 물고기로 유명합니다. 우리나라 동해안의 몇 강(남대천 등)도 연어가 찾아오는 곳입니다.

연어의 뇌는 땅콩 한 알 크기입니다. 연어가 모천으로 회귀하는 능력을 가졌다는 사실은 1599년에 노르웨이 사람이 처음 기록했습니다. 노르웨이는 강이 많고, 그 강에는 모두 연어들이 찾아옵니다. 그는 300m 거리를 두고 흐르는 두 개의 강에 각기 다른 종류의 연어가 산다는 사실을 발견했습니다. 그는 낚시꾼이 잡아온 연어의 모양만 보면, 어느 강에서 낚은 것인지 바로 알 수 있었던 것입니다. 연어 종류는 20여 종 알려져 있으며, 가장 큰 종류는 최대 길이가 2m에 이르고 무게는 145kg이나 됩니다.

연어들이 자기가 태어났던 강을 찾아올 수 있는 이유에 대한 의문을 풀기 위해 과학자들은 오랫동안 연구를 해왔습니다. 미국의 생태학자 해슬러(Arthur D. Hasler 1908~2001)는 1950년대에 '연어는 냄새로 자기가 태어난 강을 찾아온다'는 실험 결과를 발표했습니다. 그러나 세계의 수많은 강들이 어떻게 각기 독특한 냄새를 가지는지 알 수 없었습니다. 강이 흐르는 곳의 특별한 광물질 냄새이거나, 그 강에 자라는 어떤 식물에서 분비되는 물질이 아닐까 하는 생각도 합니다.

냄새에 대한 기억력은 사람도 상당히 높은 편입니다. 오래 전에 먹어본 음식 냄새를 맡게 되면 곧 과거의 일이 기억나는 경우가 있으니까요. 연어에 대한 과학자들의 의문은 많습니다. 강물의 냄새가 독특하고 진하다 하더라도, 그 강물이 넓은 바다에 흘러들면 희석되어 농도가 약해지기 때문에 냄새를 맡기 어렵게 된다는 것입니다. 아무리 훌륭한 감각을 가졌다 해도 세계의 바닷물에 퍼져버린 냄새의 원류(原流)를 찾아간다는 것은 불가능해 보입니다. 그러므로 연어에게는 신이 특별히 부여한 초감각과 유전자가 있을 것입니다.

: 개미 머릿속의 귀소 컴퓨터 장치

개미는 집을 나와 먹이를 발견하면 자기 몸무게보다 10배도 더 나가는 먹이를 물고 가는 큰 힘을 가진 것도 신비하지만, 지면을 기어 다니면서 어떻게 자기 집을 알고 찾아가는지 궁금합니다. 개미들이 먹이를 찾아 100m 이상, 때로는 200m나 멀리 떨어진 곳까지 가는 것을 확인할 수 있습니다. 먹이를 찾는 동안 개미의 발걸음은 이리 저리 오락가락합니다. 그러면서 수시로 걸음을 멈추었다가 다시 걷곤 합니다. 그러나 일단 먹이를 발견하여 그것을 입에 문 다음부터는 개미의 발걸음은 방황하는 일 없이 거의 최단거리로 집이 있는 방향으로 갑니다.

개미가 이런 능력을 갖는 것은 자기만의 독특한 냄새 물질을 흘리고 다니기 때문에 그것을 추적하여 찾아간다고 한때 생각했습니다. 그러나 개미도 태양의 위치를 파악하는 장치가 있다는 것을 알게 되었습니다. 개미는 수백 개의 렌즈로 구성된 복안을 가졌습니다(사람 눈은 하나의 렌즈로 된 단안). 개미가 가진 복안 렌즈 중에서 80개가 태양 위치를 각기 다른 각도로 측정하여 그것을 뇌 속에서 계산한다는 것입니다. 개미의 작은 머리에 그토록 훌륭한 위치탐지 컴퓨터가 있다는 것은 믿기 어려운 일입니다.

개미가 과연 위치를 얼마나 잘 파악하는지 조사하기 위해 스위스의 한 과학자는 특수한 편광 유리를 써서 태양이 엉뚱한 방향에서 보이도록 하는 실험을 해보았습니다. 그랬더니 정말 개미는 길을 잃고 원을 그리면서 걷기 시작했습니다. 개미는 때때로 길을 잃기도 하는데, 그럴 때는 동심원을 점점 크게 그리면서 장시간 걷는 방법으로 집을 찾아냅니다. 그들은 구름이 끼어 태양이 비치지 않아도 태양의 위치를 알아냅니다. 이것은 사람의 눈으로 느끼지 못하는 편광(태양에서 나온 빛)을 보는 능력이 있기 때문입니다. 또 개미는 자외선도 볼 수 있습니다.

개미가 태양의 위치를 판단하여 방향을 안다고 하지만, 집에서 얼마나 멀리 왔는지를 어떻게 아는지 궁금합니다. 확실하지 않지만, 개미가 수시로 걸음을 멈추고 고개를 움직이는 것은 자기가 걸어온 거리를 측정하여 컴퓨터에 기록하는 행동일 것이라는 생각도 한답니다. 이것도 인간의 생각일 뿐입니다. 개미의 방향 탐지 비밀 역시 아무도 정확하게 알지 못합니다.

∶ 철따라 대륙을 이동하는 나비

여름에 미국과 캐나다 대륙에서 볼 수 있는 모르나크나비(황제나비) 는 겨울이 되면 따뜻한 멕시코로 이동하여 산속의 전나무에서 떼를 지어 겨울을 나고, 봄이 오면 북쪽으로 이동을 시작합니다. 이동하는 도중에 밀크위드(milkweed)라는 식물을 발견하면 거기에 산란하고는 수명을 끝냅니다. 그러면 밀크위드 잎에서 깨어난 알이 그 잎을 먹고 새로운 아름다운 나비가 됩니다. 이때부터 나비는 북쪽으로 이동을 계속하다가 또 산란합니다. 나비는 이렇게 몇 차례 대를 이어가며 북쪽으로 여행을 계속하여 캐나다까지 이동합니다.

가을이 되어 꽃의 꿀이 말라가면, 모르나크나비는 남쪽으로 이동을 시작합니다. 연약한 날개를 펄럭이며 남쪽으로 돌아갈 때는 알을 낳지 않습니다. 연약한 날개로 어떻게 북아메리카 대륙 북부에서 남쪽 멕시코까지 갈 수 있는지 큰 의문입니다. 한 번도 가본 적이 없는 고향의 방향을 어떻게 알고 찾아가는지, 멕시코 산 속이 목적지라는 것을 어떻게 아는지, 멕시코에서 겨울 동안 꿀을 먹지 않고 어떻게 지낼 수 있는지, 모르나크나비는 다른 나비와 달리 왜 그토록 힘든 여행을 하도록 진화되었는지 모두 알지 못하는 신비입니다.

새, 벌, 연어, 심지어 나비에게까지 지구의 자기장을 느끼는 자력탐지 장치와 그것을 분석하는 생물 컴퓨터가 몸의 어딘가에 있을 것입니다. 거의 모든 생명체가 첨단 과학으로도 알지 못하는 신비를 감추고 있습니다.

인간은 정보를 기록하는 두 가지 방법을 주로 쓰고 있습니다. 그 하나는 종이에 문자와 도화(圖畵)를 기록하는 것이고, 두 번째는 산화철의 자성(磁性)을 이용하는 것입니다. 그것이 바로 카세트테이프, 컴퓨터의 하드디스크, 현금카드, 백화점 상품에 붙여둔 도난방지 카드와 같은 것들입니다. 비둘기는 머릿속에 2mm×1mm 정도 크기의 자기(磁氣) 기록 조직이 있어 지구의 자기장과 반응하여 가야 할 곳을 압니다. 생명체의 이런 자기기록 시스템은 철새를 비롯하여 바다가재 등도 가졌다고 믿고 있습니다. 특히 체중이 100g 정도로 작은 북극제비갈매기라는 철새는 북극과 남극 사이를 약 33,000km나 여행합니다.

많은 동물들의 머리에 숨겨진 자기기록 장비의 신비함을 두고 '긴 진화의 시간 속에 우연과 시행착오에 의해 이루어진 결과'라고 한다면 충분한 믿음이 가지 않습니다. 동물들의 본능이라는 것은 그에 해당하는 유전자가 있어 자손으로 전해지는 것이겠지요. 그러므로 진화는 '유전자의 진화'라 하겠습니다. 신은 유전자를 진화시키는 방법으로 끊임없이 다양한 생명의 세계를 창조한 것으로 믿어집니다.

생명체들이 가진 특별한 지혜

동물들은 종류마다 독특한 삶의 재능을 가졌습니다. 알고 보면, 그 능력이 진화에 의해 저절로 획득된 것이라고 믿어지지 않습니다.

⋮ 화학물질을 판별하는 신비스런 후각 능력

동물의 세계를 소개하는 다큐멘터리를 보면, 어떤 동물이든지 그들에게는 인간으로서는 상상하기 어려운 생존 지혜가 있음을 보고 감탄을 거듭합니다. 그 중에 몇 동물이 가진 후각(嗅覺) 능력을 생각해봅니다.

후각은 공기 중 또는 수중에 포함된 화학물질의 분자를 후각신경(코)이 감각하여 그것이 무엇인지, 그 냄새가 어느 방향으로부터 오는지 판단하는 능력입니다. 이런 후각은 사람보다 동물에게 더 발달해 있다는 것은 모두가 잘 압니다. 동물의 진화 과정을 보면, 눈이나 귀와 같은 감각기관보다 후각기관이 먼저 진화했습니다. 땅속이나 수중에 사는 하등동물은 먹이라든가 이성(異姓) 또는 적을 알아차리는 데는 빛이나 소리보다 냄새가 우선합니다. 맹수의 후각은 숨어 있는 동물을 찾아내기도 하지만 그것이 어떤 동물인지도 알아냅니다.

물고기들도 먹이를 찾는데 후각을 이용합니다. 한 예로 완전히 시각을 잃은 잉어는 냄새만으로 먹이를 찾아먹습니다. 빛이 없는 동굴 속에 사는 물고기나 곤충은 눈이 완전히 퇴화했지만, 후각을 이용해 먹이를 찾고 적을 피합니다. 낚시 미끼는 모양보다 먹이의 냄새가 더 중요합니다. 후각은 직접 보거나 소리를 내지 않고 먹이와 적 또는 이성을 인식할 수 있는 방법입니다.

동굴생활을 하던 시대의 인류는 현대인보다 후각이 더 민감했을 것이라 합니다. 일반적으로 사람은 아침과 저녁에 후각이 예민하고 낮에는 둔해집니다. 남자에 비해 여자가 훨씬 민감하고, 노인보다는 어린이가 예민합니다. 사람의 후각은 훈련하면 할수록 감각이 더욱 발달합니다. 그러나 청각이나 시각, 미각은 훈련한다고 해서 그 기능이 더 좋아지지 않습니다. 헬런 켈러 여사는 체취를 맡고 찾아온 이가 누구인지 구별할 수 있었다 합니다. 자연계에는 수백만 가지 냄새가 있습니다. 대부분의 사람은 그 중에서 수천 종의 냄새를 구별할 수 있는데, 훈련된 사람이라면 수만 가지 냄새를 구분할 수 있다고 합니다.

동물에게 후각이 발달한 다른 이유는, 냄새를 맡으면 먹이가 썩었는지, 독성이 있는지, 좋아하는 먹이인지 판단하는 방법이기 때문일 것입니다. 아황산가스라든가 기타 독성 물질의 냄새를 맡으면 곧 강한 거부 반응을 일으켜 그 자리를 피하게 됩니다. 무엇이 타는 냄새를 느끼면 어떤 일이 벌어지고 있는지 짐작할 수 있습니다. 꽃향기라든가, 맛있는 음식 냄새 등에 대한 기억은 지난 일을 떠올려 주기도 합니다.

경찰은 "개가 없다면 숨겨둔 마약이나 폭약을 거의 찾아내지 못할 것이다."고 말합니다. 여기에는 까닭이 있습니다. 만약 범인이 마약을 몸에 감추고 비행기를 탔다면, 범인이 이미 내리고 없더라도 그가 앉았던 자리를 개는 찾아낼 수 있으니까요. 마약범들은 자동차 타이어나 엔진의 피스톤 속, 통조림 속에 마약을 숨기기도 합니다. 그래도 개의 후각을 피하기는 어렵습니다. 마약을 고춧가루나 마늘과 같은 냄새가 강한 물질 속에 감추어 둔다 해도 개는 그것을 찾아낼 수 있습니다. 개는 뛰어난 기억력까지 가졌습니다. 경찰견은 범인의 소지품 한 가지에서 맡은 냄새를 기억하여 수많은 사람 중에서 범인을 골라내는 것을 수사 드라마에서 봅니다.

: 곤충의 초고성능 후각

자연계에는 개보다 더 뛰어난 후각을 가진 동물이 있습니다. 최상급의 후각을 가진 동물이라면 곤충입니다. 그들은 상상할 수 없을 정도의 냄새감각과 기억력을 가졌습니다. 개미는 수많은 무리 중에서 자기 가족을 냄새로 분간합니다. 만일 다른 냄새를 가진 개미가 잘못하여 집에 들어왔다면 금방 물려 죽을 것입니다. 냄새(페로몬이라 부름)는 먼저 짝짓기 상대를 유인하거나 찾아내는데 중요합니다. 곤충은 소형동물이므로 분비하는 냄새물질의 양이 지극히 적습니다.

조사에 의하면, 참나무산누에나방 암컷이 발산한 냄새(페로몬)를 5~10㎞ 밖의 수컷이 찾아오기도 한다는데, 페로몬이 10㎞ 밖에까지 퍼져나갔다면, 그곳 공기 1cc 중에는 페르몬이 1분자 정도 포함되어 있습니다. 공기 중에는 그들의 페로몬 외에도 다른 곤충이나 화학물질의 분자도 섞여 있습니다. 그 속에서 나방은 자기들만의 페르몬을 구별해서 농도가 짙은 곳을 추적하여 암컷에게 가는 것입니다.

누에나방이 가진 깃털처럼 생긴 두 개의 안테나(촉각)는 암컷 나방이 방출하는 냄새를 민감하게 포착합니다. 조사에 따르면 페로몬 분자가 1개만 촉각에 도달해도 즉시 신경전류가 흐르고, 그에 따라 수나방은 그쪽을 향해 날아간다고 합니다. 야외에서 벌에 한 방 쏘이면 곧 다른 벌로부터 일제히 공격을 받는 수가 있습니다. 이것은 처음 쏜 벌의 독액에서 나온 냄새가 주변에 있는 동료 벌들을 흥분시켜 모두 공격에 가담토록 만들기 때문이라 합니다.

나비가 나뭇잎이나 줄기에 알을 낳을 때는 주변에 자기 알과 새끼 유충을 해칠 적이 될 다른 곤충의 알이 없는지 냄새를 확인한 뒤에 산란합니다. 모기는 사람이나 동물을 찾아올 때 촉각으로 탄산가스와 수분이 많이 나오는 곳으로 간다는 것이 알려져 있습니다. 나비와 벌은 꿀 향기를 멀리서 촉각으로 찾습니다. 바퀴벌레는 물이 있는 곳을 알아냅니다. 파리는 썩은 것에서 발산되는 암모니아 냄새를 멀리서도 알고 찾아옵니다.

신은 동물들이 안전하게 먹이를 찾고, 짝을 만나고, 적을 피하며 생존하도록 놀라운 후각기관을 진화시켜 주었습니다. 지구상에 가장 종류와 수가 많은 것이 곤충입니다. 곤충의 종류는 1,400,000~1,800,000종으로 추산합니다. 곤충학자들은 지금도 해마다 약 20,000종의 새로운 곤충을 발견하고 있습니다.

곤충이 이토록 놀라운 후각을 진화시키는 데는 얼마나 긴 시간이 걸렸을까요? 학자들의 연구에 의하면, 곤충의 조상은 약 3억 년 전인 고생대에 처음 진화되어 나왔습니다. 고생대에 처음 나타난 곤충들은 생존에 필수적인 후각을 출현 때부터 가지고 있었을 것으로 봅니다. 창조의 신은 곤충이 가진 최고 성능의 후각기관을 곤충을 위해서만 아니라 먹이사슬의 최상층에 있는 인간을 위해 진화시켰다는 생각을 하게 됩니다.

곤충들이 가진 비행 능력

잘 나는 동물을 찾자면 새를 먼저 생각하지만, 비행 기술이라면 곤충이 최고입니다. 대부분의 곤충은 날개가 있고 모두 뛰어난 비행사들입니다. 수많은 곤충 종류 가운데 최고 비행가는 파리입니다. 파리는 1초에 자기 몸길이의 250배나 되는 거리를 날 수 있습니다. 그러기 위해 그들은 1초에 300번 정도 날개를 퍼덕입니다. 파리의 작은 몸 어디에서 그런 힘이 나오는지 신비합니다.

비행운동을 하려면 많은 에너지를 소비해야 하고, 그에 따라 대량의 산소도 소모해야 합니다. 파리는 복부(腹部) 피부에 있는 숨구멍을 통해 호흡하면서도 비행에 필요한 큰 힘을 내어 잘 날 수 있다는 것은 신비로운 그들의 지혜입니다. 파리는 장거리 항속비행(恒速飛行)을 비롯하여 선회, 회전, 갑자기 돌아서는 유(U)턴, 8자 비행, 상승하강, 헬리콥터 같은 제자리비행, 후진, 측방향 비행 등 자유자재로 날 수 있습니다. 인간이 만든 비행체라면 꿈도 꿀 수 없는 신기(神技)입니다. 그런 파리가 지구상에 약 4,000종 삽니다.

대개의 곤충은 2쌍의 날개로 날지만 파리와 모기는 앞날개만을 사용하고 뒷날개는 작은 모습으로 흔적처럼 남아 있습니다. 그러나 이것은 비행 시에 몸통이 흔들리지 않도록 균형을 잡아주는 중요한 구실을 합니다. 파리는 조금도 힘들지 않게 이륙하고 착륙하는 능력을 가졌습니다. 파리가 가진 6개의 다리는 어떤 지형에서라도 자연스럽게 이착륙합니다. 새들은 아무리 잘 나는 종류이더라도 파리나 잠자리만큼 자연스럽게 비행하지는 못합니다.

곤충이 비행하는 데는 활주로가 필요치 않습니다. 그들에게는 고속으로 날아와 거꾸로 천장에 안착하는 것도 어렵지 않은 비행술입니다. 파리의 비행 비밀은 그들의 가슴 근육과 날개에 있습니다. 그들의 가슴 근육이 어떠한지, 가볍고 튼튼한 파리 날개의 소재는 무엇인지 화학자들도 모릅니다. 사람들은 파리를 무척 싫어합니다만, 파리와 그 애벌레는 다른 많은 동물들의 먹이로서 너무나 중요한 역할을 합니다.

물가를 날아다니는 왕잠자리나, 가을철 푸른 하늘을 등지고 비행하는 고추잠자리 떼를 바라보면 그들의 비행술에 탄성이 나옵니다. 곤충 중에 비행 속도가 가장 빠르고 항속거리가 제일 긴 것이 잠자리입니다.

등에 얹힌 두 쌍의 날개를 교묘히 펄럭이며 쾌속으로 날다가, 순간적으로 방향을 급선회하는 비행 기술은 항공역학 이론을 의심케 합니다.

모기의 사촌인 각다귀는 매초 600번 날개를 진동하여 시속 1.5㎞로 날고, 벌은 130여 회 퍼덕여 6.5㎞로 비행합니다. 나비는 매초 10회 펄럭여 1시간에 22.5㎞를, 잠자리는 1초에 35회 퍼덕여 25㎞ 이상 나는데, 빠른 종류는 시속 96㎞로 날기도 합니다. 오늘날 살고 있는 잠자리는 약 2억 5,000만 년 전에 탄생했습니다. 헬리콥터의 등에 달린 대형 로터와 긴 동체, 커다란 조종석은 잠자리 모습입니다. 잠자리가 먹이를 잡아 다리로 움켜쥐고 비행하는 모습과 헬리콥터가 짐을 끌어안고 나는 모습은 많이 닮았습니다.

⋮ 새들의 비행 과학

인간은 비행기만 아니라 우주선까지 만드는데 성공하여 새보다 빨리, 더 멀리 비행할 수 있게 되었습니다. 그러나 비행기와 새를 비교해 보면, 비행기는 구조가 복잡하고 엄청난 연료(에너지)를 소비하는 기계입니다.

1억 5,000만 년 전에 살았던 '시조새'의 화석이 1861년 유럽에서 발견되었는데, 시조새는 파충류(뱀, 거북 따위)와 새의 중간 모습이었습니다. 이 화석을 본 진화학자들은 새가 파충류로부터 진화했다는 것을 확신했습니다. 새의 깃털은 파충류의 비늘이 변화된 것이고, 힘찬 꼬리날개는 파충류의 채찍 같은 꼬리가 진화된 것으로 믿게 된 것입니다.

새의 큰 특징은 그 깃털입니다. 깃털은 가벼우면서 튼튼하고, 체온을 잘 지켜줄 뿐만 아니라 몸이 물에 젖지 않도록 막아줍니다. 새의 깃털을 넣은 옷과 이불은 매우 가벼우면서 따뜻합니다. 새가 공중을 날 수 있는 것은 날개를 헤엄치듯 퍼덕이기 때문이라고 대부분 생각합니다. 그러나 새의 비행 모습을 고속카메라로 찍어 관찰해보면, 날개 가장자리의 깃털이 마치 비행기 프로펠러가 도는 것처럼 움직이기 때문에 날게 된다는 것을 알게 됩니다. 커다랗게 펼친 날개 자체는 새가 공중에 쉽게 떠 있도록 해주는 구실을 합니다.

새의 또 다른 장점은 보기와는 달리 몸무게가 가볍다는 것입니다. 새 가운데 날개가 가장 크고 멋지게 나는 것은 군함새라고 합니다. 이 새는 몸무게가 약 1.4kg인데, 날개의 폭은 210㎝나 됩니다. 그런데 군함새의 전체 뼈의 무게는 겨우 114g에 불과할 정도로 가볍습니다. 새의 뼈 속을 보면 커다란 공기구멍이 가득합니다. 새는 뼈 속을 효과적으로 비움으로써 무게를 가볍게 하는 동시에 강한 탄성을 가질 수 있는 것입니다.

제비는 1분 동안에 심장이 800번(벌새는 1,000번)이나 뛴답니다. 만일 새의 심장이 이 정도로 빨리 뛰지 못한다면 강력하게 날개를 퍼덕일 때 필요한 산소가 충분히 공급되지 못합니다. 새가 날개를 힘차게 움직이려면 에너지 생산에 필요한 화학반응이 빨리 진행되어야 하므로 체온을 높여야 합니다. 그래서 새는 체온을 40℃ 정도를 유지합니다.

벌새는 나비나 꿀벌처럼 꽃의 꿀을 먹는 새입니다. 벌새는 4계절 꿀을 구할 수 있는 열대지방에만 사는데, 꿀을 빠는 동안 꽃 앞에 정지 상태로 날 수 있으며, 꿀을 제공하는 꽃의 꽃가루받이를 해줍니다. 전 세계에 꿀을 먹는 새가 1,600여 종 사는데, 그 중에 벌새가 320종입니다. 체구가 제일 작은 꿀벌벌새는 몸길이가 5.5㎝에 불과하여 나방 크기와 비슷합니다.

벌새의 비행 기술도 파리만큼이나 완벽하여 전진, 후진, 상승, 하강, 제자리비행을 자유롭게 하며 온갖 곡예비행도 합니다. 벌새의 날개는 바로 헬리콥터의 회전날개처럼 움직입니다. 그들의 날개와 연결된 어깨를 버티는 비행근육은 체중의 30%를 차지합니다. 벌새는 1초에 50~70회 날개를 칩니다. 이 진동속도는 어떤 새보다 몇 배 빠릅니다. 참고로 파리는 1초에 200~300회 퍼덕입니다.

벌새가 이런 속도로 날개를 움직이려면 엄청난 에너지(먹이)가 필요합니다. 과학자의 계산에 따르면 사람이 벌새처럼 날면서 살아가자면 매일 자기 체중의 두 배나 되는 감자에 해당하는 양의 식사를 해야 할 것입니다. 그리고 벌새처럼 날개를 퍼덕여 공중에 떠 있으면 단시간에 에너지 소모가 많아 체온이 순간에 높아질 것입니다. 계산에 의하면, 사람이 꿀벌벌새처럼 운동하면서 체온을 37℃로 유지하려면 땀을 폭포처럼 쏟아야 할 것 입니다. 벌새가 어떻게 그토록 빨리 날개를 퍼덕일 수 있고, 막대한 에너지를 생산하고, 높아지는 체온을 40℃ 정도로 조절할 수 있도록 진화되었는지, 진화이론으로는 설명이 어려운 신비입니다.

최고의 접착제를 생산하는 동물

반창고, 스카치테이프, 본드, 포스트잇, 순간접착제 등은 모두 합성 접착제들입니다. 가장 강력한 자연 접착제는 일부 하등동물들이 만듭니다. 과거에는 쌀가루나 밀가루를 끓여 만든 전분풀과 아교풀(소나 물고기의 뼈, 가죽 등을 오래 끓여 만든 풀)이 대표적인 자연 접착제였습니다. 세상에서 가장 강력한 접착제는 해변 바위에 다닥다닥 붙어사는 하얀 따개비가 만드는 풀입니다. 따개비는 조개나 소라 또는 굴의 사촌이라고 생각되지만, 사실은 오히려 새우나 게에 가깝습니다. 따개비 종류가 약 1,000종이라니, 여기서도 무한한 창조의 다양성을 봅니다.

따개비는 석회질 성분으로 된 집을 지어 그 속에 삽니다. 그러나 처음에는 알로 태어나고, 그 알에서 깨어났을 때는 조그마한 벌레 모습입니다. 얼마 지나면 애벌레의 몸 둘레에 타원형 껍질이 생겨나고, 그때부터 애벌레는 어딘가 붙어서 살아갈 장소를 찾습니다. 바위도 좋고, 군함 뱃바닥, 고래의 피부 어디라도 좋습니다. 물 위에 떠다니는 빈병이나 나무 조각, 거북의 등에도 붙습니다.

어딘가에 자리를 잡으면 몸에서 분비한 초강력 풀로 단단히 붙여버립니다. 그들의 접착제는 물속에서도 접착에 문제가 없습니다. 그때부터 따개비는 몸 둘레에 단단한 석회석 집을 끊임없이 증축합니다. 따개비가 해수 속의 칼슘을 원료로 하여 정교한 모양의 집을 건축하는 기술은 그 자체부터 신비입니다. 이러한 건축기술과 석회 합성기술은 소라, 조개, 전복, 산호 등도 가지고 있습니다.

밑바닥에 붙은 따개비를 긁어내는 사람들은 '귀찮은 생물'이라고 불평을 하지만, 따개비에게 도리어 감사해야 합니다. 왜냐하면 따개비의 애벌레는 물고기와 다른 바다 동물의 먹이가 되기 때문입니다. 또한 성게와 게, 바닷새 등은 따개비 뚜껑을 깨거나 열어 속살을 파먹습니다. 큰 따개비 종류는 사람도 채취하여 먹는데, 그 맛은 게와 새우 중간에 속합니다.

과학자들은 따개비가 바위에 부착할 때 쓰는 접착제의 신비가 궁금했습니다. 따개비의 풀은 바위, 나무, 쇠 어디든 잘 붙습니다. 그들의 풀은 열대지방 바위이든 북극이든 차고 뜨거운 온도에도 관계없이 잘 붙습니다. 더구나 한번 붙은 따개비의 접착제는 어떤 화학약품을 발라도 약해지지 않습니다. 인간이 만든 접착제들은 물, 휘발유, 벤젠, 아세톤 따위를 적셔 주면 떨어지게 되지만, 따개비의 풀은 아무리 해도 접착력이 약해지지 않습니다.

홍합도 놀라운 접착제로 바위에 몸을 붙여 삽니다. 따개비라든가 홍합의 접착제를 인공적으로 만들 수 있다면, 의사는 바늘과 실을 쓰지 않고 환자의 수술부위를 꿰맬 수 있을 것입니다. 2012년에 포스텍의 교수가 홍합의 접착제와 비슷한 물질을 인공적으로 합성했다는 보도가 있었습니다.

조개도 훌륭한 접착제를 만듭니다. 조개가 입을 다물면 칼을 사용하지 않고는 열 수 없습니다. 두 장의 껍데기를 여닫는 '패각근'(貝殼筋)이라는 질기고 강력한 조직 때문입니다. 조개를 열려면 칼을 껍데기 틈새로 밀어 넣어 근육을 잘라야만 합니다. 이 근육은 조개껍데기 안쪽에 접착해 있는데, 이 접촉 부분은 칼 따위로 긁어내지 않는 한 분리되지 않습니다. 조개가 패각근과 껍데기를 연결하는데 쓰는 접착제의 성분이 무엇인지 알지 못합니다. 만일 창조의 신이 따개비, 홍합, 조개, 산호 등에게 초강력 접착제를 만드는 능력을 주지 않았더라면, 먹이사슬의 연결이 파괴되는 것은 물론이고, 대기 중의 이산화탄소가 줄어들기 어려웠을 것이며, 석회석이라는 지하자원도 충분히 생겨나지 못했을 것입니다.

∶ 수중 활동에 적응한 어류의 자연법칙

잠수함이 수중을 달리면 물 자체만 저항하는 것이 아닙니다. 물은 강한 부착력(응집력)을 가지고 있어 선체 표면에 달라붙습니다. 물에 젖은 두 장의 판유리를 붙였다가 떼어보려 하면 좀처럼 떨어지지 않습니다. 이것은 물의 강한 부착력 때문입니다. 그런데 물고기를 손으로 잡으려 해보면 미끄러워 잡기 어렵습니다. 이것은 피부가 점액질로 덮여 있기 때문입니다. 수억 년 동안 수중생활을 해온 물고기는 물의 저항을 극복하는 방법으로 체형을 유선형으로 만드는 동시에, 그 피부를 점액질로 뒤덮었습니다. 물고기의 점액 성분은 피부에서 끊임없이 분비되어 헤엄칠 때 저항을 줄이는 역할을 합니다.

물속을 빨리 달릴 수 있게 해주는 점액 물질은 응용 분야가 많습니다. 파이프 속으로 물이나 석유 따위가 지나가려면 내부 벽면에서 상당한 저항을 받습니다. 이것은 선박이 받는 물의 저항과 마찬가지입니다.

그리고 그 저항은 유속이 빠를수록 몇 갑절 커집니다. 그러므로 수도관이나 하수관, 송유관 벽에 이런 점액물질을 바르면, 액체가 훨씬 빠르게 흐를 수 있는 것입니다. 실제로 소방관들은 소방차에 담긴 물에 '폴리머'를 소량 섞는 방법으로 소방 호스의 물을 더 멀리 뿜어낼 수 있습니다.

선박이나 비행기의 표면은 거울 면처럼 매끈해야 저항이 적을 것처럼 생각됩니다. 그러나 새로 개발하는 잠수함의 표면에는 '리블렛'(riblet)이라는 지극히 좁은 홈이 패어 있습니다. 그 홈은 2.5㎝ 폭 안에 2,000가닥이나 있으며, 너무 작아 맨눈에 보이지도 않는데, 이런 홈을 파게 된 이유는 수염고래의 피부를 모방한 것입니다. 리블렛은 물의 저항을 10% 정도 감소시킵니다. 그리고 비행기 표면에 리블렛을 만들면 8% 정도 저항이 줄어든다고 합니다.

이것은 마치 골프공 표면에 작은 홈(dimple)이 여러 개(제조회사에 따라 약 250~450개) 있으면 더 멀리 날아가듯이 말입니다. 골프공의 딤플은 1905년에 영국의 윌리엄 테일러라는 엔지니어가 처음 특허를 얻었다고 하는데, 그가 딤플 아이디어를 어떻게 얻었는지 궁금합니다. 신은 생명체들로 하여금 같은 문제라도 해결 방법이 서로 다르도록 진화시킨 것으로 보입니다. 왜냐하면 유영할 때 물의 저항을 줄이는 방법이 참치,

상어, 돌고래, 수염고래 저마다 다르기 때문입니다.

⋮ 첨단 통신을 하는 동물들

초음파를 이용하는 동물로는 박쥐와 돌고래가 유명합니다. 돌고래가 박쥐처럼 초음파를 발사하고 반사음을 수신하는 능력이 있다는 사실이 밝혀진 것은 1947년의 일입니다. 실험에 따르면, 돌고래가 가진 음파감지기는 물체의 모양, 크기, 재질, 구조까지 판단합니다. 돌고래의 음파감지 기관은 20~30m 떨어진 곳에 놓인 직경 4㎜ 크기의 물체를 파악할 정도입니다. 돌고래는 박쥐와 마찬가지로 잡음이 많아도 자기가 낸 소리의 반사음만 구분하여 듣는 선별 능력을 가졌습니다.

돌고래가 내는 소리의 주파수는 수십 헤르츠에서 200~250킬로헤르츠(KHz)이고, 소리는 짧게, 길게 자유로 주파수를 조절하며 냅니다. 수중으로 전달되는 음파는 주파수(펄스)가 높을수록 멀리 가지 못하고 물에 흡수되기 쉽습니다만, 그 대신 물체를 구분하는 해상력(解像力)이 높습니다.

돌고래는 자유로 주파수를 바꾸면서 먹이를 찾고, 해안이나 빙산까지의 거리를 측정하며, 지나가는 선박과의 충돌을 피합니다. 플로리더 주의 마린랜드에서 실시한 실험은 재미있습니다. 돌고래 수조의 벽을 음파가 잘 반사되지 않는 재질로 둘러치고, 쇠파이프를 복잡하게 얽어 다니기 어렵도록 만들었습니다. 또 흙탕물을 넣어 수중에서의 가시거리가 50㎝ 이내이도록 하여 돌고래를 넣어 주었습니다. 이 실험에서 돌고래는 처음 20분 동안에는 쇠파이프에 4번 부딪혔으나(쇠파이프에 몸이 닿으면 벨이 울림), 그 다음부터는 좀처럼 벨을 울리지 않았습니다.

박쥐는 새처럼 날지만 젖으로 새끼를 키우는 포유동물입니다. 박쥐는 새와 쥐를 닮은 중간 동물처럼 보이지만, 진화상으로는 전혀 관계가 없습니다. 지구상에 박쥐 종류가 1,240종 산다고 하면 믿기 어려울 것입니다. 이 수치는 모든 포유동물 종류의 약 20%를 차지합니다. 지금까지 발견된 가장 오랜 박쥐 화석은 약 5,200만 년 전의 것입니다.

사람들은 박쥐의 고마움을 거의 알지 못합니다. 박쥐 종류 중의 75%는 밤에 해충을 잡아먹고 사니까요. 그들은 초음파를 내어 그 반향을 듣는 방법으로 먹이를 잡습니다. 박쥐를 연구하는 과학자들은 실험실 냉장고에 그들을 저장해두기도 합니다. 박쥐를 냉장고에 넣으면 곧 동면에 들어가는데, 포유동물이지만 동면하는 동안에는 체온이 내려가고, 1분에 180번 뛰던 심장이 3번으로 떨어지며, 호흡은 1초에 8번이던 것이 1분에 8번으로 느린 호흡을 하게 됩니다.

박쥐는 일생 곤충류를 육식하지만 지방을 많이 섭취하는 다른 동물이나 인간에게 일어나는 동맥경화 같은 증상이 전혀 나타나지 않습니다. 조사에 따르면 20살 된 박쥐와 1살 된 아기 박쥐의 동맥벽에서 아무런 차이를 발견할 수 없다는 것입니다. 박쥐는 어떤 동물보다 병에 대한 저항력이 강합니다. 다른 동물이면 죽고 말았을 바이러스 병에도 잘 견디며, 광견병을 감염시켜도 아무렇지 않게 살아간다고 합니다.

박쥐는 생식(生殖) 생리에서도 특이한 점을 찾을 수 있습니다. 암컷은 교미 후 수컷의 정자를 형편이 좋아질 때까지 몇 달이나 자기 몸에 저장해 둘 수 있습니다. 이런 정자 저장 능력을 가진 포유동물은 박쥐뿐입니다. 종돈(種豚)이나 종우(種牛)의 정자는 액체질소 속에서라야 장기간 저장이 가능합니다. 이들의 교미기는 대개 가을인데, 수정이 이루어지는 때는 다음 해 봄입니다. 장기간 정자를 저장할 수 있는 비밀을 밝혀내면 가축의 인공수정 기술이 훨씬 발전할 수 있는 것은 물론이고, 인간의 불임 문제 해결에도 도움을 줄 것입니다.

박쥐는 날 수 있는 유일한 포유동물입니다. 날개는 해부학적으로 팔이 아니라 손에 해당하는데, 손가락 사이에 막이 쳐진 것과 같습니다. 박쥐의 비행 속도는 제비를 앞지릅니다. 이들은 전속력으로 날면서 일순간에 거의 직각으로 방향을 바꿀 수 있습니다. 박쥐의 날개 구조와 비행술이 어떠하기에 그 같은 직각 선회가 가능한지 알지 못합니다.

날이 어두워지면 박쥐들은 무리를 지어 굴에서 나옵니다. 그들의 무리는 수만 수십만 마리에 이르지만, 굴속에서 벽에 부딪치거나 동료끼리 날개를 스치며 충돌하는 일이 없습니다. 그들은 달빛조차 없는 어둠 속에서 나뭇가지 사이를 날아다니며 모기같이 작은 곤충까지 포식합니다. 그들이 하룻밤에 사냥하는 먹이의 양은 자기 몸무게의 3분의 1이나 됩니다. 그들은 이런 사냥과 안전 비행을 전적으로 청각에 의지하고 있습니다.

대부분의 박쥐는 몸에 비해 귀가 매우 크고, 벌레가 풀잎을 갉아먹는 소리까지 들을 정도로 예민한 청각기관을 가졌습니다. 박쥐의 소리는 주파수가 높은 초음파이기 때문에 사람은 그 소리를 듣지 못합니다. 그들이 소리를 내는 방법은 상황에 따라 다릅니다. 예를 들어 10㎝ 앞에 있는 모기를 사냥해야 할 경우라면 1,000분의 1초 사이에 반향(反響)을 판단해야 합니다. 박쥐의 몸에는 이 정도의 시간차를 판별하는 초정밀 음향감지기가 있습니다.

사람들은 밤이 오면 모든 동물이 잠자리로 갈 것이라고 생각합니다. 그러나 신은 밤하늘에서도 활발하게 생명활동을 하는 박쥐를 창조해두었습니다. 오늘날 박쥐는 전 세계 나라가 보호하는 동물입니다. 그들은 해충을 잡을 뿐 아니라, 밤에 피는 꽃들을 수정시켜주고, 씨를 널리 퍼뜨리는 역할도 합니다.

: 곤충이 가진 괴력(怪力)

지상에 사는 동물 중에 종류가 가장 많고, 먹이사슬의 중심에 있는 무리가 곤충입니다. 그들의 특징은 몸체가 작아 살아가는 데 유리하다는 것입니다. 만일 나비의 몸이 무겁다면 날 수 없을 것이고, 꿀을 먹기 위해 연약한 꽃에 앉기 어려울 것이며, 벼룩이나 메뚜기들이라면 점프하기 불편할 것입니다. 또한 체격이 크면 먹이가 많아야 하고 적에게 발각되기도 쉽습니다. 딱정벌레 중에는 몸길이가 겨우 0.25㎜에 불과한 것도 있습니다. 가장 큰 곤충인 인도의 애틀러스나방은 날개폭이 30㎝입니다. 고대의 화석 곤충 중에는 날개폭이 76㎝인 '메가네우라'라는 잠자리를 닮은 것이 있었습니다. 오늘날 곤충 가운데 몸이 큰 것이 있다면 그들은 어디에서나 멸종해가고 있습니다.

곤충은 작은 몸에 강한 근육이 발달되었기 때문에 잘 날고 뛰고 헤엄칠 수 있습니다. 몸을 더 크게 한다면 몸의 표면적이 몇 갑절 늘어나기 때문에 비행이나 도약할 때 공기 저항을 그만큼 더 많이 받아 오히려 속도가 떨어질 수밖에 없습니다. 몸이 커지면 표면적은 2제곱으로 늘어나고 체중은 3제곱으로 증가합니다. 곤충은 복부에 있는 숨구멍으로 피부

호흡을 합니다. 몸집이 크면 산소를 더 소모해야 하고, 호흡을 충분히 하자면 몸 표면적을 더욱 넓혀야 합니다. 개미는 자신의 키보다 100배나 높은 나무에서 땅에 떨어져도 상처를 입지 않습니다. 체중에 비해 표면적이 큰 편이므로 공기 저항을 많이 받아 천천히 떨어지는 탓입니다.

곤충의 체력은 상상을 넘습니다. 개미는 자기 체중보다 50배나 되는 짐을 들어 올릴 수 있고, 꿀벌은 300배나 무거운 추를 달고 날 수 있습니다. 사람은 가장 힘센 장사라도 자기 몸무게의 3배 이상 되는 것은 들기 힘듭니다. 메뚜기나 귀뚜라미 등은 연약한 풀잎 위에도 쉽게 내려앉고 뛰어오르기도 합니다. 곤충 중에 누가 최고 장사인지 구별하기는 힘든 일입니다. 개미는 물건을 입으로 물고 가는 장사이고, 꿀벌은 날개 힘이 강한 곤충입니다. 메뚜기, 귀뚜라미, 방울벌레, 벼룩은 대표적인 높이뛰기와 멀리뛰기 선수들입니다.

곤충이 가진 더 놀라운 사실은, 강한 힘을 계속해서 장시간 낼 수 있다는 것입니다. 어떤 과학자는 쥐벼룩을 병에다 담고 막대기로 계속 뛰게 자극했습니다. 이 벼룩은 1시간에 600번 비율로 72시간을 계속 뛰었답니다. 6초에 한번씩 3일간 쉬지 않고 뛴 겁니다. 이것은 곤충의 근육이 좀처럼 지치지 않기 때문입니다. 다른 예로, 광대파리는 한 번도 쉬지 않고 6시간 30분을 난 기록이 있으며, 사막에 떼를 지어 다니는 메뚜기는 9시간을 연속 비행할 수 있습니다. 곤충이 이처럼 강한 힘을 장시간 내는 것은 몸에 비해 대단히 크고 강한 특별한 근육이 있기 때문입니다. 인체의 근육만 해도 신비인데 곤충의 근육이 어떻게 이럴 수 있는지 창조의 신비입니다.

여러 곤충류 중에 높이뛰기 챔피언은 벼룩입니다. 지금까지 알려진 벼룩 종류는 1,500종에 이른다니, 벼룩의 세계에도 다양성은 여전합니다. 벼룩은 몸길이 2㎜, 키는 1.5㎜에 불과한데도 한번 점프하면 최고 33㎝까지 튀어 오릅니다. 이것은 키의 200배 이상으로, 사람이라면 300m나 뛰어오른 셈입니다. 벼룩은 날개가 없는 대신 잘 뛰어야만 살 수 있습니다. 왜냐하면 지나가는 짐승이나 새의 몸에 재빨리 뛰어올라야 하기 때문입니다.

그들은 몸을 좁다랗게 만들어 도약할 때 공기저항이 적고, 또 새의 깃털 사이를 비집고 다니기 쉽도록 진화된 것이라 하겠습니다. 그들은 뒷다리 근육을 발달시켰습니다. 레실린(resilin)이라는 탄력 강한 단백질로 이루어진 그들의 근육은 순간적으로 큰 힘을 냅니다. 벼룩은 사람 숨 속에 포함된 이산화탄소를 느끼고 찾아옵니다. 이런 행동은 그들이 이산화탄소의 냄새를 맡을 수 있음을 증명합니다.

: 스스로 빛을 내는 생명체

밝은 빛을 얻으려면 무엇을 태우거나 전등을 켜야 하는데, 이때는 언제나 열이 발생합니다. 그러나 개똥벌레나 야광 박테리아가 내는 빛에는 열이 거의 없습니다. 여름철 밤에 불빛을 반짝이며 물가나 숲 사이를 날아다니는 개똥벌레는 딱정벌레 무리에 속하며 세계적으로 종류도 많습니다. 우리나라에는 7종이 알려져 있습니다. 그들은 종류에 따라 1~4초 간격으로 빛을 내는 것이 있고, 계속 발생하는 것도 있습니다. 그러므로 빛을 내는 간격만 조사해도 그 종류를 짐작할 수 있습니다.

개똥벌레는 암수가 다 복부의 제2, 제3 마디에서 빛이 나오는데, 그 빛은 어둠 속에서 짝을 찾는 신호입니다. 그들은 자기와 같은 시간 간격으로 빛을 내는 상대를 찾습니다. 어둠 속에서 자기의 배후자를 찾는 매우 간단하면서 확실한 지혜로운 방법입니다.

개똥벌레는 수컷만 날개를 가졌습니다. 한자리에서 빛을 내는 것은 날개가 없는 암컷인데, 불빛은 암컷이 더 밝습니다. 개똥벌레의 빛은 열이 없기 때문에 냉광(冷光)이라 하는데, 발광조직 안에서는 '루시페린'이라는 화학물질이 생산되며, 이 물질이 산소와 특수 효소의 작용으로 연한 노란빛을 냅니다.

밤중에 바닷물을 휘저어보거나 수영하러 들어가거나 하면 하얗게 빛이 나는 것을 봅니다. 이것은 바닷물 속의 발광박테리아가 내는 냉광입니다. 육상동물 중에는 발광하는 종류가 귀하지만, 바다에는 약 1,000종류의 물고기가 발광합니다. 그런데 물고기에서 나오는 빛은 스스로 내는 빛이 아니라, 그 물고기의 몸에 공생하는 발광박테리아의 빛입니다. 오징어의 몸에서 비치는 빛 역시 몸에 묻은 박테리아의 빛입니다.

깊은 바다로 내려가면 여름밤의 개똥벌레보다 더 신비스럽게 빛을 내며 헤엄치는 심해어들을 발견하게 됩니다. 이것은 어둠 속에서 쉽게 동료를 찾고, 산란기에는 짝을 찾을 수 있도록 발달시킨 적응 방법입니다. 물고기들이 빛을 내는 데는 두 가지 방법이 있습니다. 첫째는 빛을 내는 박테리아(야광충)가 피부에 붙어살도록 하는 것이고, 두 번째는 개똥벌레처럼 스스로 빛을 내는 것입니다.

'드레건피시'라는 심해어는 아래턱에 긴 수염이 달려 있으며, 수염 끝에 불을 켤 수 있습니다. 이 불빛을 보고 다른 작은 심해어가 먹이로 알고 접근합니다. 이때를 기다려 드레건피시는 큰 입을 벌려 먹이를 삼킵니다. 이때 입이 벌어지는 각도는 120도나 된다고 합니다. 개똥벌레라든가 발광박테리아의 과학법칙이 궁금합니다만, 그 신비는 쉽게 밝혀지지 않고 있습니다. 만일 전등에서 열이 나지 않는다면 에너지 효율이 높아지고, 화재 위험도 없을 것입니다.

: 전기 법칙을 이용하는 생명들

생명체의 몸에서는 여러가지 전기 활동이 일어납니다. 인체는 외부로부터 어떤 자극(정보)을 받으면 그 신호가 전기 상태로 뇌에 전달되고, 뇌의 명령 또한 전기 신호로 운동기관에 전달됩니다. 병원에서는 환자의 몸에 전극을 붙이고 전기의 흐름을 조사하여 건강 상태를 진단합니다. 이것은 인체에 흐르는 미약한 전기를 조사하여 이상을 진단하는 방법입니다.

세계에서 가장 많은 물이 흐르는 아마존 강 하류는 상류에서 떠내려오는 크고 작은 물질 때문에 앞이 보이지 않습니다. 이런 곳에 사는 물고기는 시각이나 후각, 청각, 촉수 따위로는 먹이와 결혼 상대를 찾기 어렵습니다. 아마존 강의 명물인 전기뱀장어는 강력한 전류를 흘려 먹이를 기절시켜 잡는 고기로 유명합니다. 길이가 2m 정도 되는 전기뱀장어는 500~800V(1암페어)의 전기를 짧은 순간 내는 방법을 발전시켰습니다. 이 정도면 백열전등을 켜기에 충분한 전력입니다. 그들은 또한 약한 전류를 끊임없이 내어 자장의 변화를 추적하여 먹이를 찾습니다.

남아메리카의 강에 사는 '나이프피시'라는 100여 종의 물고기도 전기를 내어 먹이와 결혼 상대를 찾으며 자기 세력권을 구획하는 것으로 알려져 있습니다. 흙탕물이 흐르는 아프리카 강에도 전기를 내는 물고기가 삽니다. '짐나르치드'라는 150여 종의 물고기와 전기메기가 아프리카의 대표적인 전기 물고기입니다. 아프리카와 남아메리카 외의 다른 대륙의 강에서는 전기물고기가 발견되지 않습니다. 그러나 바다라면 전기가오리류와 통구멍류, 다묵장어류가 전기를 발생합니다. 3억 년 전에 살았던 전기물고기의 화석이 발견되는 것을 보면, 이들은 일찍부터 수중에서의 생존수단으로 전기장치를 진화시킨 것으로 생각됩니다.

전기를 만드는 기관은 전기세포로 이루어져 있으며, 그들의 발전기관은 체중의 절반 이상을 차지할 만큼 잘 발달되어 있습니다. 생물의 몸에는 산소 분자를 원자 상태로 만드는 효소가 있습니다. 수는 적지만 수소 분자를 수소 원자로 만드는 효소도 있습니다. 하이드로지네이스는 그런 효소의 하나로서, 이를 이용하면 전지를 만들 수 있습니다. 하이드로지네이스는 시궁창이나 늪지, 해저 등에 사는 황산환원균의 세포에서 생산되며, 이 효소 때문에 시궁창에서 황화수소가 발생합니다.

'짐나르쿠스'라는 전기물고기는 1초에 300회 정도 전류를 흘리고, 어떤 전기뱀장어는 1초에 1,100~1,600회 전기를 방출합니다. 이렇게 전기를 빠르게 내면 자기 몸 주변에 자기장이 형성됩니다. 이 자기장에 다른 생명체가 들어오면 자기장에 변화가 생기고, 그 작은 변화를 감지하여 먹이가 접근한 것을 압니다. 실험에 따르면 수억 분의 1 암페어라는 아주 미약한 전류도 탐지합니다.

생명체의 산실인 해수 속에는 온갖 물질이 녹아 있고, 용해된 물질의 상당 부분은 이온 상태로 있습니다. 해수에 가장 많이 포함된 소금은 나트륨(Na^+)과 염소(Cl^-) 이온 상태로 녹아 있습니다. 그 결과 바닷물은 전도체가 되었으며, 그 속에서 살아온 생명체는 전기를 이용하도록 진화했습니다.

동물은 전기신호를 전달하는 방법으로 신경세포와 신경섬유를 만들었으며, 전기 신호에 담긴 정보를 처리하고 명령하는 신경세포로 이뤄진 뇌를 진화시켰습니다. 과학자들은 신경세포, 신경섬유, 뇌세포 이들 사이에 일어나는 전기적 화학적 현상에 대해 많은 것을 알아내기도 했지만, 여전히 모르는 것이 많습니다. 뇌에는 정보를 저장하는 뚜렷한 메모리(기억소자)도 없고, 미약한 신호를 크게 하는 증폭장치도 없습니다. 인간의 뇌에는 단지 약 1억 개의 신경세포와 신경세포를 서로 이어주는 약 10억 개의 접촉점을 가졌을 뿐입니다. 신은 생명체들의 생존 도구로 전자기의 자연법칙을 이용토록 한 것입니다.

ː 세포는 첨단 화학공장

동물의 몸은 먹은 음식을 소화하고, 그것으로 살과 피를 만들고, 몸이 활동하는데 쓸 에너지를 생산합니다. 이때 몸은 소화효소라든가 호르몬, 비타민 등을 이용합니다. 몸속에서 쉴 새 없이 진행되는 복잡한 화학반응은 세포라는 화학공장에서 진행됩니다.

인체의 가슴에는 일생 동안 한 순간도 쉬지 않고 혈액을 펌프질하는 심장이라는 운동기관이 있습니다. 심장은 어떤 동력기관보다 훌륭한 엔진입니다. 이 엔진은 피로하지도 않고, 고장이 나는 일도 극히 드뭅니다. 오늘날 어떤 기술로도 심장처럼 쉬지 않고 100년 가까이 조용히 작동하는 강력한 동력장치는 만들지 못합니다. 소화기관에서는 여러 가지 소화효소들이 만들어지고, 분비샘에서는 호르몬들이, 골수에서는 적혈구가 생산되고 있습니다. 이런 놀라운 생산 시스템은 보잘것없어 보이는 하등 생명체에게서도 얼마든지 발견합니다.

사람들이 모두 싫어하는 쥐의 이빨은 단단함 때문에 과학자들에게는 연구 대상이랍니다. 그들의 이빨은 전선을 비롯하여 호두, 코코넛 껍질 등 무엇을 깨물어도 다치지 않습니다. 과학자들은 날카로우면서 단단한 쥐의 이빨 성분이 무엇인지 알아내어 인공치아를 만들고 싶어 합니다. 이빨은 도자기와 비슷한 성분이지만 도자기와는 비교가 안 되도록 단단합니다. 최근에는 '산화티타늄'으로 이빨처럼 단단한 신소재를 개발 중이라 합니다만, 쥐의 이빨을 능가할지 궁금합니다.

미국 듀퐁사는 과거에 '케블라'(kevlar)라는 질긴 합성섬유를 상품화했습니다. 이 섬유는 강철보다 훨씬 가벼우면서 5배나 강도가 좋아 방탄복, 타이어 제조 등에 이용됩니다. 케블라를 생산할 때는 많은 양의 황산을 넣어야 하고, 높은 열과 압력을 주면서 까다로운 공정을 거칩니다. 이때 이용하는 황산은 취급이 위험하고, 작업이 끝나면 그 폐기물 처리에도 어려움이 따릅니다. 그러나 생명체들은 단순한 재료로 온갖 복잡한 물질을 만듭니다. 그들이 쓰는 원료는 당분, 단백질, 무기염류 그리고 물이 추가될 뿐입니다. 그들은 너무나 단순한 방법과 재료를 사용하여 신이 안겨준 재능을 드러냅니다.

인간을 돕는 다양한 생명의 자연법칙

: 미생물과 인간의 관계

세상의 생명체로서 신비롭지 않은 것, 필요치 않은 것이 있다면 아마도 그들에 대해 미처 연구해보지 않았기 때문일지 모릅니다. 지구상에 가장 먼저 태어나 지금도 번성하는 미생물은 온갖 환경조건에 잘 적응하여 지구상에 살지 않는 곳이 없을 정도입니다. 남극의 얼음 속에도, 온천의 뜨거운 물속에도, 수천m 깊은 해저에도 미생물은 있습니다. 그 중에서도 미생물이 가장 많이 사는 곳은 토양 속입니다. 마당의 흙을 차 숟가락으로 하나 떠서 현미경으로 조사하면, 거기에서는 적어도 100만 개의 효모(뜸팡이), 20만 개의 곰팡이, 1만 마리의 원생동물(아메바 따위), 그리고 10억 개 이상의 각종 박테리아를 찾아낼 수 있습니다.

박테리아는 지구상에 수적으로 가장 많은 생명체입니다. 의사의 손에도 박테리아는 있습니다. 조사에 의하면, 인체는 언제나 100g 이상의 박테리아를 운반하고 다닙니다. 이 가운데 수십억 마리는 장(腸) 속에서 소화를 도와주고, 일부는 칫솔이 미치지 않는 이빨 틈에서 구멍을 내고 있습니다.

토양의 박테리아 가운데 가장 많은 것은 식물과 동물의 시체를 썩게 만드는 '부패 박테리아'입니다. 만일 부패 박테리아가 없다면 온 세상에 생겨나는 엄청난 쓰레기는 몇 해가 가도 그대로 남아있을 것입니다. 가을에 나무에서 떨어진 낙엽은 물론, 동식물의 시체도 그냥 남아있을 겁니다. 부패 박테리아는 세상의 쓰레기를 분해하여 다시 공기와 흙으로 돌려보내는 지구의 대표 청소부입니다.

미생물이라고 말하면 병을 일으키는 병균들을 주로 생각하여, 신은 왜 온갖 병균까지 창조했을까 의심을 가져봅니다. 신의 뜻을 알 수 없지만, 거기에는 어떤 이유나 계시(啓示)가 있을 것입니다. 1340년대에 유럽에 대유행했던 흑사병은 '예르시니아 페스티스'라는 학명을 가진 페스트균 때문이었습니다. 쥐와 사람이 걸리는 이 전염병은 당시 유럽 인구의 절반 정도인 2,500만 명을 희생시켰고, 그 결과로 유럽은 1,000년 이상 내려온 사회구조가 붕괴되고 말았습니다. 페스트균은 아직도 대륙 어딘가에 잠재하고 있지만 1700년대 이후에는 유행하지 않았습니다. 근래에 와서는 에이즈가 전염되면서 경고를 합니다.

인류는 예로부터 여러 종류의 박테리아를 마치 가축처럼 이용해왔습니다. 메주 박테리아가 그렇고, 김치를 익게 하는 유산균 박테리아, 술을 발효시키고 빵을 맛있게 부풀리는 효모, 치즈를 만드는 박테리아 등은 모두 사람이 길러온 미생물입니다. 의약회사에서는 푸른곰팡이를 길러 항생물질을 생산합니다. 한편 전염병 예방약을 생산하는 곳에서는 콜레라균, 장티푸스균, 결핵균, 뇌염 바이러스 등을 특별히 통제된 시설에서 키웁니다. 오늘날 세계의 연구소에서 배양하는 미생물 종류가 약 60,000종이나 된다고 합니다. 인간과 가축, 농작물 등에 치명적인 전염병을 일으키는 미생물에는 박테리아보다 더 원시적인 '바이러스'도 수천 가지 있습니다.

미생물은 소화기관이 없는 대신 생존에 필요한 영양소를 세포막을 통해 직접 흡수하여 증식합니다. 미생물학과 유전자공학이 발달하자 미생물을 이용하는 산업이 날로 발전합니다. 과학자들은 특별한 미생물을 대량으로 배양하여 원하는 약품이나 식품 또는 공업원료를 얻기도 합니다. 미생물은 번식 속도가 빠르기도 하지만, 다종다양한 물질을 합성하는 능력을 가졌습니다.

예를 들어, 술을 며칠 두면 그 안에 초산박테리아가 차츰 번식하여 술(에틸알코올)이 식초(초산)로 바뀝니다. 그런데 공장에서 초산을 제조하려면, 산성에 잘 견디는 특수강으로 만든 용기에 '부탄'이라는 원료를 넣고 50~60기압의 고압과 150~170℃의 고온 조건, 그리고 촉매를 사용하여 산화시켜야 합니다. 그러나 초산박테리아는 낮은 온도와 1기압 조건에서 알코올을 초산으로 변화시킵니다.

생명체는 고등생물이든 미생물이든 최소 에너지로 또한 최적 방법으로 필요한 화합물을 합성하고 분해하는 능력이 있습니다. 미생물이라는 지극히 작은 세포의 화학공장에서 일어나는 화학반응일지라도 어떤 첨단 공법보다 우수합니다. 1개의 세포로 된 미생물의 이런 면을 생각할 때, 미생물이야말로 진화의 위대한 걸작이 아닐 수 없습니다.

일반인들은 대장균을 오염원의 주체 병원균이라 생각하지만, 사실 대장균은 공기, 물, 흙 어디에나 흔하게 있습니다. 더군다나 인간을 포함한 포유동물의 소장에는 그들이 대량 증식하고 있으며 숙주(宿主)에게는 어떤 해도 미치지 않습니다. 오히려 대장균은 장 속에 다른 나쁜 미생물이 증식하는 것을 막아주는 동시에 비타민 K2를 생산하기도 합니다.

∶ 광물자원을 생산하는 미생물

지구가 가진 자원의 3분의 2는 해저에 잠자고 있습니다. 추정에 따르면 망간 덩어리가 1조톤, 인석회 덩어리(인산염 22~32% 포함)는 1,000억톤, 시멘트 원료가 될 석회석은 1,000조톤이 있다 합니다. 또한 해수 속에는 1조톤의 5만 배나 되는 염류(소금을 비롯한 기타 광물질)가 용해되어 있습니다. 이들 물질을 전부 육상에 올려놓는다면 두께가 200m나 될 것이랍니다. 바닷물에는 원자력 연료인 우라늄도 있습니다. 함유량은 적지만 해수량 전체를 놓고 보면 40억톤에 달합니다. 그리고 해수에 녹아있는 금은 100억 톤에 이른다고 추산합니다. 어떤 미생물들은 해수에 용해된 각종 원소를 흡수하고 그것을 체내에 축적하는 능력을 가졌습니다. 그러한 미생물은 마그네슘이나 칼슘을 축적했다가 죽은 후 침전되면 마그네슘과 칼슘 층을 만듭니다.

황(유황)은 화학반응을 잘 하는 물질이기 때문에 공업에서 가장 많이 이용하는 물질의 하나입니다. 황은 암석 속에도 있고 석유 속에도 들었으며, 온천수나 화산 연기에도 포함되어 나옵니다. 산업이 발달할수록 황의 사용량이 늘어나 황 원광도 원유처럼 바닥을 드러냅니다. 원유가 고갈되면 인류의 생존이 위협받듯이 황도 마찬가지입니다. 이런

264

날이 올 것을 대비하여 신은 황세균(황박테리아)을 창조해두었는지도 모르겠습니다.

황이 많이 포함된 호수에는 황세균이 죽어 쌓인 침전층이 생겨납니다. 멕시코의 빌라루즈(Villa Luz) 동굴 속에는 지하에서 솟아오르는 황화수소를 먹고사는 박테리아가 먹이사슬의 기본이 되어 암흑 속에서 특이한 생명의 세계를 전개하고 있습니다. 빛이 없는 캄캄한 어둠 속에서 황박테리아는 태양빛 대신 황화수소를 에너지원으로 하여 증식합니다. 그 결과 동굴 곳곳에 황이 쌓입니다. 이런 동굴 속에는 황박테리아(1차 생산자)를 먹는 곤충, 물고기, 소라, 거미, 게, 말미잘, 박쥐들이 먹이사슬을 이루어 지상과 다른 세계가 펼쳐집니다. 황박테리아가 만든 가장 극적인 곳은 해저 수천m 깊은 열수공(熱水孔) 주변에서 전개되고 있습니다.

질소 비료를 생산하는 미생물

과학자들은 수확량이 많고 병충해에 강하며 맛이 좋고 저장성이 좋은 특징을 가진 작물의 품종을 끊임없이 개발해 왔습니다. 수확량이 많은 식물은 더 많은 비료를 소비합니다. 비료 중에서도 가장 많이 소모되는 것은 질소비료입니다. 공기 중에는 질소가 78.1%나 있지만 식물은 질소를 그대로는 흡수치 못하고 수소 또는 산소와 질소가 결합한 화합물(암모니아 등)만 영양분으로 할 수 있습니다. 질소비료의 인공제조법은 20세기 초에 알려졌습니다. '하베르 보쉬 방법'은 질소와 수소를 550℃, 200기압이라는 고온 고압 조건과 금속 촉매를 이용하여 암모니아로 만드는 것입니다. 그러므로 이 방법으로 질소비료를 생산하려면 많은 연료(전력)를 소비해야 합니다.

콩과식물 뿌리에는 흰색의 작은 혹이 가득 매달려 있습니다. 이 혹 속에는 '리조비움'이라는 박테리아가 가득 삽니다. 리조비움은 높은 온도나 고압, 금속 촉매 없이 보통의 온도와 기압(상온 상압)에서 질소비료를 만듭니다. 콩과식물의 뿌리는 박테리아에게 거처를 빌려준 대가로 상당량의 암모니아를 얻어 자신의 단백질 생산에 이용합니다. 그런데 과학자들은 왜 리조비움이 꼭 콩과식물의 뿌리에만 공생하는지 그 이유를 모릅니다. 뿐만 아니라 콩과식물의 종류가 다르면, 공생하는 리조비움의 종류도 왜 다른지 알지 못합니다.

신은 지구상에 식물이 가득 번성하도록 하면서, 모든 식물에게 질소비료를 넉넉히 공급할 근본 대책을 처음부터 실행하고 있었습니다. 그 비책의 하나는 토양과 물에 무진장 번성하는 '남조류'라는 하등 단세포 박테리아를 탄생케 한 것입니다. 한여름에 더운 날이 계속되면 녹조와 함께 남조(藍藻)가 대규모로 발생합니다. 남조는 광합성을 하는 원시적인 단세포식물입니다. 그래서 학자들은 남조를 박테리아(영어로 cyanobacteria)로 분류하여 '남균'이라 하기도 합니다. 남조는 수온이 높은 바다와 민물에 잘 번성하는데, 그럴 때는 물빛이 청록색으로 보입니다. 남조 종류는 물, 흙, 바위 표면 어디에나 살며, 그들이 광합성하는 양은 지구 전체 광합성의 20~30%를 차지합니다. 그들로부터 생산되는 산소도 비례하므로 그 양을 짐작할 수 있습니다.

시아노박테리아(남조)는 지구상에 가장 먼저 탄생한 생명체 무리의 하나로 생각됩니다. 지구 탄생 초기에 남조는 광합성을 하여 산소를 방출함으로써 유독가스가 가득하던 대기를 산소로 채우도록 했습니다. 동시에 남조는 공기 중의 질소를 수소 또는 산소와 결합시켜 질소비료 성분(NH_3, NO_2, NO_3)으로 만들었습니다. 만일 지금 당장이라도 물과 흙에 남조가 살지 않는다면 식물의 생장에 필요한 질소비료가 부족해질 것입니다.

호수나 강에 남조가 대량 증식하면 물색이 청록(남색)으로 보이면서 시아노톡신(cyanotoxin)이라는 약간의 독성 물질이 생겨납니다. 이 물질이 인체에 얼마나 유해한지에 대해서는 보고가 별로 없습니다. 신은 눈에 보이지도 않는 단세포의 미생물을 번성케 하여 먹이사슬의 가장 풍부한 1차 먹이가 되도록 하고, 대기에 산소를 채워주고, 땅에는 질소비료가 넉넉하도록 했던 것입니다.

⠇ 미래 식량으로 주목되는 녹조

여름철에 더운 날이 계속되면 호수와 강물이 며칠 사이에 녹색으로 변하는 때가 종종 있습니다. 이럴 때 신문방송에서는 '녹조 경보'라는 말까지 하면서 보도합니다. 호수의 물이 녹색으로 변한 것은 녹조 종류가 대량 번성한 때문입니다. 얕은 바다나 냇물 속을 들여다보면 녹색의 하등식물들이 무성하게 자라는 것을 볼 수 있는데, 이들은 일반적으로 녹조(綠藻 green algae)라 부르는 하등식물 무리에 속합니다. 바다에 사는 파래와 청각, 민물에서 보는 실처럼 늘어져 일렁이는 해캄 등이 바로 녹조에 속합니다. 녹조 종류에는 상당히 큰 해조류도 있고 단세포인 것도 있습니다. 바다나 민물 어디서든 녹조는 대량 번식하여 산소를 내놓습니다.

민물에는 '클로렐라'라는 이름을 가진 동그란 단세포 녹조가 대량 삽니다. 여름철에 호수가 녹색으로 변했을 때는 클로렐라가 대량 증식한 경우가 대부분입니다. 만일 농토나 농장으로부터 유기물이라든가 비료 성분이 다량 흘러들고 수온이 높으면 클로렐라는 더욱 빠르게 증식하여 녹색의 물로 만듭니다. 클로렐라는 물고기라든가 수중 동물의 양식

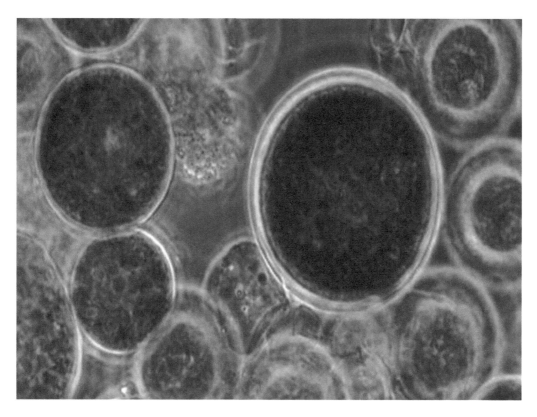

녹조의 일종인 클로렐라는 담수에 번성하는 단세포 식물입니다. 강이나 호수에 폐수가 흘러들어 부영양(富營養) 물질이 풍부할 때 기온까지 높으면 클로렐라가 대량 증식합니다. 이럴 때 녹조는 폐수 성분을 흡수하여 증식하기 때문에 물을 정화시키는 작용을 하게 됩니다. 자연의 정수(淨水) 방법입니다.

입니다. 캘빈(Melvin Calvin 1911~1997)이라는 미국 과학자는 클로렐라를 실험재료로 하여 광합성 과정의 중요 사실을 밝혀내어 1961년에 노벨상을 수상하기도 했습니다.

세포 크기가 $2^{-10}\mu$m(1μm는 1,000분의 1㎜) 정도인 클로렐라는 조건이 좋으면 하루에 10배나 증가하는 것으로 알려져 있습니다. 클로렐라를 말려 화학적으로 분석하면 45%가 단백질이고, 지방질 20%, 탄수화물 20%, 섬유질 5%, 무기질과 비타민 등이 10% 정도랍니다. 이처럼 클로렐라는 어떤 식품 못지않게 영양이 풍부하기 때문에 미래에는 슈퍼식품(super food)이 될 가능성이 있습니다. 장기간 우주여행을 할 때 우주선 속에서 배양하여 식품으로 사용한다는 연구도 있습니다. 클로렐라를 경제적으로 걸러낼 방법만 있다면 우선 가축의 사료라든가 농작물의 유기비료로 이용될 전망입니다. 이미 건강식품으로 알려지기도 했습니다.

⠿ 최대 산소 생산자 규조(硅藻)

먹이사슬의 맨 꼭대기에 인간이 있습니다. 그러나 사람들은 맨 밑바닥을 이루는 '생산자 생명체'에 대해서는 별로 알지 못합니다. 바닷가의 개펄과 바위에는 물속 못지않게 참으로 많은 해양생명체가 번성합니다. 수중에 사는 동물도 먹이와 산소가 필요합니다. 신은 물속의 동물들에게 무엇을 양식으로 주었으며, 산소는 어떻게 공급하는지 궁금합니다.

바다 생태계의 먹이사슬 맨 밑바닥에는 '플랑크톤'이라 불리는 생명체들이 있습니다. 플랑크톤은 동물도 있고 식물도 있습니다. 동물성 플랑크톤은 하등동물인 게, 새우, 조개, 소라, 산호 등의 알과 유생(幼生)들이고, 식물성 플랑크톤은 규조(硅藻)라든가 남조라 부르는 단세포 식물이 대부분을 차지합니다.

겨울에는 강이나 호수의 물이 매우 맑아 보입니다. 그 이유는 추위때문에 물속에 사는 미생물이 줄어든 탓입니다. 얼음이 얼 정도의 찬 호수에는 미생물이 거의 살지 못할 것처럼 느껴집니다. 그러나 그런 물에도 단세포의 하등식물인 규조가 헤아릴 수 없이 삽니다. 규조의 세포벽은 유리의 주성분인 규소(硅素)입니다. 규조(diatom)라는 이름도 여기서 얻은 것입니다. 규조류는 해수, 담수 가리지 않고 살며, 그 종류 또한 대단히 다양합니다. 많은 종류는 세포벽 성분이 탄산칼슘이기도 합니다.

규조는 엽록소가 있어 광합성을 하기 때문에 태양이 잘 비치는 얕은 수심에서 번성합니다. 해변의 물을 1리터 떠서 그 속에 사는 규조의 수를 헤아린다면 1,000만 개를 넘을 것입니다. 지구상에서 생성되는 산소의 90%는 산과 들과 정글에서 생산되는 것이 아니라 바다에 사는 규조를 비롯한 남조, 녹조 등의 식물플랑크톤이 내놓은 것입니다. 바꾸어 말하면 육지의 모든 식물을 합한 것보다 10배 이상 많은 양의 플랑크톤 식물이 바다에 사는 것입니다.

바다의 동물들은 직접 간접으로 식물성 플랑크톤을 먹고삽니다. 그러므로 만일 그들이 사라진다면 바다는 먹이도 산소도 없는 환경이 되고 맙니다. 그러면 결국 지상의 동물도 산소 부족으로 사라져야 합니다. 인류는 물에서 엄청난 양의 해산물을 얻습니다. 그 수산물은 거의 전적으로 규조 덕분에 생산할 수 있습니다. 바다의 환경이 파괴되면 제일 먼저 이런 식물 플랑크톤이 살기 어려워집니다. 하늘이 푸르면 바다도 푸른색입니다. 하늘이 구름으로 덮이면 바다 빛은 회색으로 보입니다. 물빛이 초록으로 보이는 바다에는 녹조류가 대량 살고 있으며, 적갈색이면 거기에는 적조(赤藻)라는 하등생물(플랑크톤 일종)이 번성한 때문입니다.

∶ 원유(原油)의 생산자

인류는 석유 없이는 거의 살 수 없는 상황입니다. 그런데 소비되는 엄청난 양의 석유를 만들어 지하에 저장해둔 장본인은 규조였습니다. 규조는 과거에는 지금보다 더 많이 살았습니다. 이들은 박테리아처럼 두 조각으로 나뉘는 방법으로 번식하기 때문에 증식 속도가 빠릅니다. 수명을 다하고 죽은 규조는 바다 밑으로 가라앉습니다. 이런 침전이 수억 년 동안 진행되면 바다 밑에는 수백m 두께로 규조층이 쌓이게 됩니다.

물속에는 규조류 외에 남조와 녹조류도 대량 생존합니다. 그러나 이런 조류는 죽으면 물속에서 분해되어 아무것도 남지 않는 상태가 됩니

몇 종류의 규조가 보입니다. 규조를 전자현미경으로 관찰하면 종류마다 기상천외한 디자인을 하고 있습니다 생명 창조의 다양성은 가장 하등한 생명체에서부터 발견할 수 있습니다.

다. 그러나 규조는 단단한 규소 껍데기가 세포를 둘러싸고 있기 때문에 내용물(세포액)을 간직한 상태로 해저에 침전하게 됩니다. 깊은 해저는 수온이 낮으므로 침전한 규조의 내용물은 쉽게 변화되지 않습니다.

　어느 때인지 심한 지각 변동이 일어나 육지가 바다 속으로 들어가기도 하고, 반대로 해저가 육지로 되는 사건이 일어났습니다. 이때 해저의 규조층은 지하 깊이 묻히게 되었습니다. 무겁게 눌리면서 지열을 받은 규조층에서는 화학변화가 일어나 액체인 원유와 기체인 천연가스가 생겨났고, 이들은 암반 틈새에 고여 수억 년을 지내왔습니다. 중동 지역을 비롯한 세계 여기저기서 채굴하는 원유는 이렇게 하여 생겨난 것입니다. 만일 고대에 규조가 살지 않았다면 인류는 오늘날과 같은 풍요한 세상을 만들지 못했을 것이 분명합니다.

규조의 세포가 원유와 천연가스로 분해되고 나면 세포벽을 이루던 규소 성분만 찌꺼기로 남습니다. 이 찌꺼기 층을 '규조토층'이라 하며, 이를 분쇄한 것을 '규조토'라 합니다. 밀가루처럼 고운 분말의 규조토는 중요한 지하자원의 하나입니다. 규조토는 모래처럼 단단하기 때문에 연마재로, 미세한 먼지와 세균을 걸러내는 필터 원료로, 전기 절연제 등에 사용합니다. 자동차도로의 분리선을 표시하는 페인트에는 규조토를 혼합합니다. 그 이유는 규조토 입자의 거친 표면이 헤드라이트의 빛을 잘 반사하여 선명하게 보이도록 하기 때문입니다. 마치 출렁이는 여울이나 호수 표면이 태양빛과 달빛을 더 반짝반짝 반사하듯이 말입니다.

세계의 물에는 약 100,000종의 규조가 살며, 그들의 모양이 얼마나 정교하고 아름다운지 말로 표현하기 어렵습니다. 그래서 어떤 과학자는 규조를 일컬어 '가장 아름다운 살아 있는 보석'이라 말하기도 했습니다. 규조의 모습은 어떤 보석 세공사나 조각가도 만들 수 없을 정도로 다양하고 아름다워, "자연보다 더 훌륭한 슈퍼 디자이너는 없다"라는 말을 단 1개의 세포로 이루어진 규조에서도 실감하게 합니다.

: 셰일가스로 변한 생명체

천연가스의 성분은 메탄(CH_4), 프로판(C_3H_8) 등입니다. 천연가스는 원유가 채굴되는 근처 지층에서 뽑아냅니다. 이제 천연가스도 원유와 마찬가지로 바닥을 드러내 가고 있습니다. 2010년대에 들어 셰일가스 (shale gas) 또는 셰일오일(shale oil)이라 부르는 천연가스가 세계적으로 유명해졌습니다.

해변의 넓은 개펄을 바라보면 그 면적이 엄청납니다. 개펄은 고운 토양 입자와 함께 유기물이 가득한 영양분 덩어리이기에 거기에는 생명체가 가득합니다. 개펄에는 계속 침전물이 쌓이므로 바다 생명에게 필요한 영양이 항상 풍부합니다. 이런 개펄은 해류와 함께 해저 깊은 곳으로 흘러가 수천만 년을 두고 두텁게 쌓입니다. 이런 곳에 대규모 지각변동이 일어나면 개펄의 층은 혈암(頁岩) 또는 이판암(泥板岩)이라 부르는 검은색 퇴적암이 됩니다. 이렇게 하여 생겨난 혈암층을 셰일(shale)이라 합니다.

개펄에는 생명체가 많이 살았기 때문에 개펄층이 셰일로 될 때 그 속에 있던 유기물이 변하여 메탄이라는 기체가 대량 생성됩니다. 시궁창 바닥에서 솟아나는 기포(氣胞) 성분이 메탄가스이듯이 말입니다. 대부분의 셰일은 천연가스보다 깊은 지층에 보존되어 있으며, 셰일을 구성하는 입자 틈새에는 많은 양의 메탄가스가 고압으로 눌려 있습니다. 21세기에 들어오면서 깊은 지층의 셰일에서 메탄을 채취할 수 있는 기술이 발달되자, 여러 나라는 셰일가스를 '제2의 천연가스'라 부르면서 생산할 계획을 서두릅니다. 대표적인 셰일층은 북아메리카, 중국, 유럽, 아르헨티나, 호주 대륙 등에서 발견되지만, 전 세계에 산재하고 있습니다.

그러므로 알고 보면 셰일가스도 수억 년 전에 창조하여 인간이 쓰도록 지하 곳간에 저장해두었던 연료라는 생각이 듭니다. 다만 생산하기 어려운 깊은 지층에 보존해둔 것입니다. 만일 화석연료가 전부 지표에 매장되어 있었더라면 모조리 허비해버렸을지 모릅니다. 실험실에서 탄소(C)와 수소(H)를 원료로 하여 메탄이라든가 프로판가스를 제조하려면 복잡하고 어려운 과정을 거쳐야 합니다. 그러나 신은 지구적인 대규모 계획으로 천연 연료를 만들어 지하 곳곳에 보존해두었습니다.

큰 강이 흘러내리는 좁은 바다라든가 섬과 같은 육지로 둘러싸인 내해(內海)에는 개펄지대가 잘 형성됩니다. 넓은 개펄에 바닷물이 들어오고 나가는 것을 보면 마치 강물이 흐르는 듯합니다. 썰물이 되어 넓은 개펄과 해안의 바위가 드러나면, 수많은 미생물과 작은 동식물이 햇빛을 가득 받으며 번성하는 기회가 됩니다. 개펄은 태양이 그대로 비치고, 산소에 노출되며, 영양이 풍부하여 조개, 게, 새우 등의 천해(淺海) 하등 동물과 해조류(海藻類) 등이 살기에 최적의 환경이 됩니다.

원시시대의 인류 선조는 강변보다 개펄과 천해(淺海)에서 물고기와 새우, 게 등의 갑각류와 조개류 등을 채취하여 먹고 살았을 것입니다. 해변에서는 강변과 달리 홍수가 나지 않고, 맹수의 위협도 적었으며, 비료와 물을 주어 가꾸지 않아도 언제나 풍부하게 해산물이 나왔기 때문입니다. 그러므로 물고기와 해변 동식물을 식량으로 삼을 수 없었더라면 인류의 선조는 살아남기 어려웠을 것이라는 학설에 동의하게 됩니다.

개펄은 지금도 신이 인간에게 준 특별한 삶의 터전입니다. 그럼에도 불구하고 많은 사람은 개펄의 중요성을 잘 알지 못합니다. 국토가 좁은 우리나라는 과거에 엄청난 면적의 개펄을 육지로 만들었습니다. 다행히 근래에 와서 간척사업이 거의 멈추고 있습니다.

극한을 견디는 생존의 법칙

지구상에는 살기 좋은 곳이 많은데 왜 극도로 춥고, 덥고, 캄캄하고, 수압이 엄청나게 높으며, 산소조차 없는 곳까지 생명체가 사는 이유가 무엇인지 궁금합니다. 생명체들이 극한(極限)의 조건을 삶터로 선택하여 살게 된 이유는 진화 이론으로 설명하기 어렵습니다. 신은 지구를 생명의 천체로 창조하여 그 어디에도 다양한 생명이 살도록 하면서, 그들 모두에게 특별한 생존 지혜를 주었다는 생각을 합니다.

생명체의 가장 결정적인 생존 조건은 물입니다. 그러므로 물이 결빙하는 곳이나 귀한 곳에서는 생명체가 생존할 수 없을 것이라 생각됩니다. 그러나 그러한 환경에 어찌된 일인지 인간까지 살고 있습니다. 북극이나 남극지방은 수시로 기온이 −50℃에 이르고, 반면에 사막은 +60℃를 넘기도 합니다. 남아프리카의 칼라하리 사막은 낮에 70℃까지 올라갔다가 밤에는 0℃까지 떨어지는 일이 허다하다고 합니다.

극한지역에 사는 생물로서 특히 감탄스러운 존재는 지의류(地衣類)라는 하등식물입니다. 지의류는 조류(藻類)와 균류(菌類) 두 가지 무리의 하등식물이 서로 공생하면서 바위나 나무껍질 등에 바싹 마른 듯이 붙어 삽니다. 이 지의류는 해발 7,000m의 고산 바위라든가, 극한지대의 절벽에도 생존합니다.

기온이 영하로 내려가면 생물은 당장 체액이 얼어 세포가 파괴될 것이라 생각됩니다. 그러나 지의류의 체내에 포함된 수분은 기온이 극한으로 떨어져도 얼지 않으며, 그런 기온 조건에서도 신비스럽게 광합성까지 합니다. 실험에 따르면, 어떤 지의류는 –196℃도에서 보관하다가 자연 상태에 내놓으면 곧 살아서 광합성을 시작한답니다.

물에 소금이나 설탕이 녹아 있으면 잘 얼지 않게 됩니다. 이런 물리현상을 '빙점강하'(氷點降下)라 합니다. 폭설이 내려 도로를 덮으면 결빙방지제를 뿌립니다, 겨울에는 자동차 라디에이터의 냉각수에 부동액을 채웁니다. 부동액은 물에 '글라이콜'이라는 물질을 50% 혼합한 것인데, –34℃까지는 얼지 않습니다. 극한지역에 겨울이 오면 하등식물은 체액 속에 부동액을 채워 몸이 어는 것을 막습니다.

겨울을 대비하는 곤충들이나 빙하지대에 사는 곤충들도 몸의 체액 속에 부동액으로 결빙을 막습니다. 그들이 쓰는 부동액은 글리세롤입니다. 글라이콜과 글리세롤은 화학적으로 비슷한 물질입니다. 누에나방의 일종인 세크로피아나방의 번데기 체액 속에는 3% 정도의 글리세롤이 포함되어 있으며, 고치벌 번데기에는 20%나 들어 있어 얼지 않고 봄을 기다립니다.

남극과 북극 바다에 사는 물고기 혈액에도 결빙방지제가 포함되어 있는데, 물고기가 개발한 부동액은 '글리코프로테이드'라는 단백질과 탄수화물이 결합한 물질입니다. 이러한 결빙방지제는 극한지방에 사는 식물의 세포에도 포함되어 있습니다. 그런데 이런 부동액 성분만으로 극한 온도를 완전히 견디기는 어렵습니다.

눈송이라든가 안개, 빗방울, 얼음 알맹이가 만들어지려면 반드시 그 중심에 핵(먼지)이 있어야 합니다(제2장 참조). 만일 핵이 없다면 눈이나 안개의 입자가 만들어지지 않습니다. 예를 들어 먼지가 전혀 없는 증류수는 영하 10℃까지 내려가야 어는데, 먼지가 섞여 있으면 0℃에서 얼게 됩니다. 세포 속은 수분으로 가득한데, 그 수분이 얼지 않으려면 부동액도 포함되어야 하겠지만, 얼음 결정을 형성할 세포액 속의 핵을 걸러내어 증류수처럼 청소할 필요가 있습니다. 과학자들은 그러한 먼지 정화 과정이 세포 내에서 일어날 수 있는 이유를 아직 모르고 있습니다.

: 극한(極寒) 환경의 포유동물

북극지방은 포유동물이 살기에 극단적으로 어려운 환경입니다만, 몇 종류의 동물이 지혜롭게 삽니다. 그 가운데 대표 포유동물이 흰곰입니다. 인간이 그들의 모피를 탐내어 사냥하기 전까지는 흰곰을 이길 수 있는 동물이 북극지방에는 아무 것도 없었습니다. 북극에 겨울이 다가오면 곰은 겨우내 먹지 않아도 견디도록 몸에 영양분을 저장합니다. 그들은 주로 바다사자를 잡아먹으며 영양분을 피부 밑에 두터운 지방층으로 저장합니다. 지방층 두께는 엉덩이 부분에서 10㎝를 넘기도 합니다. 지방층은 추위를 견디도록 해줄 뿐 아니라, 먹지 않고 한겨울을 지내는 데 필요한 영양분의 저장고입니다.

흰곰은 겨울을 지낼 보금자리를 만듭니다. 곰이 눈 속에 만드는 굴은 교묘하여 바깥이 아무리 추워도 그 속은 훨씬 따뜻합니다. 그들은 굴을 팔 때, 출입구를 내부보다 조금 낮게 뚫어놓습니다. 그렇게 하면 굴속에 녹은 물이 생겨나더라도 괴지 않고 바깥으로 흘러나가고, 출입구가 낮기 때문에 굴속의 따뜻한 공기는 밖으로 잘 빠져나가지 않습니다. 곰이 이처럼 자연의 물리법칙을 적용하여 겨울 집을 지을 수 있는 것에 대해 '진화를 통해 배운 자연의 지혜'라고 말하기가 마땅치 않게 느껴집니다. 흰곰이 주인인 이런 대륙에 에스키모라는 인간이 살아왔습니다. 에스키모는 '이글루'라는 얼음집을 지을 때 곰의 굴처럼 출입구를 낮게 만듭니다. 이글루의 내부는 바깥이 매우 춥더라도 사람이 살기만 하면 4℃ 정도로 유지시켜줍니다.

북극곰이 얼음물 속에서 장시간 헤엄치는 것을 보면, 그들의 지방층이 아무리 두텁고 털이 길고 밀생(密生)한다 해도 이해가 가지 않습니다. 북극 가까운 곳에 사는 엘크사슴을 보면, 겨울이 가까워지면 6.5㎝나 되는 긴 털을 준비합니다. 동물의 털과 깃털 사이에는 공기 틈이 많아 보온 효과가 큽니다. 그들은 털이 길고 촘촘할수록 열 차단 효과가 좋아진다는 자연법칙까지 활용합니다.

엘크사슴의 긴 다리는 털이 한 올도 없는 벌거숭이입니다. 그들의 다리와 발굽을 쳐다보면 얼마나 추울까, 다리에 흐르는 혈액은 얼지 않을까 하는 생각이 듭니다. 겨울철에 찬 물에 발을 담그고 돌아다니는 새들의 다리와 발을 봐도 그렇습니다. 그렇다고 새들이 추위에 노출되지 않도록 긴 다리에 피하 지방층을 만들고 털까지 자라게 한다면, 다리가 뚱뚱해져 날고 걷는 활동에 지장을 받을 것입니다.

영하의 기온에서 지내는 갈매기의 체온을 조사해 보면, 몸은 38℃이지만 다리와 물갈퀴발의 온도는 0~5℃로 내려가 있습니다. 기온 영하 30℃ 상황에서 순록의 체온은 37℃이지만 그 다리와 발은 9℃ 밖에 안

됩니다. 설원에서 썰매를 끄는 에스키모개의 발 온도는 8℃이고, 그 발바닥은 0℃로 내려가기도 합니다. 추운 곳에 사는 동물들은 인간과는 달리 노출된 다리의 체온을 낮게 하는 지혜를 가졌습니다. 자연의 동물들이 신으로부터 받은 지혜는 텔레비전에서 방영하는 '동물의 세계'를 보면 얼마든지 만날 수 있습니다.

⋮ 고온(高溫)을 견디는 생명체

추위만 아니라 고온 역시 생명을 위협하는 요소입니다. 생물의 몸은 단백질로 구성되어 있으며 체내에서 일어나는 온갖 화학작용을 돕는 효소들도 단백질입니다. 뜨거운 열은 단백질을 변질시키는 치명적인 조건입니다. 삶은 계란을 보면 고열이 액체 상태이던 단백질을 어떻게 변화시키는지 짐작할 수 있습니다. 실제로 생물에게는 추위보다 고온이 더 두렵습니다.

생명들은 더위를 이기는 지혜도 여러 방법으로 진화시켜 왔습니다. 어떤 하등식물(조류 藻類)은 수온이 85℃에 이르는 온천수에서 살고, 물고기 중에는 50℃나 되는 더운 물속에서 잘 돌아다니는 것이 있습니다. 사막의 식물들은 70~80℃에 이르는 뜨거운 열기 속에서도 말라죽지 않고 견딥니다. 사막지방의 어떤 사슴은 긴 다리를 가졌고, 토끼는 유난히 큰 귀를 세우고 있습니다. 이것은 몸의 열을 발산하는 방열판(라디에이터) 역할을 하여 체온을 내려주는 작용을 합니다. 아프리카 코끼리의 크고 널따란 귀는 머리의 열을 식혀주는 방열판 구실을 합니다. 사막의 박쥐는 고속 비행 때 발생하는 체온을 발산하기 위해 얇고 넓은 날개를 펼치고 날아다닙니다.

인간도 고온을 예상 외로 잘 견딥니다. 예를 찜질방에서 봅니다. 건조한 찜질방의 온도는 100℃에 가까운데도 화상을 입지 않고 견디는 사람이 있습니다. 용광로라든가 도자기 가마 같은 고온 조건에서 일해야 할 경우, 피부에서 땀이 솟아나와 증발하므로, 이때 기화열(氣化熱)이 피부를 냉각시켜줍니다. 인체가 필요할 때 땀을 쉽게 흘릴 수 있도록 창조된 것은 감사한 일의 하나입니다.

⁝ 심해 암흑 속에 창조된 생명체

20세기 중반에 사람들은 충격적인 보도를 들었습니다. 수심이 3,000m도 넘는 해저 바닥에 여러 가지 생명체가 살고 있다는 뉴스였습니다. 왜냐 하변, 대륙붕보다 더 깊은(수심 약 200m) 해저에는 생명체가 살 수 없다는 것이 상식이었습니다. 그곳에는 빛도 산소도 없고, 수온이 매우 낮으며, 물의 압력이 너무 높아 생물의 몸이 견딜 수 없다고 생각했기 때문입니다. 바다 밑 세계는 겨우 5% 정도만 탐험되었을 뿐, 해저 깊숙한 곳에 사는 생명체에 대해서는 알려진 것이 지금도 극히 조금입니다.

심해 바닥에 온천이나 간헐천처럼 뜨거운 물과 가스가 분출되는 구멍(열수공 熱水孔)이 있다는 것을 처음 알게 된 것은 1947년이었습니다. 해양개발이 진전되면서 1977년에는 미국 우즈홀 해양연구소의 해저탐험선이 갈라파고스 섬 근처 해구에서 열수공을 발견하고, 근처에 사는 물고기와 조개, 새우, 커다란 관벌레(giant tube worm) 등을 탐사하는데 성공했습니다. 해저 3,000m는 태양이 비치지 않는 암흑세계이며 수압이 300기압이나 됩니다.

이런 환경에 사는 동물들을 처음 발견했을 때, 과학자들은 마치 외계 생명체를 만난 듯 했습니다. 그러나 그들은 분명이 지구의 생명체였습니다. 과학자들은 그들이 심해에서 살아가려면 표층(表層)의 생물이 죽어 가라앉는 것을 먹을 것이라고 생각했습니다. 그런데 심해 생명체는 꼭 열수공 근처에서만 볼 수 있습니다. 2007년에는 코스타리카 근해 심해에서도 열수공이 발견되고, 그 주변에 여러 종류의 심해 동물이 무리지어 사는 것을 확인하게 되었습니다. 그곳 열수공에서는 높은 수압 때문에 지상과는 다르게 400℃를 넘는 뜨거운 물이 나오고 있었습니다.

그러나 열수공에서 조금만 떨어지면 수온은 단지 2℃ 정도에 불과했습니다.

열수공에서는 황을 비롯한 무기물을 다량 함유한 물과 가스가 나오고 있었으며, 그 물 주변에는 황을 먹고 사는 황박테리아가 대량 살고 있습니다. 심해동물들은 황박테리아를 마치 플랑크톤처럼 먹고 살아가는 것이었습니다. 황박테리아는 태양 에너지가 없더라도 살아가는 특수한 생명체였습니다. 최근까지 여러 열수공에서 400여 종의 동물이 발견되었습니다. 이런 열수공 근처 환경에 박테리아를 먹이사슬의 기본으로 하여 게, 물고기까지 활발하게 살고 있는 것입니다. 해저의 이런 생명의 세계를 '심해의 오아시스'라 부르기도 합니다.

해저 오아시스의 커다란 관벌레(管蟲)나 조개를 해부해본 과학자들은 그들의 몸속에 수백억 개의 '황박테리아'가 살고 있는 것을 발견했습니다. 조개 몸 500g 속에 100억 개 정도의 황박테리아가 공생하고 있었던 것입니다. 황박테리아는 황화수소를 황산이나 황산염으로 만드는 능력을 가졌으며, 이런 화학반응이 일어날 때 생존에 필요한 에너지가 나오는 것이었습니다. 이 에너지가 태양에너지를 대신하여 이산화탄소와 물을 결합시켜 그들의 기본 영양이 되는 탄수화물을 합성하는 것입니다. 심해 오아시스에 사는 각종 동물은 바로 이들 황 박테리아가 합성한 탄수화물이 먹이사슬의 기본 영양이었습니다.

태양이 없어도 생명체가 살 수 있다고 하면 믿어지지 않습니다. 그러나 해저 열수공의 생명체들은 지구 이외의 다른 행성, 예를 들면 산소 대신 황과 메탄가스가 가득하고 기온이 낮은 화성과 같은 환경에도 생명이 탄생하여 살고 있을 가능성이 충분히 있음을 암시합니다. 미국 항공우주국이 2012년에 화성으로 보낸 무인탐사선 '큐리오시티'의 중요한 목적은 화성의 생명체를 찾는 것이었습니다. 만일 화성에서 박테리아 같은 미생물만 발견되더라도 인간의 생각은 또 한 번 바뀌어야 할 것입니다. 신은 지구에만 아니라 온 우주에 생명체를 창조했다고 말입니다.

: 인간을 위한 천혜의 식물들

세상에는 신이 인간에게 특별히 내려준 천혜(天惠)의 생명체들이 있습니다. 그들은 농작물이라 불리는 식물과, 가축이라는 동물들입니다. 농작물로 재배하는 식물은 인간이 돌보지 않으면 자연 속에서는 어디에서도 생존하기 어렵습니다. 이런 농작물의 조상은 원래 야생상태로 생존했으나, 인간이 가꾸는 사이에 혼자서는 살지 못하는 식물이 된 것입니다.

아무리 야산을 다녀보더라도 야생으로 자라는 벼, 보리, 감자 등의 농작물은 절대 눈에 띄지 않습니다. 산야에 이들의 종자를 뿌려둔다 하더라도 그들은 싹이 텄을 때 다른 야생초와의 '햇빛 차지', '흙 차지' 경쟁을 이기지 못하여 생존이 불가능한 것입니다. 개, 소, 양, 닭, 꿀벌 등의 가축 종류도 인간의 보호를 받지 않으면 자연 속에서 다른 야생동물과 경쟁하며 살지 못합니다. 그래서 작물과 가축들은 인간이 직접 돌보도록 선물한 가장 귀중한 생명체라는 생각을 갖게 합니다.

자연에는 인간의 발길이 오가는 곳에서만 자라는 야생식물들이 있습니다. 냉이, 비름, 질경이, 다래, 취, 미나리 등의 '산나물'로 불리는 야생초들은 깊은 야산에서는 만나기 어렵습니다. 이들 산나물 식물이 인가 가까이 사는 것에도 신의 배려가 있다는 생각을 합니다. 다음에 소개하는 식물은 인간과 특별한 관계가 있는 중요한 작물 몇 가지를 선별한 것입니다.

⋮ 세계인구 절반의 양식 – 벼

쌀은 한국인의 주식 곡물이지만 먼 옛날에는 우리나라에 없던 식물입니다. 벼농사는 약 7,000년 전에 기온이 높고 비가 많은 아시아 대륙의 적도지방에서 시작되었습니다. 그런 벼가 점점 보급되어 지금은 세계로 퍼져 북위 53도나 되는 추운 소련이나 중국 땅을 비롯하여, 인도와 네팔의 고지대에서도 재배하게 되었습니다. 세계에서 쌀을 가장 많이 생산하는 나라는 인도(약 28%)와 중국(24%)이고, 우리나라(남한)는 약 1%입니다.

열대지방에 자라던 벼가 이처럼 고위도의 땅에까지 퍼지게 된 것은 그 사이에 낮은 기온에도 잘 견디는 품종이 개량되고 재배기술이 발전했기 때문입니다. 벼의 품종 개량은 지금도 계속되어, 더 많은 수확을 내고, 병충해에 강하고, 강풍에 잘 넘어지지 않고, 밥맛이 좋도록 연구하고 있습니다.

장기간 재배해오는 동안 벼는 많은 품종이 만들어졌습니다. 현재 전 세계에 약 12만 가지 이상의 품종이 있으니까요. 그러나 이 많은 품종

세계의 벼 시험농장에서 관리하는 벼의 품종은 12만 가지나 됩니다. 원시 상태의 야생 벼는 발견할 수 없다고 합니다. 인류가 재배하는 중요 작물은 인간이 진화시킨 것이라 할 수 있습니다.

이 모두 재배되는 것은 아니고, 대부분은 연구용으로 재배하거나 씨앗만 보존할 뿐이고, 중요 품종만 재배합니다.

대부분의 벼 품종은 얕은 물에 자라는데, 어떤 것은 맨땅에서도 자랄 수 있으며, 아주 깊은 물에서 성장하는 것도 있습니다. 이런 품종은 홍수가 잦은 열대지방의 강가에 재배하는 벼입니다. 이 품종은 물이 키보다 높아지면 하루에 10㎝나 쑥쑥 자라 잎과 이삭을 수면 밖으로 내놓습니다. 그럴 때는 키가 5~6m에 이르기도 합니다.

우리나라와 같은 온대지방에서 재배하는 품종은 낟알이 짧고 통통하며, 밥을 지으면 끈기가 있고 기름을 바른 듯 광택이 납니다. 그러나 열대지방의 쌀은 기다랗고 색깔이 반투명하며, 밥을 지으면 하나하나 떨어져 젓가락으로 집기 어려울 만큼 끈기가 없습니다. 벼농사 기술이 미진했던 옛날에는 1헥타르(가로 세로 100m 면적)의 땅에서 고작 1.5톤의 쌀을 생산했습니다. 그러나 1960년 이후 혁명적인 품종개량이 이루어지고 재배 기술이 발전하면서 우리나라와 일본, 미국 등지에서는 1헥타르 당 평균 5~6톤의 쌀을 생산합니다.

세계 인구의 절반이 먹는 주곡이 벼이지만, 벼의 원산지인 인도 대륙에서 야생 벼를 찾으려 한다면 불가능합니다. 설령 발견한다 하더라도 지금의 벼에 비해 낟알이 너무 잘고 달리는 수도 적어 벼의 조상이라고 생각되지 않을 것입니다. 진화의 긴 역사에 비해 얼마 안 되는 기간에 야생 벼가 전혀 다른 모습으로 인공 진화된 것입니다.

사람과 가축의 식량 – 옥수수

옥수수는 고도가 3,600m에 이르는 안데스 산맥 고지에서도 자라고, 기온과 습도가 높은 아마존 정글, 기온이 46℃에 이르고 연중 비가 200㎜밖에 내리지 않는 사막지대에서도 자랍니다. 우리나라에는 16세기에 중국에서 처음 전래되었으며, 다른 곡물을 재배하기 어려운 산간지방에서 주로 경작해왔습니다.

멕시코와 남아메리카의 원주민들이 수천 년 동안 주식했던 옥수수는 지금 세계인의 영양을 돕는 작물이 되어 있고, 앞으로는 더 중요한 식량작물이 될 전망입니다. 현재 옥수수는 가축의 사료로 더 많이 소비됩니다. 만일 신이 인간에게 옥수수를 주지 않았다면 지금처럼 풍족한 육식생활은 불가능했을 것입니다.

1492년, 스페인의 탐험가 콜럼버스가 중앙아메리카에 처음 도착했을 때, 그곳의 원주민은 처음 보는 곡식의 씨앗들을 콜럼버스 일행에게 주었는데, 그 가운데는 옥수수 씨도 포함되어 있었습니다. 콜럼버스는 이 씨를 스페인으로 가져왔습니다. 그로부터 100년도 지나지 않아 옥수수는 유럽 대륙은 물론 아프리카와 아시아에까지 보급되었습니다. 미국은 세계 옥수수 수확량의 절반 이상을 생산하여 그 중 태반을 수출합니다. 반면에 최대 옥수수 수입국은 러시아와 일본, 한국 순입니다.

옥수수라고 하면 팝콘이나 강냉이, 삶은 옥수수가 떠오를 것입니다. 그러나 전체 옥수수 생산량의 약 절반은 사료로서 전 세계의 소, 돼지, 닭 등을 기르는 데 소비됩니다. 옥수수는 열매만 사료로 하는 것이 아니라, 어린 옥수수를 풀처럼 베어 저장해두고 사료로 쓰기도 합니다. 옥수수로는 전분, 식용유, 차, 시럽 등도 만듭니다. 콜라의 단맛은 옥수수를 원료로 만든 시럽입니다. 치약의 단맛도 이 시럽인 경우가 많습니다.

옥수수를 발효시켜 생산한 알코올은 술이 되기도 하지만, 무공해 자동차 연료로 쓰기도 합니다. 알코올 연료는 일산화탄소가 생기지 않고, 휘발유 연료와 달리 검댕도 만들지 않습니다. 솜으로 짜는 옷감 속에 옥수수 줄기의 섬유를 넣으면 질긴 천이 됩니다. 또 종이를 제조할 때 옥수수 전분을 섞으면 튼튼한 종이가 됩니다. 가정에서 쓰는 옥수수 식용유는 씨눈을 모아 기름을 짠 것입니다. 그 밖에 옥수수는 화장품, 크레파스, 잉크, 건전지, 과자, 아이스크림, 아스피린 따위의 의약품, 그리고 페인트 등을 제조할 때 원료로 사용합니다. 땅에 묻히면 썩어버리는 플라스틱을 만들 때도 옥수수 전분을 섞어서 제조합니다.

인류는 약 7,000년 전부터 옥수수를 재배했습니다. 당시의 야생 옥수수는 지금과 전혀 다른 크기와 모양, 빛깔, 냄새, 맛을 가지고 있었습니다. 그 때의 옥수수는 자루에 겨우 네 줄로 열 알 정도의 작은 낱알이 붙어 있었습니다. 오늘날에는 수천 가지 품종의 옥수수를 용도에 따라 재배합니다.

⋮ 서늘한 지역의 식량 – 감자

유럽 여러 나라와 소련에서는 감자가 제2의 주식입니다. 세계 170여 나라 가운데 130개 이상의 나라가 감자를 재배하며, 연간 총 생산량은 약 3억 톤입니다. 앞으로 감자는 인류의 식량으로 더욱 중요한 식물이 될 전망입니다.

감자는 원래 남아메리카 원주민들이 재배하고 있었습니다. 그 감자가 처음으로 유럽에 퍼지게 된 것은 16세기쯤이었습니다. 감자는 잘 자라고, 생산량도 많으며 맛이 좋았기 때문에 금방 유럽 곳곳에서 중요한 식량이 되었습니다. 1845년의 일입니다. 당시 아일랜드는 가난한 섬이었습니다. 그러나 감자가 생산되면서 먹을 것이 넉넉해지자 인구가 늘어나 800만 명에 달했습니다. 그런데 불행히도 그 해 아일랜드의 여름은 춥고 비가 많더니, 이어 가뭄이 계속되었습니다.

나쁜 기후 탓으로 아일랜드의 감자는 곰팡이병인 '마름병'이 들어 땅속에서 모조리 썩어 버렸습니다. 감자 흉년은 아일랜드에만 든 것이 아니고 온 유럽이 다 그랬습니다. 감자 흉년이 몇 해 계속되면서 아일랜드에는 무서운 굶주림이 닥쳤습니다. 2년 동안에 100만 명이 아사하고, 살아남은 사람은 죽은 사람을 장례지낼 기운조차 없었습니다. 이 시기에 아일랜드 사람은 굶주림을 피해 100만 명 이상이 미국 대륙으로 이민을 떠났습니다. 이때의 기근은 세계 역사에서 가장 안타까운 비극 가운데 하나입니다.

감자는 추운 지방에서도 잘 자라고, 같은 면적에서 다른 곡식보다 두 배 가까운 양이 생산되며, 감자에 포함된 양분도 훌륭합니다. 감자는 재배 기간이 짧아 심고 나서 90~120일이면 수확하는데, 급할 때는 60일 만에 먹기도 합니다. 감자는 히말라야나 안데스 산맥의 4,000m의 고지에서도 자라고, 북극 가까운 곳, 아프리카와 오스트레일리아의 사막에서도 자랍니다. 그러나 너무 덥고 습기가 많은 열대에서는 재배가 어렵습니다.

옛날의 감자는 지금처럼 크지 않고 생산량도 많지 않았습니다. 감자가 미국 대륙에서 재배되기 시작한 것은 1719년의 일입니다. 그 뒤 1872년 미국의 유명한 농학자 버뱅크(Luther Burbank 1849~1926)가 크고 훌륭한 감자 종자를 개량해냈습니다. 병과 추위에 강하고, 맛이 좋고, 생산량이 많은 새로운 품종은 지금도 끊임없이 연구되고 있습니다. 페루의 안데스 산속에 있는 국제감자연구소에서는 13,000여 품종의 감자를 재배하면서 연구하고 있습니다.

이미 여러 해 전에 유전공학자들은 감자와 토마토가 서로 비슷한 종류임을 이용하여 포마토를 만들어 보았습니다. 포마토는 땅속에서는 감자(포테이토)가 열리고 줄기에서는 토마토가 열리는 '꿈의 식물'입니다. 그러나 이 식물은 감자도 토마토도 제대로 열리지 않았습니다. 과학자들은 먼 훗날 지구에 빙하기가 닥쳐오면, 추운 곳에서 잘 자라는 감자를 대규모로 심어야 할 것이라고 생각합니다. 그리고 석유가 부족해지면 감자를 대량 재배하여 거기서 알코올을 뽑아내어 연료로 사용해야 할 것이라고도 합니다.

∶ 열대 주민의 주식 작물 – 카사바

원유 가격이 올라가면서 '바이오 연료'라는 말이 등장했습니다. 생물자원(감자, 옥수수, 사탕수수 등)에서 에틸알코올(에탄올)을 생산하려는 '바이오 정유공장'(bio refinery plant) 사업은 실제로 유전 개발 못지않은 미래 산업으로 여겨지고 있습니다.

'주정'(酒精)이라는 것은 에틸알코올(에탄올)입니다. 에탄올은 옥수수, 사탕수수, 콩, 고구마 등을 발효시켜 주로 생산해왔습니다. 그러나 식량 작물을 주정 제조에 대량 사용하자 이들의 가격이 급등하게 되었습니다. 그 해결책으로 떠오른 것이 카사바라는 작물의 대량 재배였습니다.

한국인은 바나나, 파인애플, 망고 등의 열대 과일에 대해서는 알고 있지만, 카사바(학명 Manihot esculenta Crantz)라는 열대작물에 대해서는 아는 사람은 소수입니다. 오늘날 세계인의 주식으로 가장 많이 생산되는 작물은 첫 번째가 쌀이고, 그 다음으로 밀, 콩, 옥수수 순이며, 5번째가 카사바입니다.

카사바는 아마존 강 하구가 원산지이며, 수천 년 전에 그곳 원주민들이 재배해 왔습니다. 신대륙 발견 이후 카사바는 아프리카, 아시아의 열대와 아열대 나라로 퍼졌으며, 지금은 열대지역에 사는 약 10억 인구가 주식하게 되었습니다. 카사바는 지역에 따라 다른 이름으로 불리는데, 남미에서는 '유카'(yuca), '만디오카'(mandioca)라고 합니다. 카사바는 적갈색 연근(蓮根)처럼 생긴 뿌리를 먹는데, 속은 하얀 전분으로 가득합니다. 이 뿌리를 생으로 또는 열처리한 맛은 밤과 고구마를 혼합한 듯합니다.

다년생 관목인 카사바는 다른 작물들이 잘 자라지 못하는 척박한 땅에서도 생장하고, 가뭄에도 잘 견딥니다. 이 작물은 다년생이고, 6개월 이상 생장하면 먹을 수 있으며, 2년 정도는 계속 키우면서 필요할 때 수확하고 있습니다. 다 자란 카사바의 키는 2~2,5m이고, 뿌리는 직경

나이지리아의 한 마을 마당에서 긴 고구마처럼 생긴 카사바를 쌓아놓고 팔고 있습니다.

2.5~10㎝, 길이 20~35㎝ 정도입니다. 뿌리의 속살은 희고, 감자보다 단단하며, 전분 함량이 매우 많습니다. 뿌리를 갈아 전분만 뽑은 것을 '타피오카'라고 하는데, 타피오카는 무색무취합니다. 이 식물의 뿌리와 잎에는 쓴맛이 나는 유독한 청산염 성분이 포함되어 있어 쥐, 원숭이, 곤충 등이 침범하지 않습니다. 그렇지만 가공하고 조리하는 동안에 청

산염 성분의 대부분은 독성이 없어집니다.

인도, 인도네시아, 타이, 베트남 등의 동남아시아와 라틴아메리카 및 카리브 해 국가에서는 카사바의 전분을 종이와 섬유 생산 때 접착제로, 카사바 가루에서 추출한 글루타민산염은 조미료로 쓰기도 합니다. 카사바 뿌리는 무게의 30%가 전분이고, 1톤의 카사바로부터 최대 280리터의 에틸알코올을 생산할 수 있으며, 발효하고 남은 찌꺼기는 동물 사료로 이용합니다.

FAO의 2006년 통계에 의하면, 전 세계 카사바 생산량은 2억 2,600만 톤이었습니다. 그중의 54%는 아프리카에서, 28%는 아시아에서, 그리고 나머지가 라틴아메리카와 카리브 해 국가에서 재배되었습니다. 최대 생산국은 3,300만 톤 이상을 생산한 나이지리아였습니다. 카사바는 사하라사막 인근 지역에서 아프리카 전체 수확량의 64%가 생산되었습니다.

2008년 7월 25일에는 '폭등하는 곡물가격과 원유가격 두 가지를 가장 빨리 한꺼번에 해결할 수 있는 방법은 카사바뿐'이라고 인식하는 국제회의가 FAO 후원으로 벨기에의 겐트에서 개최되었습니다. 이 회의에 참가한 FAO 과학자들은 현재의 카사바 생산량은 최적 조건 재배시의 5분의 1에 불과하며, 어떤 작물보다 값싸고, 산업적으로 엄청난 가능성을 가지고 있다고 했습니다. 위기의 식량문제와 석유 문제를 해결할 대안으로 카사바의 생산 경쟁이 시작되는 것입니다.

벼, 밀, 보리, 콩, 옥수수, 감자 등은 모두 온대지방에서 주로 생산되는 주식작물입니다. 아마도 신은 열대지방 주민이 먹을 양식으로 카사바를 주었다고 생각됩니다. 토박하고 건조한 곳에서도 자라고, 저장을 위해 따로 신경 쓰지 않아도 되며, 줄기를 30㎝ 정도 길이로 잘라 삽목하면 잘 자랍니다. 지구 온난화가 심해졌을 때, 이 작물은 열대지방 인구만 아니라 지금보다 더워진 지역 사람도 주식하고, 또 연료로 쓰도록 예비해둔 것인지도 모릅니다.

: 만 가지 용도를 가진 대나무

인류의 조상은 아마도 석기시대 이전부터 돌과 함께 대나무를 이용했을 것입니다. 그들은 대나무로 움막을 짓고, 맹수의 침입을 막는 울타리를 만들었으며, 긴 대나무 창, 활과 화살로도 사용했습니다. 인류에게 가장 쓸모가 많았던 식물이었던 대나무는 지금에 와서 많은 부분에서 플라스틱이 대신하지만 변함없이 유용합니다. 아시아 사람들은 대나무로 집을 짓고 배를 만들며 바구니, 모자, 그릇, 낚싯대, 가축사(家畜舍), 창고 등 온갖 것을 제조합니다. 건축 공사장에서는 인부들이 오르내리

선조들은 대나무로 생활도구와 무기까지 모든 것을 만들었습니다. 단양의 대나무박물관에 전시된 우리 선조들이 만든 대나무 작품의 하나입니다.

는 발판도 쇠 파이프 대신 대나무를 엮어 사용합니다.

만일 원시 선조들에게 '대나무가 없었더라면' 하고 가정해보면, 대나무야 말로 창조주가 내려준 특별한 식물의 하나라는 확신을 갖게 합니다. 대나무는 남북극을 제외한 모든 대륙에 자랍니다. 약 1억 5,000만 년 전부터 지상에 살기 시작한 대나무는 종류가 1,000여 종이며, 우리 나라에는 약 15종이 자랍니다. 그들 중에 작은 종은 기껏 성장해도 키가 10㎝ 정도이고, 가장 큰 종류는 30m 키에 줄기 직경이 15~20㎝나 됩니다.

대나무는 나무라기보다 풀이라고 부르는 것이 옳습니다. 왜냐하면 대나무는 분류학적으로 벼나 옥수수, 강아지풀(초본식물)에 가깝기 때문입니다. 그러나 대나무라고 불리게 된 것은 초본식물이 갖지 못한 특징을 가졌기 때문일 것입니다. 대는 대단히 강하면서 구부림에 잘 견디는 탄력성을 가졌으며, 결이 바르고 잘게 잘 쪼개지기 때문에 가공하기 편리합니다.

대나무 줄기는 속이 비어 있고 중간에 마디가 여럿 있습니다. 만일 대의 중간에 이런 마디가 없고 속이 비지 않았다면 대는 그렇게 강할 수 없습니다. 대의 그러한 구조는 물리학적으로 강한 힘과 탄력을 갖게 합니다. 대나무의 마디는 강도를 높여주기도 하지만, 대와 대를 끈으로 연결할 때, 단단히 맬 수 있는 매듭이 되어 줍니다.

'우후죽순'이란 말이 있습니다. 이는 죽순이 일시에 땅 밑에서 올라와 대단히 빨리 자라는 데서 나온 것입니다. 참대의 경우, 24시간 동안에 60㎝나 자란 기록이 있습니다. 대나무가 이처럼 빨리 자랄 수 있는 것은 신비입니다. 죽순은 사람도 먹지만 팬더, 고릴라 등의 먹이가 되기도 합니다. 대나무는 죽순이 나오고 나서 6~8주일 만에 키와 굵기가 완전히 성장하고, 그 뒤에는 재질이 단단해지기만 합니다. 연령이 어린 대는 수분이 많고 조직이 부드럽기 때문에 베어 말리면 쪼그라들고 갈라져 재목이 안 되므로 5년 이상 자란 것을 사용합니다.

대나무를 번식시키려면 지하줄기를 파내 옮겨 심으면 됩니다. 대나무는 평소 꽃을 피우지 않기 때문에 씨를 얻을 수 없습니다. 그러나 어쩌다 꽃을 피우면 대나무 재배 농가에서는 걱정을 합니다. 왜냐하면 꽃을 피워 종자를 맺은 대나무는 죽어버리기 때문입니다. 대나무는 종류에 따라 65~120년을 주기로 꽃이 핍니다. 대나무가 왜 꽃이 피면 죽는지 그 이유는 아직 신비입니다. 어떤 이론에 의하면, 대나무가 꽃을 피워 대량의 종자를 뿌리고 나면 뿌리로만 증식할 때보다 훨씬 널리 대량 번식하는 기회가 된다고 말하기도 합니다.

: 인간의 의복이 된 작물 – 목화

동물 가운데 인간만 원시생활을 벗어나면서 옷을 입었습니다. 옷의 중요 원료는 면직, 명주, 아마, 가죽, 인조섬유 등입니다. 20세기 초까지만 해도 목화 농사는 쌀농사만큼 중요한 일이었습니다. 오늘날 세계인이 입는 옷의 절반은 면사(綿絲)로 짠 면직(綿織)입니다. 세계적으로 목화를 재배하는 나라는 약 80개국인데, 이 가운데 오늘날 최대 생산국은 중국, 미국, 인도 순입니다.

인류가 언제부터 목화를 키워 그 씨를 싸고 있는 흰색의 긴 천연섬유를 틀어내어, 그것을 가늘게 꼬아 실을 잣고, 그 실로 천을 짜서 옷을 만들게 되었는지는 확실치 않습니다. 다만 인도, 중앙아메리카 그리고 남아메리카의 원주민들이 수천 년 전부터 재배해왔다는 것만 짐작합니다. 인도에서는 기원전 1,800년경의 '모헨조다로' 유적지에서 면직 천이 발견되었습니다. 당시부터 서기 1,500년대까지 인도는 세계 최대의 목화산업 중심지였습니다.

목화는 종류가 많으며 지역에 따라 각기 다른 품종을 재배해 왔습니다. 목화가 인도에서 중국으로 전해진 것은 불교와 함께 기원전 600년경이었고, 유럽과 아메리카, 아프리카에는 그로부터 2,000년도 더 지난 서기 1,500년경이었습니다. 우리나라에 목화가 처음 전래된 것은 1363년(고려 공민왕 때)입니다. 당시 원나라에서 3년이나 유폐 생활을 하다 귀국하던 문익점 선생이 붓 대롱 속에 씨를 숨겨와 경남 산청에서 재배하기 시작했던 것입니다.

목화는 온대성 식물이어서 우리나라에선 남쪽지방에서 잘 자랐습니다. 솜이 전국에 보급되면서 이전까지 삼과 모시풀에서 뽑아낸 섬유나 누에의 명주실로 짠 옷을 입던 선조들은 무명천으로 모든 것을 대신하게 되었습니다. '백의민족'이란 말이 생겨나도록 흰옷을 입는 의복의 혁명이 일어난 것입니다. 목화는 인류에게 솜으로만 중요한 것이 아닙니다. 그 씨에서는 '면실유'라는 식용유를 짜냅니다. 또한 씨 자체가 고기나 우유를 대신할 정도의 영양가 높은 식품입니다.

유감스럽게도 목화씨에는 '고시폴'이라는 약간의 독성을 가진 물질이 들어 있어 그냥 먹을 수는 없습니다. 다행히 기름으로 짜면 이것이 파괴되어 버립니다. 만일 씨에 고시폴만 없다면, 목화씨는 가난한 나라에서 식량으로 이용할 수 있을 것입니다. 1993년에 텍사스의 한 농부가 25년간 꾸준히 교배해온 끝에 고시폴이 없으면서 섬유의 질도 뛰어난 종자를 개발했습니다.

목화는 인류 역사를 바꾸어놓기도 했습니다. 1771년 영국의 아크라이트가 물레방아로 면사를 짜는 편리한 방적기를 발명함으로써, 인도를 식민지로 둔 영국은 산업혁명 시대 이후 최대 면직공업국으로서 부국(富國)이 될 수 있었습니다. 1793년에는 목화씨에서 섬유를 발려내는 자동기계가 발명되었습니다.

미국은 광대한 목화농장을 만들어 전 세계에 목화를 공급하느라 흑인 노예를 부리게 되었습니다. 남북전쟁이 일어났던 1861년에는 노예 수가 250만 명에 이르렀다니, 노예해방 후 미국의 목화농업이 얼마나 큰 타격을 입었을지 짐작이 갑니다. 그러나 그것도 잠시였습니다. 사람을 대신하여 목화를 따내는 자동기계가 발명되자, 목화산업은 다시 활기를 되찾았습니다. 오늘날 미국의 목화밭을 누비는 수확기 한 대는 과거에 노예 500~1,000명이 하던 일을 해치웁니다.

면직 옷은 어떤 화학섬유보다 장점이 큽니다. 정전기가 발생치 않으며, 땀을 잘 흡수하고, 질기고 촉감이 부드럽습니다. 그러므로 인류는 아무리 화학섬유가 발달해도 신이 특별히 내려준 목화에 대한 사랑과 품종개발 노력을 멈출 수가 없습니다.

⁝ 선과 악의 식물 – 양귀비

지구에 사는 약 400,000종의 식물 중에는 죽음에 이른 사람을 살려내기도 하고 반대로 인간을 악과 죽음의 수렁으로 끌어들이기도 하는 꽃식물이 있습니다. 그것은 '아편'(모르핀)이라는 특별한 물질을 생산하는 양귀비입니다. 양귀비는 흰색 또는 붉은 색의 아름다운 꽃을 피웁니다. 그러나 그 모습이 곱다고 해서 아무나 재배할 수 없습니다. 왜냐하면 양귀비에서 추출한 물질이 마약이 되기 때문입니다.

이빨을 뽑은 직후 아픔을 참지 못할 때 의사는 코데인이라는 약을 주는데 그 약을 먹고 나면 통증은 사라집니다. 견딜 수 없을 정도로 심하게 기침이 날 때, 코데인 성분이 녹아 있는 물약을 먹으면 기침이 잠잠해집니다. 이러한 효험이 나타나는 것은 양귀비에서 추출한 모르핀이라는 물질이 코데인에 포함되어 있기 때문입니다. 모르핀은 마취 작용과 기침 진정 효과를 나타내는 물질의 화학명이고, 코데인은 모르핀을 주성분으로 한 치료용 약품의 이름입니다.

신장 결석이 되거나 췌장에 탈이 나거나, 심한 화상을 입거나, 큰 상처를 입으면 고통을 견딜 수 없습니다. 이럴 때 의사는 아픔을 일시적으로 잠재우는 진통제로 모르핀 주사를 적절히 사용합니다. 심장에 어떤 탈이 났을 때, 모르핀을 사용하면 즉시 혈관이 팽창하여 혈액이 잘 흐르게 됩니다. 전쟁터의 위생병은 약 상자에 모르핀 주사를 가지고 다닙니다. 부상병이 비명을 지를 때, 근육에 모르핀을 주사하여 일단 진정시킨 뒤 병원으로 후송하기 위해서입니다. 의학적 용도에서 본다면 모르핀은 인간을 고통에서 해방시켜주는 참으로 중요한 약품입니다.

그러나 모르핀은 무서운 약품으로 변하기도 합니다. 어떤 마약보다도 습관성이 크기 때문에 중독이 되면 다시 약을 공급받기 위해 어떤 범죄라도 저질러야 할 정도로 인간의 정신을 몰락시킵니다. 양귀비가 꽃을 피운 뒤 꽃잎이 떨어지고 나면, 씨가 맺히는 씨방(꼬투리)이 동그랗게 자라납니다. 초록색의 씨방 겉에 상처를 내면 그 자국에서 하얀 점액이 스며 나옵니다. 이 흰 액체 속에 모르핀 성분(질소가 포함된 알카로이드)이 대량 포함되어 있습니다.

인도는 세계의 의사들이 사용하는 모르핀의 대부분을 생산하는 최대의 합법적 생아편 생산국입니다. 인도에서 생아편을 대량 생산하는 이유는 다른 국가에 비해 재배 비용이 적게 들기 때문입니다. 인도의 아편 농장이나 건조장에서 일하는 사람들은 엄중한 감시를 받으며, 일이 끝나면 몸과 입은 옷까지 물로 말끔히 씻은 뒤 퇴근할 수 있다 합니다.

: 은행나무는 천혜의 그늘식물

거리와 마을 주변에는 은행나무가 무수히 자랍니다. 그중에는 나이가 수천 년인 것도 있습니다. 그러나 그 많은 은행나무 중에 씨가 떨어져 저절로 자라는 것은 한 포기도 보이지 않습니다. 설령 떨어져 싹이 나온다 해도 얼마 지나지 않아 잡초의 그늘에 가려 자라지 못하고 맙니다.

가을을 아름답게 장식하는 대표적인 가로수인 은행나무도 작물이나 가축처럼 인간이 보호해야만 하는 식물입니다. 은행나무가 왜 인간의 보호를 받아야만 생존할 수 있는 수목이 되었는지 정확히 알 수는 없습니다만, 전북대학의 소응영 명예교수는 〈은행나무의 과학 문화 신비〉라는 책에서 다음과 같이 추론합니다.

은행나무는 2억 7,000만 년 전에 고사리류와 더불어 지상에 처음 나타난 고대식물로서, 공룡시대에는 공룡의 먹이가 되면서 지구의 모든 대륙에서 무성하게 살아왔습니다. 은행나무는 긴 진화의 시간 속에서도 원형이 크게 변하지 않고 원시 모습 그대로 생존해온 '살아있는 화석 식물'입니다. 그러나 은행나무는 수만 년 전에 이르자 중국 대륙 남쪽에만 소수가 살아남고 모두 멸종해버렸습니다.

다행히 살아남은 은행나무 주변에 살던 석기시대의 조상들은 은행나무 숲에 들어가 사는 것이 어디보다 좋다는 것을 알았습니다. 은행나무의 거대한 숲은 그늘이 짙어 시원했고, 강풍과 강우와 강설을 막아주었으며, 그 잎에는 벌레조차 없었습니다. 큰 나무는 맹수의 공격을 피하는 데도 도움이 되었습니다. 우거진 가지 사이에는 많은 새들이 깃들었고, 짐승들도 살았으므로 사냥감도 많았습니다. 또한 가을에 떨어지는 은행나무 열매는 귀중한 식량이었습니다. 더군다나 은행나무 열매는 다른 새나 짐승이 먹지 않았습니다. 은행나무에서 떨어진 낙엽은 겨울을 지낼 때 연료가 되었습니다. 은행나무는 불이 나더라도 줄기가 열에 강하여 죽지 않고 새 잎을 내었습니다. 히로시마에 원자탄이 떨어졌을 때,

모든 수목이 죽었으나 은행나무만은 살아남아 유명한 관광 나무가 되었습니다.

그래서 수만 년 전부터 은행나무는 인간의 동반자가 되었습니다. 은행나무는 씨로도 잘 번식되고, 가지를 꺾어 땅에 꽂아놓아도 뿌리가 잘 내렸습니다. 약 3,500년 전부터 중국인 선조들은 은행나무를 마을에 심어 종교적으로 신성시하면서 특별히 보호했고, 그에 따라 불교와 함께 한반도와 일본까지 전래되었습니다. 오늘의 은행나무는 도시 공해에 가장 강한 가로수로 유명합니다.

은행나무는 특별한 특징들이 있습니다. 그 중의 하나는 지하로 길게 뻗어나간 뿌리 끝에서 새로운 싹이 지상으로 자라나오는 것입니다. 우리나라 은행나무 천연기념물 보호수 중에 이런 모습을 자랑하는 나무가 전주의 한옥마을과 금산 보석사 등 몇 곳에 있습니다. 은행나무는 마치 잡초가 사방으로 뻗어가며 자라듯이 뿌리가 넓게 퍼져나가 거대한 숲을 이룰 수 있는 것입니다.

고목들은 높이 자라면 벼락을 맞거나 하여 피해를 입습니다. 이런 현상은 은행나무도 마찬가지입니다. 또 고목들은 가지가 무거워지면 바람이나 눈의 무게에 견디지 못하고 부러지는 피해를 입습니다. 그런데 은행나무는 고목이 되어 가지가 옆으로 기울게 되었을 때, 그 가지로부

경기도 양주시 부곡리에 자라는 수령 500여 년의 은행나무 가지에서 유주가 여러 개 나와 땅을 향해 자라고 있습니다. 땅에까지 닿은 유주 끝에서는 뿌리가 내려 새로운 줄기가 됩니다.

터 수직으로 기둥처럼 생긴 굵은 가지가 아래로 자라나 버팀목이 되어 줍니다. 모든 나뭇가지는 위로 자라는데, 은행나무 고목에서만 하향(下向) 생장하는 가지를 볼 수 있습니다. 이런 하향 가지를 '유주'(幼柱) 또는 '나무 고드름'이라 하며, 학술명으로는 경근체(莖根體)라 합니다. 줄기이면서 뿌리 역할도 하기 때문에 붙여진 이름입니다.

이 유주가 지면에 닿도록 자라는 데는 상당한 햇수가 걸립니다. 그러나 유주가 지면까지 내려오면 그 끝에 뿌리가 생겨 땅속으로 파고들어가기 때문에 유주는 새로운 굵고 건강한 줄기 역할을 하게 됩니다. 크게 자란 유주는 새로운 줄기가 되는 동시에 부러질 위험에 있는 모수(母樹)를 받쳐주는 버팀목 구실도 합니다.

은행나무가 신의 특혜 수목이라 할 수 있는 중요한 이유가 또 있습니다. 그것은 중생대에 무성하던 많은 은행나무가 지하에 파묻혀 석탄이 되었기 때문입니다. 만일 당시에 은행나무가 무성하지 않았더라면 석탄의 양은 훨씬 적을 것입니다. 진화의 역사에서 은행나무 다음으로 나타난 식물이 소나무, 전나무, 세쿼이아 같은 키가 큰 나무들입니다. 아마도 은행나무는 수직으로 높이 자라는 이들 나무의 그늘에 가려 멸종하기 시작했을지 모릅니다.

약 반세기 전에 유럽의 한 제약회사는 은행나무 잎에서 혈액순환을 원활하게 해주는 '플라보노이드'라는 물질을 발견했습니다. 오늘날 은행잎 추출물은 세계에서 가장 많이 팔리는 혈액순환 보조 생약이 되었습니다. 은행잎은 왜 벌레가 먹지 않는지 아직 확실히 모릅니다. 은행나무는 인류에게 어떤 은혜를 더 줄 것인지 연구 대상입니다.

🪐 🪐 🪐

인간을 살리는 천혜의 동물들

신은 집짐승(가축)을 특별히 인간에게 선물했다고 생각합니다. 인류가 수만 년 전부터 길러온 동물(가축)은 여러 가지입니다만, 그 중에 대표적인 가축은 개, 돼지, 소, 물소, 양, 염소, 말, 고양이, 토끼, 당나귀, 낙타, 순록, 코끼리, 그리고 새 종류로 닭, 오리, 칠면조, 거위, 비둘기 등이 있습니다. 물고기 중에는 금붕어와 비단잉어가 있고, 곤충 중에는 꿀벌이 있습니다. 가축은 인간에게 고기와 젖, 알, 꿀 등을 제공하며, 농사를 하거나 짐과 사람을 운반하는 일꾼이 되기도 합니다. 특히 개는 사냥을 돕기도 하고, 맹수나 적의 침입으로부터 주인을 지켜주기도 합니다.

인간의 삶에 도움을 주는 동물은 많습니다. 그중에서도 인간과 함께 살아가는 가축이라는 동물을 선물로 받은 것에 대해 늘 감사해야 할 것입니다. 바다에서 잡아 올리는 물고기와 온갖 해산물도 가축과 다름없이 소중한 선물이고, 명주옷을 제공하는 누에나방, 농작물의 해충을 퇴치해주는 거미를 비롯한 여러 종류의 익충도 모두 은혜로운 동물입니다. 이런 감사할 동물들 가운데 몇 동물을 골라 되새겨봅니다.

⋮ 따뜻한 옷을 제공하는 누에

인류가 언제쯤부터 옷을 입었는지에 대한 추정은 학자에 따라 조금 차이가 있습니다만 5~10만 년 전이라 합니다. 인류가 처음 입었던 옷은 동물의 가죽, 나뭇잎, 깃털 등이었습니다. 옷은 추위를 막아주고 부상이라든가 독충으로부터 보호해 주었습니다. 고대의 사람들은 몰랐겠지만, 옷은 강한 자외선으로부터 보호해주기도 합니다. 어떤 인류학자는 인류는 여러 영장류 중에서 옷을 입었기 때문에 살아남았을 것이라는 말도 합니다.

신은 인류가 옷을 만들어 입도록 아마(亞麻), 목화, 삼 그리고 누에고치에서 뽑은 명주를 주었다고 생각됩니다. 고고학자들의 연구에 의하면, 아마는 약 38,000년 전 이집트와 중동지역에서, 목화는 약 7,000년 전부터 파키스탄과 멕시코에서 처음 재배했고, 명주는 약 5,500년 전에 중국에서 처음 이용했을 것이라고 합니다. 이들 천연의 섬유 중에 누에고치를 풀어서 만든 명주는 가볍고 촉감이 좋으며 보온성까지 뛰어나 지금도 고급 천입니다.

인류의 선조들이 고대로부터 이용해온 명주실은 거미줄과 비슷합니다. 누에나방의 애벌레는 뽕잎을 먹고 자라다가 번데기가 될 때가 되면, 가느다란 실을 내어 고치를 짓고 그 속에서 번데기가 됩니다. 고치 속의 애벌레는 거친 환경으로부터 보호받습니다. 사람들은 고치의 실을 풀어내어 여러 가닥으로 꼬아 질기고 보드라운 명주실을 만듭니다. 누에가 명주실(단백질 성분)을 만드는 화학적인 과정은 아직 완전히 알지 못합니다.

1개의 고치는 직경 약 0.01㎜의 실을 놀랍게도 300~900m나 감고 있으며, 1kg의 명주실을 얻으려면 약 6,000개의 고치가 필요합니다. 질 좋은 명주를 많이 생산하는 누에 품종이 끊임없이 연구되고 있습니다. 2004년에는 누에의 '유전자 지도'까지 밝혀졌습니다.

: 인간을 위한 꿀벌의 헌신

벚꽃이 만개했을 때 유심히 보면 꽃의 수만큼이나 많아 보이는 벌이 분주하게 이 꽃 저 꽃 날아드는 것을 발견합니다. 그들은 수꽃과 암꽃을 수정시켜 열매(버찌)가 맺도록 하는 동시에, 꿀샘에서 빨아올린 꿀은 그들의 양식인 동시에 인간에게 맛있고 영양가 많은 귀중한 식품을 제공

꿀벌은 인간과 함께 살면서 야채와 과일의 꽃을 수정시켜줍니다. 인간의 역사는 수백만 년인데, 수천만 년 전에 나온 꿀벌이 인간의 가축이 된 것은 자연선택에 의한 진화가 아니라 신의 뜻이라 믿어집니다.

합니다. 사람들은 꿀벌이 꽃피는 식물의 수정(授精)을 도맡아 한다는 것은 알지만, 벌과 인간의 관계가 얼마나 중요한지에 대해서는 별로 관심을 갖지 않습니다.

　어떤 식물이든 암꽃은 반드시 같은 종류의 꽃가루를 받아야 수정이 이루어져 열매를 맺습니다. 꿀벌은 이런 사실을 미리 알고 있는 것처럼 보입니다. 왜냐하면, 그들은 반드시 같은 종류의 꽃만 찾아다니며 꿀을 채취합니다. 꿀을 따던 꽃이 모두 지고 더 이상 수정해줄 수 없을 때에야 다른 종류의 꽃으로 찾아갑니다. 세상의 꽃들은 꿀벌의 이런 사정을 아는지, 초봄에 한꺼번에 피지 않고 계절에 따라 차례를 기다린 것처럼 개화하여 벌들이 찾아오도록 기다립니다.

세계에는 약 20,000종의 벌이 사는데, 대부분은 야생종이고 고대로부터 인간의 가축이 된 꿀벌은 세계에 6~11종 알려져 있습니다. 그들은 인간이 살지 않는 곳에서는 번성하지 않는 것으로 보입니다. 꿀벌을 가축이라고 하면 이상하게 들릴지 모르지만, 꿀벌은 다른 가축처럼 인위적으로 길러야만 생존하는 동물이므로 가축이라 해야 할 것입니다.

꿀벌은 과일과 채소의 꽃을 수정시켜 열매를 얻도록 해주는 너무나 귀중한 가축이기 때문에 그에 대한 연구가 많이 이루어져 있습니다. 꿀벌(일벌)이 자기 동료에게 꽃꿀이 있는 위치를 춤 동작으로 알려준다는 사실이라든가, 꿀벌이 자기 집을 틀림없이 찾아오는 신비 등에 대해서는 자주 소개되고 있습니다.

신은 꿀벌에게 열매가 열리도록 하는 막중한 임무를 맡기면서 그들에게 특별한 생존의 지혜를 주기도 했습니다. 그중 한 가지는 꿀벌의 집

구조에서 찾아볼 수 있습니다. 벌들이 지은 집은 모두 정육각형 건축물입니다. 벌은 그 작은 방에 꿀을 저장하기도 하지만 알을 키우는 육아실로도 사용합니다. 벌들이 사각형이나 원통형 집을 마다하고 육각형으로 짓는 이유가 놀랍습니다. 꿀벌의 정육각형 아파트는 최소의 건축 자재를 써서 최대의 공간을 얻는 건축물입니다. 또 6각형의 한 면은 이웃하는 면과 빈틈없이 연결되어 옆방과 공동 벽이 될 수 있고, 육각형 기둥은 역학적으로 아주 튼튼하답니다.

꿀벌은 육각형 집을 아무렇게나 축조하지 않습니다. 꿀벌집의 벽두께는 0.073㎜인데 그 오차는 2%에 불과합니다. 육각형의 직경은 5.5㎜로서 그 역시 오차 5%입니다. 또 꿀벌은 수평면에 대해서 13도 각도로 기울게 집을 건축합니다. 그들이 어떤 방법으로 이토록 정확하게 측량을 하는지 알지 못합니다.

꿀벌은 복부 마디 아래쪽에 있는 샘에서 분비한 물질을 입으로 씹으면서 침샘에서 나오는 액체를 섞어 종이 비슷한 밀랍을 만들어 집을 건축합니다. 밀랍은 새의 깃털처럼 가벼우면서 뛰어난 내수(耐水), 내열, 강도, 탄성을 가졌습니다. 시골 헛간 천장이나 처마 밑에 지어놓은 종이를 뭉쳐둔 것 같은 벌집은 야생벌의 건축물입니다. 이런 벌들은 썩은 나무나 풀잎의 섬유소를 씹어서 펄프로 만들고, 거기에 침을 섞어 비가 새지 않는 훌륭한 종이 벌집을 제조합니다. 야생벌에 속하는 쌍살벌을 영어로는 종이벌(paper wasp)이라 부릅니다. 그들은 이 특수 종이로 육각형 방을 차례로 증축하여 방마다 알을 낳습니다. 집을 짓는 동안 벌의 타액은 접착제 역할도 하고 제지용 화공약품 작용도 합니다.

진화학자들은 꿀벌이나 개미가 어떤 진화 과정을 거쳐 사회생활을 하는 곤충이 되었는지 연구해 왔지만 특별한 사실을 찾지 못합니다. 몇해 전부터 꿀벌 집단이 염려스러울 정도로 감소하는 세계적 현상이 보도되고 있습니다. 그 원인을 두고 꿀벌 사이에 퍼지는 미지의 전염병, 기후의 변화, 휴대전화의 전자기파 등 여러 설이 있었습니다만 어느 것도 확실하지 않습니다. 분명한 것은 꿀벌이 감소한다는 사실입니다. 아인슈타인은 꿀벌의 중요성에 대해 일찍이 이런 말을 했습니다. "만일 꿀벌이 사라진다면 인류는 4년 안에 멸망할 것이다."고 말입니다. 어쩌면 그 이전에 멸망할지도 모릅니다. 벌이 사라지면 인류만 아니라 씨와 열매를 식량으로 하는 많은 동물들까지 생존하지 못하는 재앙이 찾아올 것입니다.

해충을 제거하는 최고의 익충 - 거미

거미라고 하면 집안의 구석진 부분을 지저분하게 만드는 거미줄을 떠올리기 쉽습니다. 그러나 풀잎 사이에 얼기설기 쳐진 가냘픈 거미줄에 아침이슬이 보석처럼 매달려 반짝이는 것을 볼 때면, 연약한 거미줄에 그토록 많은 물방울이 달려도 끊어지지 않는 것이 신비합니다. 강이나 바다를 가로지르는 현수교(懸垂橋)는 강력한 강철 케이블에 매달려 있습니다. 금속 가운데 대표적으로 강한 것이 강철입니다. 물론 강철보다 더 질긴 첨단 소재가 나오고 있지만 경제적이지 못합니다.

거미가 벌레를 잡기 위해 쳐놓은 거미줄은 가벼우면서 그 장력(張力 : 잡아당겼을 때 끊어지지 않는 힘)이 강철보다 5배나 강합니다. 거미의 몸은 단백질을 재료로 하여 물에 녹지 않는 질긴 거미줄을 만들 수 있습니다. 그 줄은 나일론보다 잘 늘어나면서 쉽게 끊어지지 않습니다. 뿐만 아니라 거미줄에는 강력한 접착제까지 도포(塗布)되어 있습니다. 거미줄에 숨겨진 신비가 조금씩 밝혀지지만, 인공거미줄을 합성할 수 있을 정도로 창조의 신비를 알기까지는 시간이 얼마나 걸릴지 추측할 수 없습니다.

거미는 어디서나 볼 수 있기에 친밀함도 있습니다. 거미 종류는 아주 추운 곳을 빼고는 지구 위 어디에나 엄청난 수가 삽니다. 거미는 사람을 공격하지 않기 때문에 무서운 존재가 아닙니다. 북아메리카에 사는 검은과부거미는 맹독을 가지고 있어서 물리면 위험할 수 있습니다. 우리나라에는 독거미 종류가 없으므로 공포심을 가지기보다 오히려 더욱 잘 보호하고 연구해야 할 생명체입니다.

대부분의 거미는 그물로 먹이를 잡습니다. 거미가 만드는 거미줄의 모습은 종류에 따라 제각각입니다. 가장 흔히 볼 수 있는 거미줄은 바퀴살처럼 방사형으로 친 멋진 그물이지만, 깔때기 모양, 원통 모양, 공 모양, 얼기설기 엉성한 모양 등등 여러 가지를 볼 수 있습니다.

거미의 꽁무니에서 나오는 거미줄은 한 가닥처럼 보입니다. 그러나 확대경으로 보면 가느다란 거미줄이 수백 가닥 나와, 이들이 서로 꼬여 한 가닥으로 된다는 것을 알게 됩니다. 거미의 꽁무니에는 거미줄을 내는 여러 개의 돌기와 무수히 많은 토사관이 있습니다. 거미줄은 거미줄 샘이라는 기관에서 분비되는 '파이브로인'이라는 액체가 몸 밖으로 나오는 순간 굳어 끈끈한 실이 된 것입니다. 거미는 굵은 줄, 가는 줄, 끈끈한 줄, 전혀 끈기가 없는 줄 등 필요에 따라 성질이 다른 여러 가지 줄을 뽑아냅니다.

거미가 거미줄에 붙지 않는 것은 발과 몸에 기름 성분이 발라져 있기 때문입니다. 거미는 새끼라도 줄을 잘 뽑아냅니다. 집의 모양이나 뼈대도 어른 거미가 만든 것과 다르지 않고 단지 크기만 작을 뿐입니다. 거의 모든 거미는 이렇게 거미집을 치지만, 늑대거미라는 종류는 일생 집을 만들지 않고 삽니다. 이들은 먹이를 찾아 돌아다니다가, 먹이가 보이면 갑자기 달려들어 단숨에 잡아먹습니다. 어떤 종류는 꽃이나 나뭇잎에 숨어 있다가 다가온 먹이를 공격하기도 합니다.

거미는 덫에 걸린 먹이를 즉시 먹지 않습니다. 거미에게는 벌레를 죽일 수 있는 독을 가진 한 쌍의 이빨이 있어, 먹이가 걸려들면 독이빨로 물어 마비시킵니다. 거미는 이빨로 먹이를 씹을 수 없기 때문에 먹이 몸속에 소화액을 넣어 액체가 되도록 기다립니다. 거미가 포획물을 거미줄로 칭칭 감아두는 것은 소화액을 넣어 두고 나중에 먹으려는 겁니다.

거미는 농작물의 해충을 없애주는 1등 공신으로서 엄청난 대식가입니다. 대부분의 경우 거미줄에는 수없이 많은 벌레가 걸려들어, 혼자서는 도저히 다 먹을 수 없을 만큼 많은 양이 잡힙니다. 채소밭을 매보면 얼마나 많은 거미가 흙속에서 활동하는지 표현하기 어려울 정도입니다. 그들은 온갖 해충을 먹습니다. 유감스럽게도 농약을 많이 쓰는 오늘날에는 거미까지 희생을 당하기도 합니다.

거미의 선조는 약 3억 년 전에 탄생했으며, 현재 그 종류는 약 4만 종이랍니다. 우리나라에서는 약 600종이 조사되었으며, 지금도 수시로 신종이 발견됩니다. 거미가 해충을 잡아먹지 않는다면, 자연 상태에서 농사는 것의 불가능할 것입니다. 거미는 인간의 농사를 돕도록 창조된 절대적으로 중요한 익충입니다.

⁝ 사막의 반려동물 – 낙타

지구의 상당 부분은 사막입니다. 1년 동안에 비가 250㎜ 이하로 내리든가, 비가 내리는 양보다 증발량이 더 많은 곳이 사막입니다. 인류는 낙타 덕분에 사막에서도 수천 년 전부터 살아왔습니다. 사막에서 발견된 화석을 조사한 과학자들은, 기원전 2,000년경에 이미 낙타를 가축으로 키우고 있었다고 생각합니다. 낙타는 사막 주민에게 젖과 고기를 제공하고, 짐을 나르고. 사람을 태우고, 전쟁에 따라 나가기도 했습니다.

낙타는 물을 먹지 않고 오래 견디는 동물로 유명합니다. 낙타의 몸은 기온차가 크고 건조한 곳에서 살아갈 수 있도록 매우 흥미롭게 진화해 왔습니다. 인간의 체온은 항상 37℃ 근처에서 유지됩니다. 체온이 높아지면 땀을 흘려 체온을 유지합니다. 그런데 낙타는 환경에 따라 체온을 34~41℃ 사이에서 변할 수 있습니다. 기온이 높으면 체온을 올려 땀을 흘리지 않도록 하고, 기온이 떨어지면 체온을 내려 추위를 덜 느끼도록 합니다. 인간의 몸은 절대 불가능한 적응법입니다.

낙타는 서아시아와 중앙아시아 지역에 사는 혹이 2개인 쌍봉낙타('아시아 낙타'라 부름)와, 아라비아와 아프리카 지역에 사는 혹이 하나인 단봉낙타('아라비아 낙타') 두 종류가 있습니다. 낙타의 등에 최대 75㎝ 높이로 불룩 나온 혹 속에는 지방질이 저장되어 있으며, 이 지방질은 외부의 열을 차단하여, 낮에는 태양의 열기를 막아주고, 밤이면 체온이 쉽게 식어버리지 않도록 냉기를 막아줍니다. 낙타가 오래도록 물 없이 견딜 수 있는 큰 이유는 혹에 대량 저장된 지방질 덕분입니다. 지방질은 낙타의 활동에 필요한 에너지를 제공하는데, 신비롭게도 1g의 지방질이 분해되면 에너지와 함께 1g 이상의 수분이 생겨납니다. 낙타의 몸은 이 수분을 이용하면서 장기간 물 없이 버틸 수 있습니다.

낙타는 체중의 20~25%나 되는 양의 수분이 빠져나가도 견딥니다. 다른 포유동물이라면 수분이 체중의 3~4%만 없어져도 죽을 수 있습니다. 오래도록 목마르던 낙타는 오아시스에서 물을 만나면, 한꺼번에 100~150리터를 마실 수 있습니다. 낙타가 오래도록 물 없이 지내면 수분이 빠져나가 근육은 야위어지고, 혈관 속의 혈액은 진해집니다. 그러면 적혈구가 모세혈관 속으로 지나가기 어렵게 됩니다. 그런데 다른 동물의 적혈구는 도넛처럼 동그랗지만, 낙타의 적혈구는 긴 타원형이어서, 좁아진 혈관 속을 잘 빠져 다닙니다. 이런 낙타의 생존 지혜를 보면서 '적응에 의한 진화'라고만 주장할 수 없어집니다. 신은 사막에서도 인간이 살 수 있도록 낙타를 반려동물로 주었다는 믿음을 갖습니다.

아름다움의 자연법칙

대자연은 한마디로 아름답습니다. 경관은 말할 것도 없고, 온갖 식물이 피우는 꽃, 공작새의 영롱한 깃털, 딱정벌레나 나비의 날개, 소라와 전복 껍데기가 보여주는 환상적인 모양과 빛깔, 열대어들의 지느러미와 비늘에서 비치는 화려한 모습 등은 인간의 재능으로는 표현이 절대 불가능한 미의 극치라 할 것입니다.

그들은 자신의 색을 자유롭게 변화시키는 능력도 가졌습니다. 생물체가 드러내는 색체는 색소 물질로부터 나오기도 하지만, 깃털이나 비늘 표면의 영롱한 빛은 특별한 분자 구조 때문에 나타납니다. 비눗방울 위에 무지개색이 아롱거리는 것처럼, 분자 구조에 따라 빛이 굴절, 산란되면서 신비스런 색을 나타내는 것입니다. '나노과학'이라 부르는 연구 분야에서는 이런 색채의 원인을 분자(分子) 크기의 세계에서 연구하기도 합니다. 현미경으로 하등 동식물의 세계를 관찰해본 사람은 미시(微示)의 세계에도 놀랍도록 아름다운 세계가 있다는 것을 새롭게 발견합니다. 신은 가장 하등한 미물, 세포 하나까지 정성을 다해 아름답게 창조했습니다.

모든 사람이 꽃의 아름다움을 예찬합니다. 성서에서는 '솔로몬의 옷보다 아름다운'이란 말로 꽃의 아름다움에 대해 최상의 표현을 합니다. 꽃은 그 모습과 함께 매혹적인 향기까지 가졌습니다. 다양한 향수가 판매되고 있습니다만, 어떤 것도 풍난, 한란, 백합, 라일락, 재스민 등의 꽃에서 나는 향기를 따르지 못합니다. 또 꽃들의 향기는 종류마다 특징이 있어, 눈을 감고 냄새만 맡아보아도 어떤 꽃인지 알 수 있습니다. 꽃이 어떤 방법으로 그처럼 좋은 향을 만드는지, 그리고 누구를 위한 향기인지 생각해보게 합니다. 과일들은 그 열매가 숙성했을 때 향기가 납니다. 잘 익은 열매를 기다리는 새나 짐승들도 있습니다만, 인간만큼 과일의 맛과 향을 향유하는 존재는 없습니다. 인간을 사랑하는 신의 뜻은 아름다움만 아니라 향기에까지 미치고 있습니다.

뿐만 아니라 신은 온갖 동물들이 각기 독특한 아름다운 소리를 내도록 창조했습니다. 새들의 지저귐, 곤충들의 가을 노래 소리, 개구리의 합창은 대자연의 음악가들입니다. 동식물이 아름답게 진화된 이유에

03.6.18 수락산

그분은 찾지 않으면 계시지 않습니다 어디에도 보이지 않습니다. 아무 소리도 들려주지 않습니다 그러나 찾기만 하면 어디에나 그곳에 계십니다. 증거를 드러내십니다 속삭여주기도합니다.

대해 진화학자들은 여러 가설을 말합니다만, 아름다움과 거리가 있다고 생각되는 생명체들도 자주 봅니다. 곤충이 꽃을 찾는 이유는 아름다움 때문이 아니라 꿀이라는 먹이 때문일 것입니다. 예쁘지 않고 향기가 없는 꽃일지라도 꿀만 있으면 곤충은 찾아듭니다. 〈창세기〉에서 신은 창조 때마다 '손수 만드신 것을 보시니 참 좋았다'고 했습니다. 자연의 아름다움은 창조주의 모습이라는 생각도 듭니다.

그분은 찾지 않으면 계시지 않습니다. 어디에도 보이지 않습니다. 아무 소리도 들려주지 않습니다. 그러나 찾기만 하면 어디에나 그곳에 계십니다. 증거를 드러내십니다. 속삭여주기도 합니다.

제4장

원소와 물질의 물성 법칙

신은 우주의 물질을 창조하면서 기본 재료로 양성자, 중성자, 전자라는 몇 가지 입자(다른 종류의 입자도 알려져 있음)를 사용하여 100여 종의 원소를 만들었습니다. 수소, 산소, 철, 금, 우라늄과 같은 원소들은 각기 정해진 수의 양성자, 중성자, 전자로 이루어졌으며, 저마다 서로 독특한 성질을 가졌습니다. 또한 신은 100여 종의 원소만으로 성질이 다른 수백만 가지 화합물을 만들도록 했습니다.

지구 표면은 어디를 가더라도 흙, 모래, 바위로 덮여 있습니다. 그러므로 지구상에는 이들의 주성분인 규소가 제일 많을 것처럼 생각됩니다. 그러나 규소보다 더 많은 원소가 있으니 그것은 산소입니다. 공기 중에는 산소의 양이 전체의 5분의 1에 불과하지만, 산소는 온갖 다른 물질과 화합한 상태로 존재합니다. 예를 들어 물은 수소와 산소의 화합물입니다.

지구를 구성하는 물질 전체의 양을 100이라고 하면 산소가 47%, 규소 28%, 알루미늄 8%, 철이 4.5%이며, 그 외에 칼슘(3%), 마그네슘(2.5%), 나트륨(2.5%), 칼륨(2.5%), 티타늄(0.4%), 수소(0.2%), 탄소(0.2%), 인(0.1%), 유황(0.1%) 등이 차지합니다. 이들 외에 니켈, 구리, 납, 아연, 주석, 은 등이 있는데, 이들은 모두 합해도 0.02%에 불과합니다.

지구에 창조된 원소 대부분은 인간에게만 필요해 보입니다. 인간 외의 동물, 식물, 미생물들의 필수 원소는 수소, 산소, 탄소, 질소, 황, 인, 칼슘, 칼륨, 마그네슘, 나트륨, 염소, 규소, 망간, 요드, 코발트, 구리 등 20여 가지에 불과합니다. 천연의 화합물도 대부분 인간이 이용하는데, 지난 1세기 동안 사람들은 자연계의 화합물 종류보다 더 많은 인공화합물을 만들었습니다. 이 장에서는 인간과 연관성이 큰 원소만 일부 골라 그 원소의 성질과 인간과의 중요한 관계를 소개합니다. 각 원소와 물질이 가진 물성(物性)과 인간관계는 저마다 자연법칙이라 할 것입니다.

인간을 돕는 중요 원소들의 물성

   – 과학자들은 현재까지 알려진 각 원소에 1번(수소)부터 118번(우눈옥튬)까지 고유의 '원소번호'를 붙였습니다. 원소번호는 그 원소의 핵을 구성하는 양성자의 수와 일치합니다. 신은 원자 핵이 가진 양성자 수가 1개씩 많아짐에 따라 그 성질이 전혀 다른 원소가 되도록 했습니다. 다음에 소개하는 원소 앞에 나타낸 숫자는 그 원소의 고유 원자번호(양성자의 수)입니다.

1 – 수소(水素)

   우주는 '수소의 세계'라고 할 수 있을 정도로, 우주 물질 전체의 75%가 수소입니다. 태양을 비롯한 수많은 별들이 빛날 수 있는 것은 거대한 수소 덩어리 속에서 수소 원자의 핵융합반응이 일어나고 있기 때문입니다. 수소는 원자 구조가 가장 간단합니다. 수소의 핵에는 1개의 양성자만 있고, 그 주변에도 단 1개의 전자가 있습니다. 수소는 우주가 처음 탄생했을 때 가장 먼저 생겨난 원소입니다.

수소는 우주 물질의 대부분을 차지하지만, 지구 대기권에는 지극히 적은 양이 존재합니다. 공기 1억 리터 속에 수소는 겨우 5리터뿐입니다. 대기 중에 수소의 양이 적은 이유는, 너무 가벼운 기체이므로 지구가 탄생할 때 중력으로부터 탈출하여 우주로 날아가 버렸기 때문이라 생각되고 있습니다. 그런데, 대기 중에는 수소가 극히 조금 뿐이지만, 수소는 산소와 결합하여 온 바다와 호수를 채우고 있는 물의 성분으로 엄청난 양(지구 전체 물질의 약 3%) 존재합니다. 그러므로 수소가 필요할 때 물을 전기분해하면 얼마든지 생산할 수 있습니다.

수소는 냄새, 맛, 색이 전혀 없습니다. 그러면서 지극히 잘 불타는 기체입니다. 수소를 공기 중에서 태우면 산소와 맹렬히 결합하여 물이 되면서 막대한 열을 방출합니다. 수소는 공기보다 훨씬 가벼운 기체이므로, 수소를 채운 풍선은 곧장 공중으로 떠오릅니다. 그래서 한때 사람이 타는 비행선에 불어넣기도 했으나, 1937년에 독일의 비행선 힌덴부르크 호가 폭발하는 사고가 난 후부터 사용하지 않게 되었습니다. 지금의 비행선에는 수소보다는 무겁지만 불타지 않는 헬륨 가스를 넣습니다.

수소는 물(H_2O)의 성분이기도 하지만, 모든 유기물(생명체를 구성하는 물질)의 중요 구성 성분입니다. 유기물이란 모두 수소, 산소, 탄소가 결합한 전분, 단백질, 지방질과 같은 물질을 말합니다. 그러므로 고대의 유기물이 변화된 석유, 천연가스, 석탄에도 수소가 중요 성분으로 대량 포함되어 있습니다. 수소의 중요한 용도 몇 가지를 알고 보면, 신에게 감사하는 마음이 저절로 생겨납니다.

1. 요소(尿素)비료(NH_3 질소비료)를 생산할 때는 수소를 대량 사용합니다. 식품 공장에서는 액체상태의 식물성 기름에 수소를 작용시켜 단단한 마가린으로 만듭니다.

2. 수소는 우주선을 날려 보내는 로켓의 주된 연료로 사용합니다. 즉 수소(H_2)와 산소(O_2)를 혼합하여 태우면 물(H_2O)과 고열(에너지)이 생겨나는데, 이때 발생한 막대한 열에너지가 물을 기체 상태로 팽창시켜 분사되게 하므로 그 반작용으로 로켓이 추진되는 것입니다.

3. 수소에는 일반 수소 외에 2가지 동위원소 즉 '중수소'(deuterium)라는 것과 삼중수소(tritium)가 있습니다. 이들은 수소폭탄의 원료가 되고, 앞으로는 인류의 에너지 걱정을 영구히 없애줄 '핵융합원자로'의 연료가 됩니다. 수소폭탄은 중수소와 삼중수소의 핵을 융합시켜 한 순간에 막대한 에너지가 나오도록 만든 가장 강력한 무기입니다. 그

런데 핵융합반응은 현재의 기술로는 반응속도를 조절하지 못합니다. 그러나 속도조절 방법을 개발한다면 인류는 에너지 걱정을 영원히 하지 않아도 됩니다.

화석연료를 사용하지 않으면 이산화탄소 배출과 공해 가스 발생을 염려하지 않아도 됩니다. 그래서 우리나라를 포함한 몇 나라는 반응속도를 조절할 수 있는 핵융합원자로('꿈의 원자로'라 불림) 개발에 큰 힘을 기울이고 있습니다. 과학자의 계산에 따르면, 지구상의 물에 포함된 중수소를 전부 핵융합 연료로 사용한다면, 태평양에 담긴 물 500배에 달하는 양의 석유 에너지와 같을 것이라고 합니다. 인류가 거의 영구히 사용할 수 있는 에너지 자원입니다.

: 2 – 헬륨 :

원소 주기율표에서 두 번째 원소(원자번호 2번)인 헬륨은 '희유가스'(noble gas)라 불리는 기체에 속합니다. 희유가스라 하는 몇 종류의 기체는 다른 물질과 화학결합을 거의 하지 않습니다. 우주에는 수소 다음으로 헬륨이 많아 우주 전체 물질의 약 25%를 차지합니다. 그러므로 수소(약 75%)와 헬륨의 양을 합치면 전체의 99.9%를 점유하게 됩니다. 그런 헬륨이지만, 지구의 대기 중에 존재하는 양은 극히 적습니다.

수소가 핵융합반응을 하면 헬륨이 생겨나면서 에너지가 나옵니다. 태양에서는 핵융합반응이 한꺼번에 일어나지 않고 천천히 진행됩니다. 과학자들은 태양에서 진행되는 핵융합반응은 앞으로 50억년 이상 계속될 것으로 추정합니다. 태양의 나이가 이미 50억년 정도이니, 100억년의 수명을 가진 태양 최후의 날은 먼 훗날입니다.

헬륨은 몇 가지 산업에서 중요하게 쓰입니다. 헬륨은 대부분 천연가스 속에 소량 포함된 것을 추출하여 이용합니다. 천연가스에는 메탄 외에 헬륨이 약 0.3% 포함되어 있어 이를 분리하여 씁니다. 헬륨은 밀도가 낮고 가벼우며 불타지 않기 때문에 애드벌룬과 비행선 속에 수소 대신 넣습니다. 헬륨을 채운 기상관측 기구는 고층의 기상상태를 조사하는 중요한 도구입니다.

수심 20~30m 이하의 깊은 곳까지 내려가 작업하는 잠수부는 반드시 산소와 헬륨을 혼합한 산소탱크를 휴대하고 수중에서 호흡합니다. 그 이유는 헬륨은 질소와 달리 혈액에 녹지 않으므로 위험한 잠수병을 일으키지 않기 때문입니다.

만일 깊은 곳에서 일반 공기를 호흡하면, 공기의 78%를 차지한 질소가 혈액 속에 많이 녹아버립니다. 이런 상태에서 잠수부가 급하게 수면으로 떠오르면, 혈액에 녹아 있던 질소가 작은 공기방울(기포 氣泡)이 되어 뇌의 모세혈관을 막게 됩니다. 이것이 치명적인 잠수병입니다. 질소의 기포가 발생하는 것은 탄산수 병을 여는 순간 기압이 낮아짐에 따라 거품(이산화탄소)이 끓어오르는 것과 같습니다.

헬륨과 네온을 혼합한 가스로 레이저를 만들 수 있습니다. 슈퍼마켓의 계산대에서 상품의 바코드를 읽는 레이저는 바로 '헬륨-네온 레이저'입니다. 오늘날 헬륨은 극저온(極低溫) 기술 분야에서 매우 중요한 물질로 이용됩니다. 헬륨을 액화(液化)시키면 $-270℃$에 가까운 온도가 됩니다. 이런 낮은 온도에서는 전선 속의 전류가 저항 없이 흐르는 초전도현상이 나타납니다(제2장 참조).

천문학자들은 여러 가지 천체관측 장비를 액체헬륨으로 냉각시켜 사용합니다. 초저온으로 냉각된 장비들은 열(熱)에 의해 발생하는 관측 오차를 없애주어 훨씬 정밀한 결과를 얻을 수 있기 때문입니다.

: 3 - 리튬 :

리튬은 원소주기율표에서 수소, 헬륨 다음번 원소입니다. 리튬은 과거에는 별로 알려지지 않았으나 최근에 중요한 용도가 알려져 신물질로서 귀한 대접을 받게 되었습니다. 리튬은 금속 중에 가장 가벼운 물질인데다, 화학반응을 잘 일으킵니다. 예를 들어 리튬을 물에 넣으면 물을 구성하는 산소와 결합하여 산화리튬(Li_2O)으로 변합니다.

리튬은 금속이지만 물 위에 뜰 정도로 가볍기도 하고, 날카로운 쇠칼로 자를 수 있을 정도로 무릅니다. 2010년 8월에는 유명한 리튬 산출국인 볼리비아 정부와 우리나라가 리튬 채굴 협정을 맺었습니다. 볼리비아 서부 '우유니 호수'는 이스라엘의 사해(死海)보다 농도가 진한 소금호수인데, 이곳 소금물에 세계 리튬 존재 양의 절반 정도가 염화리튬(LiCl) 상태로 녹아 있습니다.

리튬전지(lithium battery)는 현대인의 생활에 필수적인 전지입니다. 이 전지는 카메라, 심장박동기, 계산기 등에 이용됩니다. 리튬과 알루미늄을 결합시킨 합금은 매우 가볍고도 단단하여 비행기와 선박 건조에 이용됩니다. 리튬과 지방질을 결합한 화합물은 자동차나 기계의 반고형(半固形) 윤활유(그리스)로 쓰입니다. 물질 중에서 열을 가장 잘 저장하는 성질을 가진 것은 물입니다. 그런데 리튬은 물보다 2배나 더 열을 잘 저장합니다. 앞으로 리튬은 핵융합원자로의 연료로도 이용되고, 원자로에서 생성되는 열을 저장하는 물질로도 중요할 것입니다.

6 - 탄소(炭素)

탄소는 지구에 0.09%뿐이지만 탄산가스(이산화탄소)의 성분이 되고,

모든 생명체의 몸을 구성하는 기본 원소가 되었습니다. 즉 식물이나 동물체를 이루는 탄수화물, 지방, 단백질, 호르몬, 효소, 섬유소 등의 주성분이 모두 탄소입니다. 놀랍게도 인체는 32%가 탄소입니다. 뿐만 아니라 고대의 생명체가 지하에 묻혀 생겨난 석탄, 석유, 메탄가스, 천연가스 등도 역시 탄소가 주성분입니다. 생명체(유기체)를 구성하는 탄소화합물(유기물)의 종류는 약 1,000만 가지일 것이라 합니다.

탄소가 유기물을 구성하는 중심 원소가 된 것은 수소, 산소 등 다른 원소와 잘 결합하는 원자 구조를 가졌기 때문입니다. DNA 또는 핵산(核酸)이라 불리는 유기물 역시 탄소가 가득합니다. 핵산은 식물이나 동물 세포의 핵에 들어 있으며, 그 생명체의 유전 정보를 전부 닮아 생명체의 기능이 후대에 전해지게 하는 놀라운 분자입니다.

탄소는 자연계에 여러 가지 형태로 존재합니다. 세상에서 가장 단단한 물질인 다이아몬드가 탄소이고, 흑연도 탄소이며, 석탄이나 숯 역시 탄소입니다. 흑연과 다이아몬드가 같은 원소라고 하면 믿어지지 않습니다. 그러나 흑연을 고온과 고압으로 처리하면 다이아몬드로 변합니다. 인공 합성한 다이아몬드는 크기가 작아 보석으로 이용하지는 못하지만, 단단하기 때문에 산업에서 연마재(研磨材)로 중요하게 취급합니다.

신은 탄소로 인간과 모든 생명체를 만들기만 한 것이 아니라, 탄소가 주성분인 화석연료를 지하와 해저에 대규모로 묻어두기도 했습니다. 석탄, 원유, 천연가스, 최근 해저 지층에서 발견되는 혈암(頁岩)에 대량 포함된 메탄하이드레이트(methane hydrate) 등은 모두 수억 년 전에 살던 생명체가 지하에 묻혀 변형된 것입니다. 예를 들어 무연탄은 약 2억 5000만 년 전에 형성된 석탄의 일종이며, 성분은 80% 정도가 탄소입니다. 철강 제련에 대량 사용하는 코크스(석탄을 건류하여 만듦)는 장작불보다 훨씬 뜨거운 온도를 내므로 이는 철강이나 기타 금속을 재련하는 용광로에 사용합니다. 석유와 같은 화석연료는 에너지 자원으로만 중요한 것이 아니라, 각종 플라스틱과 화공약품 및 의약품의 원료입니다.

과학자들은 방사성을 가진 탄소(탄소-14, 일반 탄소의 원자보다 핵에 중성자가 2개 더 들었음)를 이용하여 오래된 유물들의 나이를 조사하는데 잘 이용합니다. 방사성탄소(반감기는 5,370년)는 자연적으로도 생겨나 대기 중에 섞여 있습니다. 방사성탄소의 생성 원인은 간단해보입니다. 대기 상층부에 있는 질소(핵에 양성자가 7개 있음)가 우주로부터 오는 방사선(중성자)과 충돌하면 방사성탄소로 변합니다. 방사성 탄소는 지상 15㎞ 높이의 대기 상층에서 주로 생겨나며, 이들은 차츰 아래로 내려와 섞입니다. 과학자들은 화석이나 유물에 포함된 방사성 탄소의 양을 비교 측정함으로써 그것의 연대를 짐작할 수 있습니다. 그런데 약 60,000

년 이상 지난 것은 방사성 탄소 측정법으로 연대 추정이 어렵습니다.

⋮ 이산화탄소의 은혜

장작이 불타는 것은 장작의 탄소 성분이 타서(산소와 화합하여) 열을 내는 것입니다. 인간이 화석연료를 너무 소비한 결과 공기 중에 이산화탄소(CO_2)의 양이 많아졌고, 그 연기 속에 포함된 황 때문에 대기 환경이 나빠집니다. 지구온난화현상의 주범으로 지목되는 이산화탄소는 동물들의 호흡 때만 아니라, 죽은 생명체가 부패할 때도 생겨납니다.

식물이 광합성을 할 때 이 기체를 흡수하고 산소를 내놓았기 때문에 대기 속의 이산화탄소 양은 항상 일정했습니다. 그러나 산업 발달로 화석연료 사용량이 증가하면서 그 균형이 깨지기 시작했습니다. 이산화탄소가 지구온난화 주범으로 몰리기는 하지만, 이 기체는 너무나 감사한 물질입니다.

1. 식물은 이산화탄소가 있기 때문에 광합성을 하여 모든 영양소의 기본이 되는 탄수화물을 만들 수 있습니다. 소(초식동물)는 일생 풀만 먹고 살지만 그 몸은 단백질과 지방질도 만들고 있습니다. 이들은 탄수화물이 기초 원료가 되어 만들어지는 것입니다.

2. 이산화탄소는 대기 중에 포함된 양이 겨우 0.03%(지금은 0.039%)

이지만, 공기보다 1.5배 정도 무거우므로, 환기가 되지 않는 공간에서는 이산화탄소가 바닥에 고입니다. 그래서 밀폐된 지하 창고나 하수관에서 일하던 사람이 이산화탄소에 중독되는 사고가 발생합니다. 한편 무거우면서 불에 타지 않는 성질 때문에 불을 끄는데 이용합니다. 가정이나 사무실에 상비해두는 소형 소화전(消火栓)은 화학반응으로 이산화탄소가 대량 나오도록 만든 것입니다. 그뿐이 아닙니다. 이산화탄소는 무거운 성질 때문에 식물이 광합성을 할 때 쉽게 이용하도록 지표면 가까이 내려와 있을 수 있습니다.

3. 이산화탄소는 물에 잘 녹는 기체입니다. 물에 녹은 이산화탄소는 물속의 칼슘과 화합하여 탄산칼슘으로 변합니다. 해양동물(산호, 해면, 조개, 소라, 굴, 새우 등)들은 해수 속의 탄산칼슘을 이용하여 그들의 몸을 의지하고 보호하는 골격과 껍데기를 만듭니다. 그 결과 이산화탄소가 배출되어도 대기 중에는 일정 농도만 남아 있을 수 있었습니다.

4. 이산화탄소의 온도를 −78℃까지 내리면 얼음 같은 '드라이아이스'가 됩니다. 생선을 일반 얼음으로 냉동시켜 운반한다면 녹아서 많은 양의 물이 고입니다. 그러나 드라이아이스로 냉동시키면 기체로 승화(昇華)하기 때문에 상품이 젖지도 않고 청소할 물도 남지 않습니다. 드라이아이스는 생각 같아서는 폭발하듯이 기체로 변할 것 같지만, 열에너

지를 흡수하는데 시간이 걸리므로 천천히 기화하면서 주변 온도를 내려줍니다. 드라이아이스는 인공적으로 만들어야 하지만, 목성이나 토성과 같은 추운 천체에는 드라이아이스가 천연으로 존재합니다. 드라이아이스는 인간에게만 필요한 물질입니다.

7 - 질소(窒素) :

질소는 산소 양의 약 4배를 차지하는 기체이며 색, 맛, 냄새가 전혀 없고, 화학적 활성이 비교적 적습니다. 인체는 호흡할 때 질소를 대량 들여 마시지만 어떤 화학적 영향을 받지 않으므로 질소의 존재를 느끼지 않습니다. 질소는 화학 활성이 약하지만, 질소가 포함된 화합물은 수만 종류입니다. 그 중에는 매우 불안정한 폭발물(예 : TNT)을 비롯하여 독극물도 있지만, 질소비료와 같은 중요한 화합물도 있습니다.

질소는 역할이 많은 원소의 하나로서 단백질, DNA, RNA의 성분이 되어 인체 무게의 약 3%를 차지합니다. 세계적으로 해마다 약 3,000만 톤의 질소를 '액체 상태의 질소'로 만들어 암모니아, 질산, 화약 등을 만드는 원료로 사용하고, 산업에서 냉동제로도 이용합니다. 액체질소는 기체 질소를 - 195.8℃도까지 온도를 내려 만듭니다. 온도를 더 내려 - 210℃ 이하가 되면 고체 질소가 됩니다. 소나 가축을 인공 수정시킬 때는 정자를 액체질소 안에 보존했다가 필요할 때 해동시켜 사용합니다. 신비하게도 정자는 이처럼 낮은 온도에서 장기간 죽지 않고 보존됩니다.

질소 가스는 산소와의 접촉을 방지해야 할 전자제품이라든가 포도주, 과일 등을 장기 보존할 때도 이용합니다. 예를 들어 질소를 채운 냉장고에 사과를 두면 30개월이나 보존이 가능합니다. 또 원유를 지하에서 퍼 올릴 때, 시추공 속으로 고압의 질소 가스를 밀어 넣으면, 그 압력에 밀려 원유가 쉽게 지상으로 뿜어 나오게 됩니다.

신은 지상의 식물에게 필요한 영양소를 단순한 방법으로 공급합니다. 식물생장에 필요한 3대 비료는 질소, 인, 칼륨입니다. 이 중에 인과 칼륨은 토양 속에 적당량 녹아 있습니다만, 질소는 공기 중에 있으므로 식물의 뿌리가 직접 흡수하기 곤란합니다. 신은 번개가 칠 때 공기 중의 질소가 산화질소로 변해 땅으로 들어가게 합니다. 식물의 뿌리는 빗물에 녹은 산화질소를 비료로 흡수합니다. 그리하여 질소는 공중에서 땅으로, 땅에서 다시 공중으로 되돌아가는 순환을 끊임없이 합니다.

콩과식물의 뿌리에 사는 뿌리혹박테리아와 남조류(남조균)라는 하등식물은 공기 중의 질소를 그대로 흡수하여 영양분을 만드는 능력(질소고정 능력)이 있습니다(제3장 참고). 이들 미생물은 효소를 내어 질소를 암모니아로 바꾸는데, 그 과정은 아직 확실하게 밝혀지지 않았습니다. 작은 미생물이 하는 화학반응 과정을 밝혀낸다면, 인류는 전력도 소비하지 않고 기계소리도 들리지 않는 질소비료공장을 세울 수 있을 것입니다.

대량 이용하는 질소 화합물에 '질산'이 있습니다. 질산은 화약(다이너마이트), 플라스틱, 합성섬유의 원료로 쓰입니다. 자동차의 에어백에는 '아지트화나트륨'(NaN_3)이라는 질소화합물이 담겨 있습니다. 이 화합물은 충격을 받으면 순식간에 엄청난 양의 질소 가스를 방출하여 플라스틱 주머니를 팽창시킵니다.

⋮ 8 – 산소(酸素) ⋮

공기의 5분의 1(20.8%)은 산소입니다. 산소는 수소와 헬륨 다음 순으로 우주 전체에 많이 존재하며, 지구상에서는 공기만 아니라 수많은 물질과 결합하여 산화물 상태로 존재합니다. 때문에 지각을 구성하는 물질의 49.2%가 산소입니다. 산소화합물의 종류는 헤아릴 수 없이 많습니다. 이산화탄소, 이산화질소, 이산화규소, 산화칼슘, 산화알루미늄, 산화마그네슘 등이 있으며, 산화철(적철광)은 산소와 결합한 철광석입니다. 또한 산소는 수소와 결합하여 지상에 가장 풍부한 물을 만들고 있습니다.

　산소는 수소, 탄소, 질소와 함께 생명체의 탄수화물, 지방, 단백질 등을 구성하는 필수 물질입니다. 나무나 석유가 불타는 것은 탄소가 산소와 맹렬하게 결합하는 결과입니다. 지상의 생명체들은 무색무취한 산소를 대량 소모합니다. 석탄이나 나무가 탈 때도 산소가 소비됩니다. 반면에 식물은 동물이 소비한 산소를 끊임없이 재공급합니다. 그 결과 공기 중의 산소 양은 일정합니다. 산소는 탄소, 질소, 물과 마찬가지로 자연계에서 끊임없이 순환되는 물질입니다.

　생명체의 체내에서 일어나는 생리적 과정에는 산소가 꼭 필요합니다. 인체의 에너지는 영양물질이 산소와 반응하기 때문에 생겨납니다. 이때 소요되는 산소는 적혈구 속의 '헤모글로빈'이라는 단백질 분자가 운반해줍니다. 헤모글로빈은 아미노산이 574개나 결합된 거대한 분자입니다. 혈액의 붉은색은 산소와 결합한 헤모글로빈의 색이며, 산소를 방출하고 난 헤모글로빈은 검푸르게 변합니다.

　대부분의 산소는 원자 2개가 결합한 분자(O_2) 상태로 존재하지만, 극히 일부 산소는 3개의 원자가 결합한 오존(O_3으로 표시) 상태로 있습니다. 오존은 약간 푸른빛을 띠며 불쾌한 냄새가 조금 납니다. 산소 속에서 전기방전을 일으키면 오존이 잘 생겨납니다. 그 때문에 고압 전류로 움직이는 지하철이나 기차의 전동 모터, 번개가 칠 때 오존이 발생합니다.

오존은 화학작용이 강하여 고무라든가 섬유를 부식시키며, 공기 중에 많이 포함되어 있으면 폐에 해를 끼칩니다. 그러므로 도시에서는 대기 중의 오존 농도를 측정하여 위험을 경고합니다. 예를 들어 일정한 곳의 오존 농도가 100만 분의 120 이상이라면 '대기 오염 위험 장소'로 지적됩니다. 대도시의 오존은 자동차 배기가스에서 많이 생겨납니다.

공기 중에 이런 오존이 존재하도록 한 것은 신의 뜻이라 생각됩니다. 오존 농도가 높으면 인체에 나쁘지만, 대기 상층부에 오존이 없으면 오히려 큰 위험을 초래합니다. 왜냐 하면 고공의 오존은 태양으로부터 오는 강력한 자외선을 흡수하기 때문입니다. 너무 강한 자외선은 지상 생물들의 조직을 파괴시킵니다. 그래서 살균 방법으로 오존을 이용하기도 합니다.

9 - 플루오린(불소) :

플루오린(플루오르, 불소)이라는 원소는 충치 예방을 위해 치약에 배합하는 원소로 일반에게 알려져 있습니다. 이 원소의 여러 용도 중에 부엌 생활과 연관된 것이 있습니다. 고급 프라이팬이나 주방 냄비는 음식을 요리할 때 바닥에 음식이 눌어붙지 않습니다. 그것은 테플론(teflon)이라는 물질을 발라두었기 때문인데, 테플론은 플루오린과 탄소를 화합하여 만든 물질입니다. 이 테플론은 이물질이 붙지 않도록 화학공장의 반응로(反應爐)라든가 배관(配管) 내부에도 바르고, 인공심장 판막을 만드는 재료로 쓰기도 합니다.

수도관이나 가스관을 서로 연결할 때 '테플론테이프'라는 접착테이프를 사용하는데, 관을 연결하는 부분에 테이프를 감고 나사 홈을 돌려 끼우면, 나사가 잘 미끄러져 들어갈 뿐 아니라 단단히 밀봉이 됩니다. '테플론'이란 말은 이를 처음 개발한 미국 듀퐁사가 정한 상품명입니다.

플루오린 화합물 중에는 냉장고나 에어컨 같은 냉동장치의 냉매(冷媒)로 대량 사용해온 '프레온가스'(CF_2H_2)가 있습니다. 프레온가스는 $-128℃$도에서 액체로 되는 기체입니다. 과거에는 이 가스를 냉동장치에서 온도를 내리는 냉매로 수십 년 잘 이용해왔습니다. 그러나 이 기체가 고공으로 올라가 오존층을 파괴한다는 사실이 알려진 이후 사용이 금지되었습니다. 이러한 현상을 몰랐던 과거에는 이 기체를 살충제와 혼합하여 분무(噴霧) 가스로도 대량 사용했습니다.

2012년 가을, 국내 한 공단에서 '불산'(弗酸, 플루오린화수소) 가스 누출 사고가 생겨 인명과 가축 및 주변 농작물까지 심각하게 피해를 준 사고가 있었습니다. 이 불산은 유리와 금속을 녹이는 성질이 있어 녹물제거라든가 반도체와 유리 가공에 쓰입니다. 그런데 이 가스는 화학작용이 강하여 생명체와 만나면 수분과 결합하여 조직을 상하게 합니다.

10 – 네온(니온) :

네온은 대기 중에 5번째로 많이(0.002%) 포함되어 있습니다. 밤거리 광고판의 글씨를 밝히는 네온사인은 네온 원자가 전기 에너지를 받아 붉은 오렌지색 빛을 발산하는 것입니다. 야간 광고판을 장식하는 다양한 색의 유리관을 모두 네온사인이라 말하지만, 이들은 네온만 아니라 다른 종류의 가스도 넣어 여러 색을 내고 있습니다. 예를 들어 아르곤 기체는 보라색을, 크세논 기체는 청록색을 냅니다.

최초의 네온사인은 '프랑스의 에디슨'으로 불리는 유명한 발명가 클로드(George Claude 1870~1960)가 만들었습니다. 그는 1910년 파리에서 개최된 자동차 쇼 때, 길이 12m의 네온관 2개를 만들어 처음 전시했습니다. 네온사인이 발명되고 25년이 지난 뒤에 형광등이 발명되었는데, 네온관은 형광등을 탄생케 한 선구자입니다.

11 – 나트륨(소듐) :

지구상에 존재하는 화합물 중에 인류가 가장 다양한 용도로 대량 사용하는 물질이 소금입니다. 소금으로 14,000가지 이상의 화학제품을 만들고 있는데, 그 중에는 비누의 원료인 수산화나트륨, 빵을 부풀리는 중탄산나트륨 등이 있습니다. 세계가 1년 동안 소비하는 소금의 양은 2억 톤을 넘으며, 그 중의 17.5%는 식용이고 나머지는 각종 산업에서 이용됩니다.

소금은 나트륨(Na)과 염소(Cl)로 구성된 화합물이므로, 나트륨은 친숙한 원소입니다. 바닷물의 약 0.35%(해수 1리터에 약 3.5g)가 소금인 탓으로 나트륨은 지구상에 6번째로 풍부한 원소가 되었습니다. 순수한 나트륨은 물보다 가볍고 칼로 자를 수 있을 정도로 무르며, 화학반응을 잘합니다.

해수에 소금이 많이 녹아 있는 것은 참 다행한 일입니다. 소금은 인간과 모든 생명체에 필수적인 물질이며, 바다가 가깝기만 하면 어디서나 얼마든지 구하기 쉽습니다. 또한 바닷물은 소금이 녹아 있기 때문에 잘 얼지 않는 혜택도 있습니다. 해수는 −2℃ 이하로 수온이 낮아야 얼수 있습니다. 만일 바닷물이 호수의 물처럼 0℃에서 얼기 시작한다면, 겨울만 되면 육지 주변의 바다가 얼음으로 덮여 사람은 물론 해변의 동식물이 살기 힘든 환경이 될 것입니다.

흔히 '가성소다'라 부르는 수산화나트륨은 지방질을 녹이는 성질이 있으므로 막힌 하수구를 청소할 때, 기름기를 씻어낼 때 세제로 씁니다. 지방질과 수산화나트륨이 결합하면 세탁비누가 됩니다. 나트륨 화합물의 하나인 탄산나트륨(Na_2CO_3)은 양잿물 또는 '세탁소다'라 부르는데, 이 물질은 식물을 태운 재에도 미량 포함되어 있습니다. 그래서 옛 사람들은 나무의 재를 물에 담가 우려낸 물을 '잿물'이라 하여 세탁에 사용했습니다.

베이킹파우더에는 중탄산나트륨($NaHCO_3$)이 들었습니다. 빵을 만들 때 밀가루 반죽에 이것을 소량 섞어 열을 주면, 중탄산나트륨에서 이산화탄소 기포가 발생하여 가득히 부풀어난 빵이 되도록 합니다. 이렇게 만든 빵은 이스트(빵 곰팡이)로 발효시킨 것처럼 씹기에 부드럽고 소화가 잘 됩니다. 중탄산나트륨은 위산(胃酸)을 중화시키는 작용을 하기 때문에 위산과다 환자는 이것을 제산제(制酸劑)로 쓰기도 합니다. 가정에 비치한 소화기(消火器)에도 이 물질이 들었습니다. 소화기 내부에 별도로 담아둔 황산과 중탄산나트륨이 섞이면 대량의 이산화탄소가 발생합니다.

12 - 마그네슘 :

마그네슘은 은백색의 매우 가볍고 부드러운 원소로서, 지각 중에 13%나 포함되어 있으며, 물에 잘 녹기 때문에 해수 속에도 다량 용해되어 있습니다. 이 원소는 가벼운 금속이지만 알루미늄과 합금하면 더 단단하고 부식(腐蝕)에도 강한 성질이 되게 합니다. 그래서 마그네슘은 철과 알루미늄 다음으로 대량 소비되는 구조재(構造材)가 되었습니다. 금속(알루미늄) 사다리, 자동차, 비행기, 고급 자전거, 공구(工具), 휴대전화기, 노트북 컴퓨터, 카메라 몸체 등은 마그네슘과 다른 금속의 합금으로 만듭니다. 과거에 사진촬영에 사용하던 강한 빛을 내는 섬광전구(flash bulb)는 가느다란 마그네슘 코일에 전류를 흘려 점화함으로써 순간적으로 강한 빛을 얻는 사진 촬영용 조명구(照明具)입니다.

마그네슘은 인간을 비롯하여 모든 생물체에 필수적인 무기 영양소입니다. 인체 내에는 마그네슘이 11번째 많이 포함되어 있으며, 온갖 효소들의 기능을 정상화하는 역할을 합니다. 특히 마그네슘은 녹색식물의 엽록소를 만드는 핵심 원소입니다. 녹색 잎의 세포에서 광합성을 하는 엽록소 분자 중심에는 마그네슘 원자가 꼭 자리하고 있습니다. 이는 마치 적혈구를 만드는 헤모글로빈 분자의 중심에 철(鐵) 원자가 있는 것과 닮았습니다. 신은 마그네슘과 철 원소로 엽록소와 헤모글로빈 분자를 비슷하게 만들어 각기 생존에 절대적으로 중요한 역할을 하도록 했습니다.

13 – 알루미늄 :

알루미늄으로 가볍고 단단한 온갖 합금을 만들고 있습니다. 전기 전도성이 좋은 알루미늄은 은백색이고 부드러운 금속입니다. 알루미늄은 지각의 약 8%를 차지할 만큼 매장량도 많아 다행입니다. 알루미나(산화알루미늄)는 흰색의 단단한 알루미늄 합금인데, 샌드페이퍼나 연마제로 사용할 정도로 단단합니다. 고열에도 잘 녹지 않는 성질이 있어 용광로의 벽을 구축할 때 내열 벽돌로 쓰기도 합니다. 산화알루미늄에 불순물이 소량 포함된 것은 귀중한 보석이 될 수 있습니다. 크롬이 혼합된 것은 붉은색 루비이고, 철과 티타늄을 함유한 것은 푸른색 사파이어입니다.

알루미늄으로 만든 물건은 그 표면이 공기 중의 산소와 결합하여 회색의 피막(皮膜)을 만드는데, 이 피막은 내부를 보호하는 '부식 방지 작용'을 합니다. 많은 음료수를 알루미늄 캔에 담고 있습니다. 알루미늄은 독성도 없고 냄새와 맛을 가지지 않아 음료수 용기(容器)로 적합합니다.

14 – 규소(硅素, 실리콘) :

규소라는 원소가 없었더라면 도자기 그릇을 비롯하여 유리나 콘크리트를 만들 때 혼합할 원료가 없을 것이며, 반도체조차 제조할 수 없었을 것입니다. 규소는 지각 속에 산소 다음으로 다량(약 27.7%) 포함된 원소로서 산소와 결합하여 흙, 모래, 자갈, 바위, 석영, 수정의 주성분을 이룹니다.

가장 단단한 돌을 차돌이라 합니다. 석기시대의 선조들은 차돌(석영)로 돌칼, 돌도끼, 창과 화살촉 등을 만들었습니다. 성냥이 없던 시절의 선조들은 차돌(부싯돌)을 서로 쳤을 때, 뜨거워진 작은 입자가 튀는 불꽃에 불쏘시개를 대어 불을 일으켰습니다. 돌 도구와 부싯돌로 쓰인 차돌은 바로 산화규소가 주성분입니다.

지구에서 양적(量的)으로 가장 많은 식물은 플랑크톤으로 알려진 '규조'(diatom)라 불리는 하등식물(대부분 단세포)입니다. 이 규조는 그들의 세포벽을 규소로 (어떤 종류는 탄산칼슘으로) 싸고 있습니다. 그 때문에 이름도 '규조'(硅藻)가 되었습니다. 규조는 바다와 호수에 번성하며, 가장 풍부한 식물성 플랑크톤으로, 아마존 정글보다 수십 배 많은 산소를 생산합니다. 그러므로 규조가 없다면 심각한 산소 부족 현상이 일어나고 맙니다. 석유와 천연가스는 고대의 규조가 죽어 쌓인 것이 변화된 것입니다. 그러므로 석유를 풍부하게 소비하는 오늘의 인류는 규조의 혜택을 받고 있습니다. 규조가 죽어 퇴적된 규조토의 성분은 약 90%가 이산화규소이므로 산업에서 중요하게 이용합니다.

인류에게 귀중한 유리는 규소와 탄산나트륨, 석회석(탄산칼슘)을 고온에서 녹여 만든 것입니다. 투명한 창유리만 아니라 유리병, 안경, 렌즈, 유리 장식물 등 수많은 물건이 되는 유리는 단단하면서 화학적으로 대단히 안정된 물질입니다. 음식과 물을 담는 도자기 그릇의 제조 원료인 찰흙(점토)도 규소가 주성분입니다. 점토로 그릇을 만들어 구우면(대개 1,200℃ 이상) 매우 단단하게 됩니다.

규소는 전류가 조금 흐릅니다. 순수하게 정제한 규소에 비소(As)나 붕소(B) 또는 갈륨(Ga)이라는 원소를 극미량 혼합하면 전자제품의 중심 부품인 반도체라든가 태양전지가 됩니다.

⋮ 15 – 인(燐) ⋮

인은 식물의 3대 비료 성분의 하나이며, 인간의 뼈 속에 다량 포함되어 있습니다. 인에는 백린(황린), 적린(赤燐), 흑린이라 부르는 동소체(같은 원소이지만 성질이 약간 다른)가 있습니다. 그 중에 백린은 기온이 35℃ 넘으면 공기 중에서 산소와 만나 저절로 불타버립니다. 이런 백인은 매우 낮은 온도에서 불붙기 때문에 군사용으로 소이탄을 만들 때 사용합니다. 반면에 적린은 300℃가 넘어야 점화되므로 백린보다 훨씬 안전하여 성냥 제조에 사용해 왔습니다.

인체 뼈의 약 20%는 인산칼슘(Ca_3P_2)이고, 이것은 이빨의 중요 성분이기도 합니다. 인의 화합물인 인산(燐酸 H_3PO_4)은 동식물의 유전형질을 결정하는 DNA와 RNA, 그리고 대사물질(ATP)의 중요 성분입니다.

: 16 – 황(黃) :

황은 지구상에 널리 분포하기 때문에 쉽게 구하고 있으나, 지각 성분의 0.06%뿐이므로 매장량이 풍부하지 못합니다. 온천이나 간헐천, 화산 분화구 근처에서 잘 발견되는 황은 부서지기 쉬운 황색 고체로서 낮은 온도에서 녹기 때문에 동양에서는 유황(硫黃)이라 불러왔습니다.

황을 태우면 아름다운 푸른 불꽃을 내며 연소합니다. 황을 많이 포함한 광석인 황화철광은 마치 금덩어리처럼 보여 미숙한 탐광자들을 흥분하게 합니다. 황이 석탄과 석유 속에도 포함되어 있는 것은 생명체의 몸을 이루는 성분이기 때문입니다. 오늘날 사용하는 대부분의 황은 석유 정제 때 부산물로 얻습니다. 황은 생명체의 대사반응에도 관여하고 시스테인, 메티오닌과 같은 아미노산(단백질을 만드는 성분)과 티아민(비타민 B), 바이오틴(비타민 B7)의 성분이기도 합니다.

황을 말하면 먼저 '황산'(黃酸)이 떠오릅니다. 성냥을 켤 때 풍기는 독특한 냄새는 이산화황 때문입니다. 황을 태울 때 생성되는 이산화황을 물과 결합시키면 황산이 됩니다. 황산은 냄새가 없는 액체로서, 화학공업에 대량 사용합니다. 특히 많이 소비하는 곳은 인산비료 공장입니다. 황산은 자동차 배터리에도 들어 있습니다. 황은 고무, 세제, 염료, 합성섬유, 성냥, 흑색화약, 살충제, 살균제 등의 제조에 이용됩니다. 그러므로 "국민 1인당 황 소비량은 그 나라 산업 발달의 척도가 된다."는 말도 있습니다.

: 17 – 염소(鹽素) :

나트륨과 함께 소금의 성분인 '염소'(鹽素)라는 원소는 화학반응성이 강하여 화학공업에서 가장 많이 소비되는 10가지 원소 중의 하나입니다. 소금에서 분리해낸 염소는 기체입니다. 이 기체를 호흡하면 폐를 크게 손상시키기 때문에 제1차 세계대전 때는 독가스로 이용되었습니다. 염소가 가진 살균작용을 이용하여, 수영장의 물이나 수돗물을 소독할 때는 인체에 해가 없을 정도의 양을 넣습니다. 금방 쏟아져 나온 수돗물에서 나는 냄새가 바로 염소입니다.

화학공업에 필요한 대량의 염소는 소금을 전기분해하여 생산합니다. 염소는 PVC 제조 때 많이 소비됩니다. PVC는 산화되거나 부식되지 않기 때문에 수도관이나 보일러 관을 만들고, 투명한 PVC는 유리병을 대신하는 등 그 용도가 많습니다.

염소의 대표적인 화합물은 염화수소(HCl)입니다. 이것은 코를 찌르는 냄새를 가진 무색의 기체입니다. 염산(鹽酸)은 염화수소 가스를 물에 녹인 것이며, 도금, 염료, 약품, 사진공업 등에 대량 소비됩니다. 소화기관인 위에서도 염산이 분비되어 단백질 소화를 돕는 작용을 합니다. 나트륨과 염소가 결합한 염화나트륨(소금)은 모든 생명체에게 마치 물처럼 중요한 창조물이라 하겠습니다.

⋮ 19 – 칼륨 :

3대 비료 성분의 하나인 칼륨을 영어로는 포태시엄(potassium)이라 하는데, potash는 항아리, ash는 재를 뜻하는 합성어로서 잿물을 의미합니다. 이는 식물을 태운 재에 칼륨이 다량 포함되어 있어 생겨난 이름입니다.

칼륨을 공기 중에서 태우면 과산화칼륨(KO_2)이 되는데, 이 화합물은 물이나 이산화탄소와 반응하여 다량의 산소를 방출합니다. 이런 성질 때문에 응급시에 호흡보조 장치로 이용되는데, 숨으로 내쉰 이산화탄소가 과산화칼륨과 반응하여 산소를 발생합니다.

질산칼륨(KNO_3)은 소금처럼 짠맛이 있으며 비료로 씁니다. 또 이 화합물을 가열하면 막대한 양의 질소를 내면서 폭발하므로 폭약이 되기도 합니다. 수산화칼륨(KOH)은 물에 잘 녹으며 매우 강한 알칼리성을 갖습니다. 축전지의 전해질로도 이용되고, 물비누 제조에도 쓰입니다.

칼륨은 동식물의 몸에 꼭 필요한 무기물입니다. 동물체는 나트륨을 많이 필요로 하는 반면에 식물은 칼륨을 대량 요구합니다. 그래서 세계에서 생산되는 칼륨의 95%는 농작물의 비료가 됩니다.

20 - 칼슘 :

칼슘이라고 하면 멸치의 뼈가 생각납니다. 칼슘은 지구상에 5번째 풍부한 원소로서 산업에서 대량 이용될 뿐 아니라, 모든 생명체에게 꼭 필요한 중요 성분입니다. 뼈와 이빨, 조개나 소라의 껍데기, 산호의 단단한 몸체 부분은 모두 탄산칼슘($CaCO_3$)이 주성분입니다. 그래서 키가 크게 자라자면 칼슘을 많이 먹어야 한다고 야단입니다.

생석회는 석회석을 550℃ 이상 가열하여 만들며, 이것은 수분을 잘 흡수하므로 제습제(건조제)로도 씁니다. 생석회를 물에 넣으면 수산화칼슘이 되는데, 이것을 '소석회'(消石灰)라 합니다. 소석회를 모래와 함께 물에 갠 것을 '모르타르'라 하는데, 이것은 벽돌을 서로 붙일 때 사용하며, 고대 로마 때부터 건축과 도로공사에 이용해 왔습니다. 소석회는 산성토양을 중화시킬 때도 사용하며, 센물을 단물로 바꿀 때도 쓰입니다.

탄산칼슘이 주성분인 시멘트의 가치에 대해서는 따로 설명이 필요치 않겠습니다. 자연에서 산출되는 흰색의 석고(石膏) 또한 중요한 건축자재입니다. 석고 가루에 물을 부어 반죽한 뒤 잠시 두면 단단하게 굳어집니다. 흰 석고로 벽을 바르기도 하고, 외과의사는 골절 부위를 감싸는 부목을 만들기도 합니다. 또 조각가는 석고로 형틀을 만들며, 흑판에 글씨를 쓰는 분필도 됩니다. 고급 건축재인 대리석 역시 석회석에 속합니다. 석회암은 인간만이 이토록 귀중하게 쓰는 물질입니다.

일반적으로 금속이라 불리는 원소들은 다음과 같은 특징을 가졌습니다.

1. 단단한 고체이며, 무겁습니다.
2. 순수한 금속 원소는 금과 구리 외에는 은백색이며 광택이 납니다.
3. 금속원소들은 실처럼 가늘게 뽑을 수 있는 연성과 종이처럼 얇게 펼 수 있는 전성이 뛰어납니다(예; 금실, 금박, 알루미늄박).
4. 전기와 열을 잘 전도하고, 철과 코발트, 니켈, 마그네슘은 자기(磁氣)를 갖습니다.
5. 금속원소들은 쉽게 합금(예; 구리, 수은)을 만들 수 있습니다.
6. 금속원소의 화합물은 독특한 색을 가진 것이 많아 색소로 이용되기도 합니다.

22 - 티타늄(타이타늄) :

단단하면서 가벼워야 할 고가의 물건이 있으면 모두 티타늄으로 만들고 있습니다. 티타늄은 지각의 0.6%를 차지할 정도로 널리 분포하는 물질로서, 오스트레일리아, 남아프리카, 캐나다 등이 대표적인 산지입니다. 과거에는 티타늄을 순수하게 분리하는 기술이 부족하여 값이 비쌌습니다. 그러나 전기분해 방법이 개발되면서 대량 이용하게 되었습니다.

티타늄은 철의 40% 정도로 가볍지만 매우 단단합니다. 화학적으로 부식에 강하며, 철이나 알루미늄, 바나듐, 몰리브덴 등과 합금하면 더욱 단단해집니다. 그래서 티타늄 합금은 미사일, 우주선, 잠수함, 로켓이나 제트 엔진의 구조물을 만드는 재료가 되었습니다. 근래에는 티탄 합금으로 만든 스포츠용 자전거가 비싼 값에도 불구하고 인기가 있습니다. 병원에서는 의수족, 임플랜트, 인공심장 밸브 제조에 이용합니다.

24 - 크롬(크로뮴) :

크롬이라는 금속은 산소와 결합하여 매우 치밀한 무색의 보호막을 형성하는 성질이 있습니다. 이 보호막은 겨우 몇 층의 분자로 이루어진 매우 얇은 것이지만, 내부로 다른 물질이 침투하는 것을 막습니다. 그러므로 크롬으로 표면을 입힌 구리나 청동, 철과 같은 금속은 강한 산성에도 잘 견딥니다. 번쩍이는 자동차 범퍼라든가 오토바이 동체는 철판을 크롬으로 도금한 것입니다. 녹슬지 않는 스테인리스강은 철에 크롬을 합금한 것입니다. 만일 크롬이라는 원소가 없었더라면 녹슬지 않는 철 제품 만들기가 어려웠을 것입니다.

크롬은 색소가 되는 중요한 원소의 하나이기도 합니다. 예를 들어 산화크롬은 녹색 색소로서 페인트라든가 그림물감을 제조하는데 쓰입니다. 또 납과 크롬의 화합물인 '크롬옐로'는 노란색 물감입니다. 어린이들이 타는 스쿨버스의 노란색 페인트는 바로 이 크롬옐로랍니다.

이름난 보석인 루비와 에메랄드 속에도 크롬이 들었습니다. 크롬, 구리, 비소의 화합물(CCA라 부름)을 처리한 목재에는 곰팡이가 생기지 않아 잘 썩지 않으며, 곤충이나 흰개미가 먹지 않고, 바닷물 속에서는 해양동물이 구멍을 뚫지 않습니다. 크롬은 발암성 중금속이라고 우려하지만 없어서는 안 될 중요한 자원이 되었습니다.

: 25 - 망간(망가니즈) :

회백색의 단단한 금속인 망간은 산소와 결합한 이산화망간(MnO_2) 상태로 자연에서 산출됩니다. 수심 4,000m 이하의 심해 바닥에는 흑갈색의 둥그런 '망간 덩어리'(망간 단괴 團塊)가 약 5,000억 톤 깔려 있습니다. 바다 미생물이 해수 속에서 생성한 것이라고 추정되는 망간 단괴는 망간과 산화철이 주성분입니다. 미래의 천연자원으로 주목되는 이 망간 단괴는 머지않아 심해작업 로봇으로 채굴하게 될 것입니다.

망간은 튼튼한 강철을 만드는데 필수 금속입니다. 철에 망간을 섞으면 충격에 매우 강한 강철이 됩니다. 이런 강철로는 총신이라든가 기차선로, 기차바퀴, 공사장의 철모, 중장비 등을 제조합니다. 망간은 알루미늄이라든가 마그네슘, 니켈, 청동과 혼합해도 강도가 더 좋으면서 부식에 강한 합금이 됩니다. 이 합금으로 동전을 제조하는 나라도 있습니다.

망간은 건전지 생산에 대량 소모됩니다. 건전지에 사용되는 이산화망간의 총량은 매년 50만 톤(가격은 600억 달러 이상)을 넘어 해마다 증가하고 있습니다. 망간은 모든 생명체의 필수적인 미량 원소로서, 특수한 효소의 성분이기도 합니다.

: 26 - 철(鐵) :

흔하면서 가장 유용(有用)한 금속이 철입니다. 지구의 중심부(core)는 녹은 철이 대부분이라고 합니다. 외계에서 날아와 지구에 떨어지는 운석은 철과 니켈이 주성분인데, 그 중에서도 철이 대부분입니다. 자석으로 흙이나 모래 속을 휘저으면 쇳조각들과 함께 많은 쇳가루가 붙습니다. 이들은 침식작용으로 가루가 되어 토양 어디에나 산재하는 철입니다.

순수한 철은 광택이 나는 은백색의 무른 금속입니다. 그러나 탄소가 섞이면 점점 단단해지는데, 10만 분의 1 정도이면 강도가 2배로 증가하고, 0.2~0.6% 포함되면 최대한 단단해집니다. 철은 공기 중에서 물(수증기)과 반응하여 쉽게 녹(부식)이 습니다. 녹슨 철은 붉은색이고 푸석하여 쉽게 부스러지지요. 그러므로 철의 표면은 어떤 방법으로든 보호하지 않으면 빨리 부식합니다.

인류는 수천 년 전부터 철로 도구와 무기를 만드는 방법을 개발하여 철기시대를 시작했습니다. 대표적인 철광석에는 적철광(赤鐵鑛)과 자철광(磁鐵鑛)이 있습니다. 이 중에 자철광은 강한 자성을 가졌습니다. 세계 어디서나 산출되는 자철광은 그대로 천연자석입니다. 중국인은 기원전 247년에 천연자석으로 만든 나침반을 사용했으며, 유럽에서 나침반을 항해에 이용하기 시작한 때는 11세기였습니다.

자철광이 자력을 갖는 이유는 명확하지 않습니다(자력과 자철광에 대해서는 제2장 전기와 자기 편 참조). 지구가 거대한 자석이 된 이유는 지구 중심부를 차지한 철 원자들의 배열 방향이 일정하기 때문이라고 설명합니다. 그러나 정확한 이유는 모릅니다. 지구자석을 탐구하는 학자들은 세계 모든 곳의 자장(磁場)과 자철광의 분포 상태 등을 조사하여 지각이 변해온 역사를 연구하기도 합니다.

우리나라는 세계적 철강생산국입니다. 강철은 종류가 많습니다. 니켈을 소량 혼합한 강철은 잡아당기거나 압축하는 힘에 매우 강한 성질을 갖게 되므로 교량이라든가, 철탑, 자전거 체인 등을 만듭니다. 텅스텐과 바나듐을 포함한 강철은 더 단단하여 공작기계의 날을 만드는데, 이런 강철은 고온에도 잘 견딥니다. 망간을 혼합한 강철은 충격에 강한 성질을 가지므로 총신, 대포, 불도저의 삽 등을 만드는데 씁니다. 또 녹슬지 않는 스테인리스 강철은 철, 니켈, 크롬의 합금입니다.

철은 산업에서만 중요한 것이 아니라 인체에서도 필수 물질입니다. 적혈구의 헤모글로빈 분자 중심에는 철 원자가 있습니다. 헤모글로빈의 철 원자는 폐에서 산소와 결합하여 온몸의 조직과 세포로 운반하는 역할을 합니다. 곤충인 벌이라든가 흰개미, 물고기, 비둘기, 철새, 고래 그리고 인간의 뇌에는 매우 작은 자철(磁鐵)이 있으며, 이들의 작용으로 지구의 자장을 감지하여 방향을 안다고 합니다. 근래에 시작된 이런 연구는 '자기생물학'에 속합니다(제3장 동물의 본능 편 참조).

: 27 – 코발트 :

코발트는 지각 성분의 0.003% 정도를 차지하는 소량 원소입니다. 순수한 코발트는 하늘빛 푸른색을 띄므로 수천 년 전부터 색소로 사용되어 왔으며, 보석을 비롯하여 유리, 페인트 등에 넣어 '코발트색'을 내도록 합니다.

철에 코발트를 섞으면 부식에 강한 철이 됩니다. '스텔라이트'(stellite)는 코발트와 텅스텐 및 구리의 합금입니다. 이것은 지극히 단단한 동시에 고온에 잘 견디므로, 고속도 드릴이나 절단기 날 제조에 쓰입니다. 코발트는 철처럼 자성(磁性)을 가지고 있으며, 철과 달리 훨씬 고온이 되어도 자력을 잃지 않습니다. 그래서 생산되는 코발트의 약 4분의 1은 알니코(alnico)라 부르는 강력한 자석 제조용 합금에 쓰입니다.

방사성 코발트는 암 조직 치료에 이용합니다. 일반적인 코발트에 중성자를 쪼이면 방사성물질로 이름난 '코발트 - 60'이라는 동위원소가 생겨납니다. 코발트 - 60은 X선과 같은 강력한 방사선(감마선)을 방출하므로, 이는 암 치료와 음식물 살균 등에 이용됩니다. 코발트는 인체에 필요한 미량원소의 하나로서, 비타민 B-12의 성분입니다. 이것이 부족하면 악성 빈혈이 일어날 수 있습니다. 코발트는 박테리아나 곰팡이 같은 미생물에게도 중요한 미량 원소입니다.

28 - 니켈(니클) :

니켈은 수천 년 전부터 이용했던 금속입니다. 옛 사람들은 니켈 화합물을 유리에 섞어 녹색 유리를 제조했습니다. 니켈은 부식에 강하여 합금을 만들면 산화되지 않는 금속이 됩니다. 스테인리스 스틸은 철에 18%의 크롬과 8%의 니켈을 혼합한 것입니다. '모넬'(monel)이라는 니켈과 구리의 합금은 단단하면서 부식에 강해 선박용 프로펠러의 축을 만드는데 씁니다. 또 '니크롬'이라는 니켈과 크롬의 합금은 고온에도 잘 녹지 않으므로 전기오븐과 빵 굽는 토스터 같은 전열기의 코일 제조에 이용합니다.

미국의 5센트 동전을 '니클'이라 부르는데, 이것은 약 25%의 니켈을 구리와 혼합한 합금입니다. 오늘날 니켈이 자랑하는 중요한 용도는 니켈-카드뮴 전지의 원료입니다. 전지의 한 극을 산화니켈로 만든 이 전지는 컴퓨터, 휴대전화기 등에서 편리하게 쓰는 '재충전용 전지'입니다.

: 29 – 구리(銅) :

전선 속에는 거의 모두 구리선이 들었고, 수도관과 보일러관은 구리로 만든 관이 많습니다. 구리 전선으로 지구를 휘감게 된 것은 구리가 전기와 열을 가장 잘 전도하는 금속의 하나이기 때문입니다.

구리는 무르면서 다른 금속과 합금이 잘 되는 고마운 원소입니다. 예부터 사람들은 구리를 주성분으로 동전과 도구 등을 만들었습니다. 그 이유는 철과 달리 구리는 공기 중이나 물속에서 부식되지 않아 원형을 잘 보전했기 때문입니다. 구리는 용도가 많지만 지구에 존재하는 양은 지각의 0.007%에 불과합니다. 인류는 1900년대 이후부터 구리를 대량 소비했습니다. 현재 상황에서 약 반세기 후면 고갈될 것이므로 재활용해야 할 자원입니다.

구리는 고등식물과 동물에게 생존에 필요한 미량원소이기도 합니다만 과량의 구리는 생물에게 독이 됩니다. 곰팡이와 세균을 죽이는 약제에 구리를 넣은 것이 여러 가지 있습니다. 선체(船體)에서 물에 잠기는 부분에 칠하는 페인트에 구리를 혼합하면, 해양생물들이 지나치게 부착하여 자라는 것을 방지해줍니다.

30 – 아연(亞鉛) :

아연은 화학반응을 잘 하고 단단하지만 부스러지기 쉬운 은빛 금속입니다. 이 원소는 산소를 만나면 피막을 형성하여 부식에 강한 상태가 됩니다. 아연은 지각 중에 별로 흔하지 못한 매장량이 24번째(지각 성분의 0.007%)인 원소입니다. 철의 표면에 아연을 입히는 것을 '아연도금' 또는 갤버니제이션(galvanization)이라 합니다.

은빛 나는 함석(양철통, 양철지붕)이라든가 철조망, 못, 볼트, 너트 등은 아연을 도금한 것입니다. 갤버니제이션은 고열로 녹인 아연에 철을 직접 담그거나, 전기도금하거나, 분사(噴射)하는 방식으로 하는데, 아연을 도금한 철은 수분과 직접 접촉되지 않아 오래도록 녹슬지 않습니다.

흰색 페인트는 산화아연(ZnO)의 가루로 만듭니다. 또 태양빛을 차단하여 피부가 타지 않도록 바르는 자외선 크림(sunscreen cream)에는 산화아연 가루가 들었습니다. 복사기에서 토너의 검은 탄소가루를 글씨(영상) 모습대로 복사지에 옮겨주는 역할은 산화아연으로 만든 판이 합니다. 산화아연에 빛이 닿으면 음전기(정전기)가 생겨 탄소가루를 당겨 붙이게 되는 성질을 이용한 것입니다.

31 – 갈륨(갤리엄) :

갈륨은 친숙하지 않은 원소입니다. 이것은 금속이지만 29.8~2,204℃ 사이에서는 액체 상태로 존재합니다. 이런 액체 성질을 가진 금속 원소로는 갈륨 외에 수은, 세슘, 루비듐, 프랑슘이 있습니다. 그래서 갈륨은 2,000℃ 이상까지 극단적으로 높은 온도를 재는 온도계의 충전제로 이용됩니다. 흥미롭게도 갈륨은 액체 상태에서 고체로 되면 부피가 팽창하는(물처럼) 특이한 성질도 가졌습니다.

비소화갈륨으로 만든 LED(light emitting diode)는 전광판(電光板), 전자기기의 문자판 등과 조명등에서 빛을 내는데 쓰입니다. LED는 전력 소모가 적으면서 밝은 빛을 내기 때문에 조명기구로 크게 보급되고 있습니다. LED란 '빛을 내는 반도체'를 말하며, LED 중에는 가시광선, 자외선, 적외선, 고광도 빛을 내는 다양한 종류가 있습니다. 비소화갈륨은 하나의 반도체로서, 실리콘 반도체보다 열을 적게 발생하므로, 전력 소모가 많은 슈퍼컴퓨터의 반도체로 이용합니다.

32 – 저마늄(게르마늄) :

저마늄은 비교적 희귀한 원소로서, 전기 전도도(傳導度)가 낮아 반도체(半導體)로 많이 이용됩니다. 순수한 저마늄에 극미량의 비소나 갈륨 또는 안티몬을 혼합하면 전도성이 크게 증가하기 때문에 이것은 전자 공업의 핵심 소자(素子)인 트랜지스터와 칩 제조에 쓰입니다. 1948년경에 저마늄으로 반도체를 처음 만들게 되면서 전자장치를 소형화하는 혁명적인 길을 열게 되었습니다.

저마늄은 순수하게 정제하기 어렵고 희귀한 탓에 값이 비싸므로 대신 규소(Si)를 반도체로 많이 이용합니다. 2000년대부터 저마늄을 광케이블(광섬유)이라든가 야간 적외선 망원경에 이용하게 되었고, 석유화학 공업에서는 중요한 촉매제로 씁니다. 이처럼 용도가 넓어지자, 생산량이 부족한(2006년의 세계 생산량은 약 100톤) 저마늄은 국제가격이 규소보다 약 100배 정도 상승하여 전략적 자원으로 변했습니다. 뿐만 아니라 최근에는 초강력 자기장(磁氣場)을 얻는 초전도체 제조에도 이용합니다.

33 – 비소(砒素) :

비소의 역사는 고대 그리스와 로마시대로 올라갑니다. 비소를 함유한 '웅황'(雄黃 As_2S_3)이라는 광물은 황금색이어서 당시부터 채색에 이용했습니다. 산화비소(As_2O_3)는 사람이 0.1g만 먹어도 적혈구가 생산되지 않아 사망할 정도로 맹독합니다. 독성 때문에 비소는 탐정소설에 자주 등장했습니다. 비소는 제초제를 비롯하여 살균제나 살충제 제조에 이용되고, 피부병 치료제 원료가 되기도 합니다. 매독 치료약으로 유명한 '606'은 비소를 포함하고 있습니다.

: 40 – 지르코늄 :

지르코늄은 고열(高熱)에 잘 견디기 때문에 우주선 선체를 건조하는데 중요하게 사용됩니다. 우주선이 지구 대기권을 지날 때는 공기와의 마찰로 선체 표면이 고온이 되므로 내열성이 좋은 소재로 건조해야 합니다. 지르칼로이(zircaloy)라 부르는 지르코늄의 합금은 물속에 있어도 부식에 강합니다. 그러므로 지르칼로이로 만든 관('연료봉'이라 부름)에 핵연료를 담아 원자로 속의 물에 넣으면, 우라늄이 물과 접촉하지 않고 핵분열 반응을 일으킬 수 있습니다. 원자로에는 수백 개의 연료봉이 들었습니다. 지르칼로이는 중성자를 흡수하지 않기 때문에 원자로에서 일어나는 연쇄반응에 영향을 주지 않습니다. 우주시대와 원자력시대가 가능하도록 해준 원소의 하나입니다.

: 41 – 니오븀(나이오븀) :

낯선 원소 이름이지만, 니오븀은 고온초전도체 개발 역사에서 중요한 원소의 하나입니다. 오늘날 진단에 사용하는 핵자기공명단층촬영장치(NMRI, MRI)는 니오븀과 티타늄 및 주석(Sn)을 합금한 고온초전도물질을 이용하여 만듭니다. MRI에서 발생하는 강력한 자력은 뇌, 근육, 심장, 암조직 등 인체를 구성하는 물질의 자장을 변화시키므로, 이를 정밀한 계측기로 검사하면서 조직의 모습을 컴퓨터로 분석합니다. 만일 MRI에 초전도체를 사용하지 않는다면, 강력한 자장(磁場)을 얻는데 전력 소모가 극심할 뿐만 아니라, 장치가 과열(過熱)되어 타버립니다.

니오븀은 녹는 온도가 매우 높기 때문에 고온에 대한 내성(耐性)이 강한 합금 제조에 쓰입니다. 예를 들어 '인코넬 718'이라는 합금은 약 50%의 니켈에 크로뮴, 철, 니오븀, 몰리브데넘, 티타늄, 알루미늄을 소량 혼합한 것입니다. 이 합금은 원자로, 우주선, 로켓 엔진, 초음속비행기의 동체 제조에 쓰입니다.

42 - 몰리브덴(몰리브데넘) :

어디선가 들어본 원소이름일 것입니다. 흥미롭게도 하등 박테리아 종류 중에는 몰리브덴을 촉매(효소)로 하여 공기 중의 질소(N_2)를 암모니아(NH_3)로 변화시키는 것이 있습니다. 이 박테리아가 가진 신비로운 방법은 연구해야 할 과제이기도 합니다. 미래에 인류에게 귀중한 역할을 해줄 원소입니다.

⋮ 46 – 팔라듐 :

팔라듐 역시 생소한 원소 이름입니다. 팔라듐은 자동차 배기가스를 정화시키는 등의 특수한 화학반응에 촉매로 이용되는데, 팔라듐을 포함한 합금은 단단하고 부식에 강한 금속이기 때문에 치과 재료와 귀금속 제조에 쓰입니다. 팔라듐은 연료전지에서 촉매로 이용됩니다. 연료전지는 수소와 산소를 결합시켜 물과 함께 전류를 생산하도록 만든 전지입니다. 팔라듐은 비행기의 스파크 플러그라든가 전기기구의 전극 제조에도 이용되며, 앞으로 적극적인 연구가 필요한 흥미로운 원소입니다.

⋮ 47 – 은(銀) :

모든 금속 중에서 전기와 열을 가장 잘 전도하는 원소입니다. 값이 비싸기 때문에 많이 사용하지는 않으나 고급 음향기기(音響器機)와 같은 전자제품에서는 도선과 전극으로 은을 사용합니다. 은은 표면을 매끈하게 연마하면 빛을 잘 반사합니다. 그래서 거울이나 광학기구에서는 유리에 은을 코팅하여 반사체로 이용합니다. 은제 식기들은 금속으로 만든 표면에 은을 도금하여 보기 좋고 내구성이 강하도록 제조한 것입니다.

은은 순수한 공기나 물에서는 변하지 않으나 오존이나 황화수소를 만나면 검은 산화은이나 황화은으로 변합니다. 부엌의 은수저가 갑자기 검게 변했다면, 석탄이나 연탄, 석유를 태울 때 발생한 연기 속의 황화수소 때문일 가능성이 많습니다. 은수저는 계란 단백질의 황 성분과 접촉해도 변색합니다.

은은 용도가 다양한 금속입니다. 특히 질산은과 같은 은의 화합물은 빛에 민감하게 반응(광화학반응)하기 때문에 사진 필름, X선 사진 건판, 인화지, 인쇄용 필름 등에 대량 사용합니다. 1998년의 경우, 사진용으로 사용된 은의 양은 전체 생산량의 약 31%였습니다. 그러나 2007년부터는 그 양이 절반 이하로 감소했습니다. 그 이유는 필름을 사용치 않는 디지털 사진이 발달했기 때문이었습니다. 만일 은이 없었더라면 사진과 인쇄산업이 지금처럼 발달하기 어려웠을 것입니다.

밝은 곳에 나오면 유리가 저절로 짙은 색으로 변하는 안경이 있습니다. 그 안경의 유리 속에는 염화은과 구리 입자가 소량 들었습니다. 빛을 받으면 염화은과 구리 사이에 광화학반응이 일어나 은 입자가 안경알 표면으로 이동하여 빛을 차단하게 되므로 짙은 색으로 변하는 것입니다. 밝은 빛이 사라지면 은 입자는 다시 돌아갑니다.

치과에서는 이빨의 틈새를 매울 때 은을 다량 사용합니다. 은가루와 몇 가지 금속(주석, 구리 등)을 수은에 녹인 것을 '아말감'이라 하는데, 이빨 틈새를 아말감으로 채우면 마치 시멘트처럼 단단하게 굳어집니다. 아말감은 1850년대부터 이용되어 왔으나, 근래에 와서는 수은의 독성에 대한 공포가 생겨 사용을 꺼립니다.

인공 비를 내리도록 하려면 비행기에서 요드화은(AgI) 입자를 살포합니다. 입자 크기가 지극히 작은 요드화은은 공중에서 물방울이 형성될 수 있는 중심(핵)이 되어, 핵 주변에 수증기가 붙어 빗방울이 되도록 합니다. 요드화은은 인체에 해가 없습니다.

48 – 카드뮴 :

중금속 공해물질로 뉴스에 자주 오르는 카드뮴은 지각(地殼)에 존재하는 양이 아연의 약 1,000분의 1 정도로 소량입니다. 카드뮴은 부식에 강하므로 철의 녹을 방지하는 도금물질로 중요하게 이용됩니다. 철의 전기도금에 카드뮴보다 아연을 많이 사용하는 것은 생산양이 부족한 데다 가격이 비싸고 인체에 심각한 피해를 줄 위험이 있기 때문입니다. 도금공장으로부터 배출되는 카드뮴 폐기물은 강과 호수를 오염시킵니다. 휴대폰에 사용하는 전지는 언제나 재충전이 가능합니다. 이 전지는 니켈-카드뮴 전지(니카드전지)라 하며, 무한정 재충전할 수 있는 편리한 전지입니다.

49 - 인듐 :

생소한 이름의 원소이지만, 이 원소의 덕을 단단히 입고 있습니다. 인듐은 별다른 이용도가 없었으나, 오늘날 컴퓨터나 휴대전화기의 표면에 손가락만 접촉하면 동작하는 터치스크린에 인듐이 들었습니다. 터치스크린 표면을 덮은 투명한 전도체 피막은 산화주석인듐(ITO)입니다. ITO를 손가락으로 만지면 인체의 정전기가 터치스크린을 동작시킵니다.

50 - 주석 :

주석은 지구상에 양적으로 49번째 존재하는(약 0.004%) 비교적 희귀한 원소입니다, 그러나 인류는 기원전 3,300년경부터 이 원소를 이용하기 시작하여 청동기시대를 열었습니다. 당시 이집트에서는 구리 80%에 주석 20%를 혼합한 청동(bronze)으로 접시와 그릇 등을 만들었습니다.

낮은 온도에서 잘 녹는 금속 화합물인 땜납은 주석 33%와 납 67%의 합금입니다. 파이프 오르간의 파이프는 주석과 납을 절반씩 섞은 합금입니다. 트로피나 기념패를 만드는 백납(白鑞)은 주석 85%에 구리, 비스무트, 안티몬을 넣은 합금입니다.

⋮ 53 - 요드(옥소) :

요드의 영어 발음은 아이어다인(iodine)이라 잘못 듣기 쉽습니다. 요드는 모든 생명체에 중요한 역할을 하는 필수적인 미량원소입니다. 요드는 물에 잘 녹으며, 바닷물과 해조류(海藻類)와 같은 해양생물의 몸에 많이 농축되어 있습니다. 학교에서 전분이 존재하는지 검사할 때 요드 또는 요드화칼륨 용액을 이용합니다. 이는 요드가 전분을 만나면 흰색이던 전분을 검은 청색으로 변화시키는 성질이 있기 때문입니다. 요드는 살균하는 성질이 있어, 과거에는 피부에 부상을 입었을 때 '요드팅크'(에틸알코올에 요드를 녹인 용액)를 잘 사용했습니다.

바다와 멀리 떨어진 대륙이나 고산지대에 사는 사람들 중에는 요드 섭취량이 부족하여 갑상성비대증이나 크레틴병 환자가 잘 나타납니다. 2007년의 WTO 통계에 의하면 전 세계 가난한 나라의 주민 약 20억 명이(특히 어린이) 요드가 부족한 상황에 있다고 발표했습니다. 그래서 오늘날 대륙 깊은 곳에 사는 많은 사람들은 요드화칼륨이나 요드화나트륨을 첨가한 '요드소금'을 식용합니다.

요드는 갑상선에서 생성되는 성장호르몬(타이록신)의 중요 성분입니다. 타이록신이 부족하면 인체 내의 물질대사가 원활하게 일어나지 못해 여러 신체 이상이 나타납니다. 또한 요드 부족으로 발생하는 크레틴병은 정신지체 장애를 가져오고 발육을 저해합니다. 인체 내의 요드는 갑상선에 약 30% 집중되어 있고, 나머지는 모든 부분에 흩어져 중요한 작용을 합니다.

앞에서 은을 소개할 때, 인공 비를 내리도록 하려면 요드화은(AgI) 가루를 이용한다고 했는데, 1그램의 요드화은의 입자는 약 10억 1,000,000개의 물방울을 형성할 수 있는 핵(빗방울이 생성되도록 하는 중심)이 됩니다.

반감기가 8일 정도인 요드의 동위원소(I-131)는 갑상선 질환을 진단하거나 치료하는 방법으로 이용됩니다. 갑상선암 환자의 경우 방사성 요드를 갑상선에 집중시켜 방사선을 대량 방사토록 하면, 다른 세포에는 영향을 최소한 주고 암세포를 선택적으로 파괴하게 됩니다. 2011년 3월, 일본 후쿠시마에서 원자력발전소 사고가 발생했을 때, 사람들은 방사성 낙진 속에 포함된 요드의 방사성 동위원소를 두려워했습니다. 만일 이 동위원소가 갑상선에 지나치게 농축된다면 갑상선비대증이나 암을 일으킬 위험이 있기 때문입니다.

: 55 – 세슘(시지엄) :

세슘은 물과 접촉하면 맹렬하게 반응하여 수소를 발생합니다. 또한 산소를 만나면 이산화세슘(CsO_2)이 되고, 이산화세슘이 물이나 이산화탄소와 만나면 즉시 산소를 방출합니다. 산화세슘은 단시간에 산소를 대량 생산할 수 있기 때문에 유독가스가 가득한 공간에서 일해야 하는 소방대원이나 응급 구조대원의 인공호흡장비에 유용하게 이용됩니다.

세계는 길이, 무게, 시간, 전압, 온도 등의 단위를 통일하고 있습니다. 수백분의 1초를 다투는 속도경기에서 보듯이, 시간의 단위는 최대한의 정밀도를 요구합니다. 오늘날의 과학은 1초를 약 100억 분의 1초까지 측정할 수 있습니다. 이렇게 정밀할 수 있는 것은 '세슘-133'이라는 동위원소의 원자가 1초에 9,192,631,770회 진동하는 것을 시간 측정에 이용할 수 있기 때문입니다.

: 56 – 바륨(배리엄) :

바륨이라고 하면 일반인들은 병원에서 대장(大腸)을 검사할 때 들이켜야 하는 약품 이름으로 알고 있을지도 모르겠습니다. 환자의 장(腸)

상태를 진단할 때 먹는 '바륨'이라는 것은 황산바륨 가루를 진하게 탄 용액입니다. 이를 삼키고 X선 촬영을 하면, 장을 가득 채운 황산바륨이 X선을 흡수하여 통과시키지 않으므로 필름 상에 장의 모습이 하얀 상태로 선명하게 나타납니다. 황산바륨은 물에 잘 녹지 않으며 밝은 흰색입니다. 그래서 이 물질은 흰색의 인화지, 인쇄용지, 플라스틱, 인조섬유, 흰 페인트 제조 때 이용합니다.

⋮ 희토류 원소 :

근래에 와서 희토류(稀土壜) 원소라는 말이 뉴스에 자주 등장합니다. 이들은 일반인들에게 별로 알려지지 않은 원소 종류로서, 매장량이 극히 적기 때문에 붙여진 이름입니다. 희토류 원소는 약 17종이 있으며, 근래에 와서 신소재, 의약, 강력 자석, 초전도체, 전지, 형광 색소, 원자로의 제어봉, 화학반응의 촉매 등으로 이용 가치가 계속 알려지면서 귀중한 고가의 자원으로 등장했습니다. 희토류 원소에는 란타넘, 세륨, 프라시오디뮴, 네오디뮴, 가돌리늄, 어븀, 터븀, 디스프로슘 등이 있습니다. 얼마 전까지만 해도 이런 원소는 인류에게 별로 도움이 되지 않을 줄 알았습니다.

희토류 금속원소들의 성질이 계속 밝혀지고 첨단산업에서 중요한 자

원이 되면서 소비량이 급증합니다. 그러나 희토류 원소가 포함된 원광
(原鑛)은 극히 제한된 지역에서만 소량 발견되고, 화학적으로 분리하기
도 까다로워 그 값이 계속 상승합니다. 희토류 원소의 용도는 점차 확대
될 전망이며, 지구에서 공급받기 어려우면 이들을 찾아 달이나 소행성
등으로 가야 할 것입니다.

: 74 - 텅스텐(중석重石) :

텅스텐은 1970년대까지만 해도 가장 중요한 우리나라 수출품이었습
니다. 그러나 생산량이 감소한데다 생산비가 오르면서 중석 광산들은
폐광하고 말았습니다. 텅스텐은 우라늄이나 금과 비슷할 정도로 밀도
가 크고, 일반인이 무겁다고 생각하는 납보다 약 1.7배 더 무거워 중석
이라는 이름을 갖게 되었습니다.

텅스텐의 중요 용도의 하나는 백열전구의 필라멘트 재료로 사용하는
것입니다. 텅스텐으로 만든 필라멘트에 전류가 흐르면 전기저항에 의
해 뜨겁게 달아올라 백색광을 냅니다. 텅스텐은 모든 금속 원소 중에서
녹는 온도가 가장 높기 때문에 고온이 되어도 쉽게 녹지 않습니다. 텅스
텐은 고열 전기 히터, 우주선 로켓의 노즐(분사구) 제조에도 이용합니다.
텅스텐과 철의 합금은 매우 강하기 때문에 철을 깎는 공구(선반), 회전톱

날, 굴착기, 터빈의 날개 등으로 이용합니다. 최근에는 중석의 값이 비싸져 강원도의 탄광들이 재개발을 계획하게 되었습니다.

: 77 – 이리듐(이리디엄) :

이리듐은 지각 중에 매장량이 매우 적은 원소로서, 백금과 동일하게 귀금속으로 취급받습니다. 세계적으로 1년 동안에 생산되는 이리듐의 양은 3톤 정도라고 하는데, 이리듐의 합금은 고온과 부식에 강하기 때문에 로켓 엔진 제조에 쓰이며, 백금처럼 촉매로도 이용됩니다. 물질의 단단함(경도 硬度)을 나타내는 단위에 '비커즈 경도'(HV로 나타냄)가 있습니다. 매우 단단한 원소로 유명한 백금은 56HV인데, 백금에 50%의 이리듐을 합금한 것은 500HV가 됩니다. 그래서 온도가 변해도 길이가 달라지지 않아야 하는 중요 물건을 만들 때는 이 합금을 이용합니다.

: 78 – 백금(白金) :

금과 마찬가지로 세계 시장에서 활발히 거래되는 백금은 단단하면서 연성(延性)과 전성(展性)이 우수하고, 고온에서도 부식되지 않으므로 보석으로 이용됩니다. 백금이 가장 중요하게 쓰이는 곳은 귀금속으로서가 아니라 치과 재료, 전자산업 그리고 정유공장, 화학공장, 자동차 제조 산업에서 촉매로 쓰는 것입니다. 특히 자동차의 엔진의 촉매변환기 내부에 설치한 백금은 엔진에서 불완전 연소하여 발생하는 일산화탄소와 탄화수소를 이산화탄소와 물로 변화시키는 촉매작용을 합니다. 세계가 소비하는 백금의 80%는 남아프리카에서 생산됩니다. 백금과 코발트를 약 3 : 1로 합금한 것은 강력한 영구자석으로 이용됩니다.

⋮ 79 – 금(金) ⋮

예로부터 가장 귀한 금속이며 부(富)의 상징이기도 한 금은 공기 중이든 물속이든 다른 물질과 화학반응을 잘 일으키지(부식되지) 않습니다. 순수한 금은 무르고 연성과 전성이 가장 좋은 원소에 속합니다. 금의 최대 산지는 현재 남아프리카이지만, 지구 전역에서 산출되는 금속입니다.

금을 얇게 편 금박(金箔)으로는 불상(佛像)이라든가 귀중품을 덮어 장식합니다. 건물의 창이나 우주선의 창을 금박으로 덮으면 강한 빛을 차단해줍니다. 금 1g을 얇게 펴면 1㎡의 금박을 만들 수 있습니다, 이런 금박이라면 상당히 투명한 상태가 됩니다. 얇은 금박을 투과해 들어오는 빛은 청록색으로 보이는데, 이것은 금 원자가 황색과 적색을 반사해 버리고 청록색만 통과시키기 때문입니다.

순금은 무르기 때문에 금목걸이 등은 18캐럿으로 만듭니다. 이것은

75%의 금에 니켈과 구리를 합금하여 단단하도록 만든 것입니다. 금은 전기가 매우 잘 통하면서 부식에 강하고 인체에 해가 없으므로 고급 전자제품의 전선과 스위치를 비롯하여 컴퓨터와 휴대전화기의 전극으로, 나아가 반도체의 회로 연결에 잘 이용합니다.

∴ 80 - 수은(水銀) :

금속이면서 상온(20~25℃)에서 액체 상태로 존재하는 은백색의 수은은 고대부터 알던 원소입니다. 수은은 대단히 무거운 원소로서, 전기를 잘 통합니다만 열은 잘 전도하지는 않습니다. 상온에서 액체인 수은도 영하 - 38.83℃가 되면 고체가 됩니다.

수은은 온도계, 기압계, 압력계, 혈압계, 형광등, 수은전지 안에 들었습니다. 형광등 안에 넣은 미량의 수은은 전류가 흐를 때 자외선을 냅니다. 이 자외선은 전등 벽에 칠해둔 형광물질을 자극하여 가시광선을 방사합니다. 수은의 흥미로운 성질 중 하나는 표면장력이 매우 크다는 점입니다. 수은이 마루에 떨어지면 바닥에 부착하지 않고 잔잔한 은구슬이 되는 것은 강한 표면장력 때문입니다. 잘게 흩어진 수은 방울은 서로 합치기조차 쉽지 않습니다.

수은은 금(여러 금속 포함)을 녹이기 때문에 금을 야금(冶金)할 때 필수적으로 이용합니다. 수은은 다른 중금속과 마찬가지로 인체에 들어오면 축적되어 해롭습니다. 체내로 들어온 수은은 효소와 결합하여 그 기능을 방해하고 신경조직 등에 피해를 주기 때문입니다. 수은은 휘발성이 크므로 그 증기를 마시면 폐나 소화기관을 통해 체내로 흡수될 수 있습니다. 그러므로 수은은 조심해서 다루어야 합니다. 수은의 독성을 몰랐던 과거에는 수은화합물을 민간약으로 사용하기도 했습니다. 체내에 축적된 수은의 영향으로 신경조직과 기타 기관에 심각한 피해를 입은 예가 다수 있었습니다. 대표적인 수은 중독 사건은 1950년대 말 일본에서 발생했던 유명한 공해병 '미나마타 병'입니다.

수은의 위험이 알려진 이후 수은온도계를 만들지 않게 되었습니다. 수은온도계의 수은은 $-39℃$ 이하로 내려가면 고체화되므로, 이보다 낮은 온도는 잴 수 없습니다. 그러나 수은에 8.5%의 '탈륨'이라는 원소를 혼합한 것은 $-60℃$에서 얼기 때문에 훨씬 낮은 온도를 재는 온도계에 이용합니다.

'수은전지'는 휴대용 전자기기의 전지로 많이 이용되고 있습니다. 화학적으로 수은과 이웃하는 금속들은 모두 상온에서 고체인데, 수은만 액체 상태인 것은 신비로운 성질입니다. 수은의 그러한 성질 덕분에 금 광석에서 금을 쉽게 가려낼 수 있게 되었습니다. 형광등만 하여도 수은

이 없으면 그를 대신할 마땅한 원소가 없습니다. 수은은 고맙기도 하지만 안전하게 사용해야 할 원소입니다.

: 82 - 납(鉛) :

친숙한 금속인 납은 녹는 온도가 매우 낮고, 무르면서 무거운 금속이어서 고대로부터 이용해 왔습니다. 서기전 5,000년경의 이집트 무덤에서 출토되었고, 로마시대에는 납으로 연관(鉛管)을 만들었습니다. 납은 핵분열을 하지 않는 원소 중에서 가장 원자량이 큰 원소(207)입니다. 납보다 원자량이 많은 원소들은 핵이 불안정하여 자연적으로 핵붕괴를 합니다.

납은 일상생활에서 납축전지의 전극, 총탄, 저울 추, 고기잡이 그물의 추, 전자기기의 회로를 연결하는 땜납, X선(방사선) 차폐 벽, 우승컵을 만드는 백납 등에 이용됩니다. 납의 화합물은 페인트 색소(황, 백, 적색 등)로도 많이 소비됩니다. 1980년대 초까지만 해도 신문, 책과 같은 인쇄물은 납으로 만든 활자(活字)에 잉크를 발라 찍었습니다.

그러나 납이 체내에 축적되면 다른 중금속과 마찬가지로 효소의 촉매작용을 방해하고, 뇌와 간, 신장에 장해를 일으킨다는 것을 알게 되면서, 사용처가 급격히 줄어들고 사용할 때 조심하게 되었습니다. 납은 휘발유에도 미량 섞여 있습니다. 자동차 배기가스에 섞여 배출되는 납은 공해의 원인이 됩니다. 오늘날에는 '납 탄환' 사용을 불법으로 정한 나라도 많습니다. 사냥한 동물의 몸이 납에 오염될 수 있기 때문입니다. 굴절률이 좋은 크리스털 유리는 산화납을 넣어 만듭니다.

지난 2010년의 통계에 의하면 세계는 이 해에 약 950만 톤의 납을 생산했습니다. 이 정도로 매년 소비하면 반세기가 지나기 전에 납 자원도 고갈될 것이라고 염려합니다. 그런 날이 오기 이전에 재생 사용해야 할 것입니다.

83 – 비스무트(비즈머스) :

비스무트(bismuth)는 잘 알려지지 않은 원소이지만 독특한 성질이 있어 편리하게 이용됩니다. 물이 얼면 부피가 팽창하듯이 비스무트도 같은 성질을 가졌습니다. 비스무트의 이런 특성은 주형(鑄型)을 만들 때 편리합니다. 예를 들어 일반 합금을 녹여 만든 주물(鑄物)은 식으면 부피가 수축하게 되지만, 비스무트가 적당량 포함된 합금은 냉각되어도 부피가 줄지 않으므로 정밀한 주물을 제작할 수 있습니다. 비스무트는 인체에 대한 독성이 없고 납(녹는 온도 327.5℃)보다 낮은 온도(271℃)에서 녹으므로 납 대신 사용하는 금속이 되어 경제 가치가 높아가고 있습니다.

88 – 라듐(레이디엄) :

라듐은 폴란드 태생의 프랑스 화학자 마리 퀴리(Marie Curie)와 남편 피에르 퀴리(Pierre Curie)가 1898년에 발견한 역사적으로 유명한 원소입니다. 이 원소의 발견과, 당시 막 발견된 전자(電子), 아인슈타인의 상대성 이론은 오늘의 과학시대를 여는 계기가 되었습니다. 라듐이라는 명칭은 그로부터 방사선이 방출되기 때문에, 라틴어로 광선(radius)을 의미하는 말에서 따온 것입니다. 라듐은 어둠 속에서 옅은 푸른빛(형광)을 냅니다. 발견 당시의 사람들은 방사선의 정체와 위험성을 몰랐기 때문에 밤에도 시계를 볼 수 있도록 문자판에 라듐 페인트를 한동안 사용했습니다.

악티늄족 원소 :

'악티늄족 원소'라 부르는 희귀한 원소들이 있습니다. 원자번호(원자량)가 89번인 악티늄으로부터 로렌슘(103번)까지 15종 원소를 말하는데, 모두 방사성을 가진 원소입니다. 너무나 유명한 우라늄과 플루토늄은 이 악티늄족 원소에 속합니다.

90 – 토륨 :

악티늄족 원소의 하나인 토륨은 미래의 원자력 에너지 연료로 매우 중요합니다. 왜냐하면 토륨에 중성자를 충격하면, 몇 과정을 거쳐 우라늄으로 변하기 때문에 핵연료로 사용할 수 있습니다. 토륨(Th-232)을 연료로 쓰는 실험용 원자로(고속증식로)는 우리나라를 비롯한 몇 나라에서 연구하고 있습니다.

원자력 연료로서 토륨의 장점은 자체적으로 핵분열을 일으키지 않기 때문에 원자로의 스위치를 끄면 자동으로 핵분열이 멈춘다는 것입니다. 그러므로 우라늄 원자로와 달리 냉각장치에 이상이 생기더라도 위험이 적습니다. 토륨은 핵연료 외에 상업적 용도가 몇 가지 알려져 있습니다. 토륨과 마그네슘의 합금은 열에 강하고 견고한 금속이어서 비행기 엔진 제조에 쓰이며, 전자기기에서는 전자를 잘 방출하는 전극으로 이용합니다.

92 - 우라늄 :

우라늄(유레니엄)이라 하면 원자로와 원자폭탄을 먼저 생각합니다. 우라늄은 자연계에 존재하는 원소로서 가장 무거운 금속 원소입니다. 오늘날 우라늄은 채굴할 때부터 유엔 산하 국제원자력기구(IAEA)의 통제를 받습니다. 그러나 몇 독재국가에서 이를 따르지 않아 평화가 위협받고 있습니다.

우라늄의 화합물은 수천 년 전부터 유리라든가 도자기의 색을 내는 데 이용되어 왔습니다. 우라늄에는 우라늄-233(U-233)으로부터 U-238 까지 6종의 동위원소가 있습니다. 이 중에 자연계에 존재하는 대부분 (전체의 99.3%)의 우라늄은 U-238인데, 이것은 반감기가 무려 46억년 (지구 나이와 비슷)이고 핵분열반응도 일으키지 않으므로 방사능이 없다 고 할 수 있습니다.

원자폭탄이나 원자력발전소에서 핵연료로 사용하는 것은 존재량 이 많지 않은 우라늄-235입니다. 우라늄-235에 중성자를 충격하면 U-236으로 되었다가 두 종류의 원소(Kr-92와 Ba-141)로 분열되면서 막 대한 에너지가 방출됩니다. 이때 중성자도 3개 튀어나와 주변의 다른 U-235 원자를 연달아 깨뜨리게 됩니다. 이를 '핵분열 연쇄반응'이라 합 니다.

94 - 플루토늄 :

미국의 맨해튼 계획 때 만들어 첫 실험(1945년 7월 16일)에 사용했던 원자폭탄(이름 Trinity)과, 일본 나가사키에 투하된(1945년 8월 9일) 2번 째 원자폭탄(이름 Fat Man)은 플루토늄-239를 연료로 만든 것이었습니다. 한편 나가사키보다 3일 먼저 히로시마에 떨어진 원자폭탄(이름 Little Boy)은 U-235가 연료였습니다.

핵물질(핵연료)은 핵이 붕괴될 때 질량이 조금 줄고, 이때 감소된 질량에 해당하는 에너지가 방출됩니다. 핵연료가 되는 플루토늄은 자연계에는 존재량이 지극히 적기 때문에, 우라늄(U-238)에 중성자를 충격하여 인공적으로 만듭니다. 플루토늄(Pu-239)은 원자력발전소의 원자로에서 해마다 많은 양 생산되고 있습니다.

: 인공으로 만드는 원소들 :

과학자들은 자연계에 존재하지 않는 매우 무거운 원소들을 입자가속기와 원자로를 이용하여 인공적으로 만들고 있습니다. 미국에서 원자탄이 개발될 때부터 합성하기 시작한 인공원소는 플루토늄을 비롯하여 아메리슘, 퀴륨 등 2012년까지 25종이 알려져 있습니다. '초우라늄 원소'라고도 말하는 이들 인공원소는 당장은 활용도가 없지만 미래의 원자력에너지원, 원자력 전지 등으로 개발되고 있습니다. 2002년에 인공원소로 확인된 원자번호 118번 우눈옥튬 원소는 현재로서 최대 질량을 가진 원소입니다. 이런 인공원소는 합성된 순간에만 존재하고 곧 붕괴되어 다른 원소로 변합니다.

이상에서 중요 원소의 성질과 용도를 간단히 소개했습니다. 신은 세상의 물질을 원소이든 화합물이든 3가지 상태 즉 기체, 액체, 고체 3가지 상태로 창조했습니다. 과학자들은 '플라스마'라는 제4의 상태도 연구합니다만 일반인에게는 난해합니다. 물질이 3가지 상태가 아니고, 액체이거나 고체로만 또는 어느 하나의 상태로만 창조되었다면 세상은 이렇게 변화무쌍(變化無雙)할 수 없습니다. 물질이 조건(온도, 압력 등)에 따라 고체가 액체로, 액체가 고체로, 기체가 액체로 변하고, 서로 결합하거나 분해될 수 있다는 것은 놀라운 물성입니다.

화학변화의 속도를 조절하는 자연법칙

화학반응이란 다른 종류의 물질이 만나 제3의 새로운 물질로 변화되는 것을 말합니다. 화학반응은 저절로 일어나는 것처럼 생각되나 언제나 에너지가 작용합니다. 물질 중에는 화학반응이 잘 일어나는 것도 있고 반대로 잘 변화되지 않는 것도 있습니다. 화학반응이 일어날 때는 온도, 압력, 부피, 촉매 등의 영향을 받습니다. 예를 들자면 질소(N)와 수소(H_2)를 반응시키면 암모니아(NH_3)가 됩니다. 이것을 화학방정식으로 나타내봅니다.

질소 + 수소 ⇌ 암모니아

이 반응 때, 압력을 높게 하면 암모니아가 생산되고, 압력이 낮으면 암모니아가 분해되어 질소와 수소로 됩니다. 이때 온도가 높다거나, 촉매가 있거나 하면 반응은 더 빨리 진행됩니다.

자신은 화학반응에 참여하지 않으면서 반응이 빨리 진행되도록 작용하는 물질을 촉매(觸媒 catalyst)라 합니다. 생물의 세포 속에서 일어나는 온갖 화학반응에 촉매가 작용하지 않는다면, 더 높은 열이 필요하여 생존이 어려울 것입니다. 생체 속의 촉매 물질을 '효소'(enzyme)라 부릅니다.

자동차 엔진에 부착된 촉매변환기(catalytic converter)에서는 백금이나 팔라듐, 로듐 등의 촉매가 들어있어 연소율(燃燒率)을 높이고, 엔진에서 발생하는 일산화탄소나 산화질소와 같은 공해물질을 무공해 기체로 변환시키는 작용을 합니다. 화학자들은 생체 내의 촉매작용에 대해 많이 연구합니다. 생명체가 가진 신비로운 화학기술을 파악하여 공장에서 응용하기 위해서입니다.

인체의 체온은 항상 일정합니다. 만일 체온이 정상 이상으로 높아진다면, 체내에서 일어나는 화학반응이 너무 빨리 진행될 것이고, 체온이 낮아진다면 필요한 화학반응(신진대사 등)이 너무 늦어 생명에 지장을 주고 맙니다. 효소라는 물질은 지극히 소량이지만 그들의 역할은 생명과 직결됩니다. 인체는 수천 가지 효소를 만들고 있습니다. 한 예로 전분을 분해시키는 침 속에 포함된 아밀레이스(amylase)를 들 수 있습니다. 이 효소 덕분에 밥을 씹는 동안에 밥의 전분은 당분으로 변해 쉽게 소화될 수 있습니다.

특별히 창조된 생명의 화합물-물

　세상에는 수없이 많은 종류의 화합물이 있지만, 그중에 인간에게 가장 중요한 것 4가지를 말한다면 물, 소금, 석회석, 전분일 것입니다. 이 장에서는 그들 중에 물과 석회석을 소개합니다, 성서에는 창조 2일째에 물을 만들었다고 기록되어 있습니다. 지구상의 물은 바다, 강, 호수에만 있는 것이 아니라, 지하로 스며든 물은 샘물로 솟아나고, 하늘로 올라간 물은 구름과 이슬과 안개와 빗방울로 존재합니다. 공기의 고마움을 모르고 살듯이 물의 중요성 또한 잊어버리고 지냅니다. 사람은 산소가 없으면 5분도 지나지 않아 생명에 위협을 받습니다. 음식을 먹지 않고 2달 이상 생존한 사람은 있지만, 물을 먹지 않으면 1주일을 넘기기 어렵습니다.

　사람들은 물을 '생명수'라고 말하기 좋아합니다. 그 이유는 최초의 생명체는 물에서 생겨나 물에서 진화를 시작했으며, 모든 생명체는 물 없이 살지 못하기 때문입니다. 동식물의 몸은 대부분이 물로 이루어져 있습니다. 인류가 모여 살면서 문명을 만들기 시작한 곳도 물이 풍부하게 흐르는 강변이었습니다. 사람들은 지금도 물이 넉넉히 있는 곳에 대도시를 이룹니다.

: 물의 창조 과정

물은 과거와 달리 풍부한 자원이 아닙니다. 지구 전체의 물 총량은 약 14억㎦인데, 이것은 지구 전체를 3,000m 깊이로 덮을 수 있는 양입니다. 그러나 현실적으로 이용 가능한 소금기가 없는 담수(淡水)는 이 가운데 0.8%에 불과합니다. 산업이 발달하고 인구가 증가할수록 물 소비가 늘어나, 지금에 와서는 수자원이 위기 상황에 이르렀습니다. 그에 따라 세계 각국은 좋은 물을 넉넉히 확보하기 위한 '물의 전쟁'을 벌입니다.

지구(地球)는 수구(水球)라고 말하기도 합니다. 지구상의 물은 주로 3가지 과정에 의해 생겨났다고 과학자들은 생각합니다. 첫째는, 지구가 탄생한 후 차츰 식어가며 굳어질 당시에 우주 먼지 속에 이미 상당량의 물이 있었다는 생각입니다. 두 번째는, 지구 표면에 떨어진 수

많은 혜성들로부터 현재 있는 물의 절반 이상이 왔을 것이라 합니다. 실제로 혜성의 머리는 거대한 눈덩이처럼 얼음을 가지고 있습니다.

지구 탄생 초기, 지표면에서는 내부의 열 때문에 용암과 화산 가스가 계속 분출하고 있었습니다. 화산 가스에 다량 포함되어 있던 수증기는 공중에서 식어 물이 되었습니다. 그 물은 비가 되어 다시 떨어져 지표면을 냉각시켰습니다. 이러한 상황은 수천만 년 계속되었으므로, 그 때의 지구는 수증기와 폭우의 세상이었다고 하겠습니다. 화산에서 나오는 수증기는 창조 당시에 지각 구성 성분과 결합하고 있던 것이라 합니다.

지구가 얼마큼 식었을 때, 낮은 곳에 물이 고여 바다가 생겨났습니다. 이때의 바다는 소금기가 없는 담수해(淡水海)였습니다. 이때부터 물은 바다와 하늘과 땅 사이를 순환하면서 지표(地表)의 형태를 만들기 시작했습니다. 창세기에는 물의 창조가 짧게 표현되어 있지만, 신은 이렇게 귀중한 생명의 물을 수소 2원자와 산소 1원자를 결합시키는 방법으로 창조하여 우주 공간, 혜성, 지구, 화성에까지 저장해 두었다고 생각됩니다.

: 물이 얼고 끓는 온도의 신비

물은 다른 물질에서 볼 수 없는 특별한 성질을 100가지도 넘게 가졌습니다. 물이 얼마나 특별한 물질로 창조되었는지 중요한 사항을 일부 골라 소개합니다. 물의 특성 중에서 물이 어는 온도와 끓는 온도는 인간의 생존과 특별한 관계가 있습니다. 사람들은 100℃가 되어야 물이 끓는 현상에 대해 별로 감사해 하지 않을 것입니다. 등산가들이 고산에 올라 요리를 하면 밥은 설익고, 음식도 제 맛을 내지 못합니다. 그 이유는 고산일수록 기압이 낮기 때문에 물이 낮은 온도에서 끓어버리기 때문입니다.

예를 들어, 해수면 고도(1기압)에서는 100℃에서 끓는 물이 에베레스트(높이 8,848m) 산정에서는 69℃에서 끓어버립니다. 고도가 285m 오를 때마다 끓는 온도가 1℃씩 낮아지는 것입니다. 반대로 고압의 보일러나 밥솥 속에서는 100℃보다 높은 온도에서 물이 끓습니다. 예를 들어 실험실이나 병원에서 완전 살균을 위해 사용하는 고압멸균기는 물 온도를 대개 121℃까지 올립니다.

인간을 제외하고 어떤 동물도 음식을 익혀 먹지 않습니다. 그런데 음식재료인 쌀이라든가 야채, 생선, 육류 등은 모두 100℃까지 온도를 올려야 제대로 익고 맛을 낸다는 것은 신비입니다. 기름에 튀기거나 굽기도 하지만, 그 역시 음식에 포함된 수분을 끓게 하는 것입니다. 물은 아무리 강한 불 위에서라도(고압 조건이 아닌 한) 계속 100℃에서 더 이상

우주에서 바라보는 지구는 바다의 푸른색과 구름의 흰색인데 이는 모두 물의 색입니다. 물은 형태를 바꾸면서 순환하고, 기상현상을 일으키고, 아름다운 경관을 만듭니다. 망망대해로부터 해안으로 밀려드는 파도, 절벽에서 떨어지는 폭포, 깊은 산중의 고요한 호수, 아침햇살에 반짝이는 풀잎의 이슬, 산정을 덮은 흰 눈, 이들 모두가 수구를 이룹니다.

온도가 오르지 않고 끓기만 합니다.

  사람의 입은 단맛, 쓴맛, 신맛, 짠맛, 매운맛 5가지를 느낀다고 일반적으로 알려져 있습니다. 그러나 사실 인간의 혀는 더 많은 종류의 맛을 압니다. 5가지 맛을 아무리 배합하고 냄새를 보충하더라도 밥의 맛과 감자, 고구마, 구운 갈비나 고기국의 맛이 날 수 없습니다. 이처럼 다양하고 특별한 맛은 100℃로 끓는 물 안에서 만들어집니다.

코피는 비등하는 물에 끓여야 제 맛이 납니다. 약초로 된 한약은 끓는 물에서 일정 시간 다려야 성분이 제대로 울어나 기능을 발휘합니다. 끓지 않는 물이라면 약효가 훨씬 감소합니다. 달이는 동안에 약효 성분이 울어나기도 하지만, 끓는 온도에서 화학반응도 일어나 효력을 가진 탕약이 됩니다.

끓는 물에 화상을 입는 사고가 발생합니다. 만일 100℃보다 더 높은 온도의 물이 피부에 떨어진다면 치명적이 될 것입니다. 70℃ 정도의 물에서는 거의 모든 세균이 몇 분 안에 살균됩니다. 우리는 100℃라는 물을 이용하여 요리하는 동시에 음식 속의 병균도 살균합니다.

⋮ 인간이 이용하는 물의 힘

물레바퀴가 발명된 때는 기원전 1세기경이라 합니다. 인류 역사에서 가장 중요한 발명품의 하나는 증기기관입니다. 물이 끓을 때 발생하는 수증기(기체)의 팽창력을 이용하는 증기기관을 1765년에 발명하면서 물레

방아나 풍차 대신 증기의 막강한 힘을 이용하는 방법을 알게 되었습니다.

증기기관은 소나 말보다 수십 배 강한 힘으로 운반하고, 기계를 돌리며, 들어 올리고 물을 펌프질했습니다. 증기기관의 발달은 산업혁명을 일으킨 원동력이었습니다. 발전소에서 생산되는 전력의 약 절반은 화력발전소의 증기로부터 생산되고 있습니다. 높은 댐으로부터 중력에 끌려 떨어지는 물의 위치에너지를 이용하는 수력발전은 무공해 발전이고, 연료가 들지 않아 현재로서 이상적인 발전 방법입니다.

달의 중력에 의해 일어나는 밀물과 썰물의 막강한 힘을 이용하는 조력발전(潮力發電)은 간만(干滿)의 차가 큰 우리나라 서해안과 같은 지역에서 유망한 발전 방식입니다. 조력발전은 간조와 만조 시각이라든가 조류의 양을 예측할 수 있어 전력 생산계획을 확실히 할 수 있습니다.

간만의 차가 많은 해역이라든가 유량(流量)이 많은 하구에는 지형에 따라 매우 빠른 조류가 흐릅니다. 이런 곳에는 마치 풍력발전기처럼 수중에서 회전하는 터빈을 설치하여 전력을 생산하기도 합니다. 물의 밀도는 공기의 832배이므로, 이는 풍력발전기보다 수백 배 에너지를 가지고 있음을 의미합니다. 우리나라 서해안과 남서해안의 섬과 육지 사이는 마치 홍수처럼 조류가 흐르는 곳이 많으므로 조류발전이 기대됩니다.

세계의 모든 바다에는 해류가 상당한 속도로 흐릅니다. 과학자들은 해류의 힘을 이용하는 해류발전소와, 강한 파도의 힘을 이용하는 파력발전 방식도 연구합니다. 수심이 깊은 바다는 표면보다 수온이 매우 찹니다. 이러한 바다라면, 해면과 심해 사이의 온도 차를 이용하여 에너지를 생산하는 발전소도 만들 수 있습니다. 수면과 해저의 온도 차이가 3.3℃만 된다면 발전시설을 할 수 있다고 합니다. 모두 물이 가진 에너지를 이용할 수 있는 창조의 법칙입니다.

⠇ 인간이 이용하는 물의 화학에너지

물로 자동차를 달리게 할 수 있는 시대가 되었습니다. '물 연료'는 석유처럼 태워 에너지를 얻는 것이 아닙니다. 물에 + - 전극을 꽂아 전류를 흘려주면, 음극(-)에서는 수소가 발생하고, 양극(+)에서는 산소가 발생합니다. 이것을 물의 '전기분해'라 합니다. 그런데 물의 전기분해 현상이 정반대로 일어나게 하면, 다시 말해 수소와 산소를 결합시키면 전기가 생겨납니다. 연료전지는 바로 수소와 산소를 결합시켜 전기를 얻도록 한 장치입니다. 연료전지는 전지라기보다 수소와 산소를 반응시켜 전기를 생산하는 '발전기'의 일종입니다. 이런 연료전지는 이산화탄소라든가 공해물질이 포함된 재나 연기를 배출하지 않습니다.

수소와 산소를 쉽게 결합시킬 방법만 있다면, 물로 달리는 자동차를 만들 수 있게 됩니다. 그러나 이 화학반응은 간단히 일어나지 못합니다. 만일 우주선에 연료전지를 싣고 간다면, 필요한 전력을 생산하는 동시에 반응 후 생성되는 물은 식수로 쓸 수 있습니다. 우주선 내에서 재생된 물은 다시 수소와 산소로 만들어 연료전지 연료가 될 것입니다. 또 연료전지를 가동시키면 물과 함께 열도 발생하므로, 그 열은 우주선 안을 따뜻하게 할 것입니다.

미국 항공우주국(NASA)은 1960년대에 작은 연료전지를 만들어 '제미니 5호' 우주선에 실어 실제로 우주선에서 전력을 생산하는데 성공했으며, 지금은 나라마다 성능 좋은 연료전지를 개발하려고 경쟁합니다. 이런 연료전지를 동작시키려면 화학반응이 잘 진행되도록 하는 촉매(觸媒) 물질로 백금이 다량 필요합니다. 백금은 고가인 것이 연료전지 개발의 최대 걸림돌이었습니다만, 과학자들은 백금이 아닌 경제적인 다른 촉매 물질을 연구하고 있습니다.

머지않아 냉장고 크기의 연료전지를 집안에 들여놓으면, 가정에서 필요한 모든 전력을 생산할 수 있는 날이 올 것이라고 합니다. 우리나라를 비롯한 세계 유명 자동차회사들은 공해도 없고, 지구온난화를 유발하는 이산화탄소를 배출하지 않는 차를 만들기 위해 연료전지를 연구합니다. 인류는 천혜의 물 하나로 식수, 농경, 수송, 에너지까지 모든 생존의 문제를 해결하려 합니다.

물을 구성하는 수소 원자의 핵에는 양성자 1개만 들어 있습니다. 그런데 극히 일부의 수소는 핵에 양성자 1개 외에 중성자 1개를 더 가졌습니다. 일반 수소보다 무겁기 때문에 '중수소'라 부르는 이 수소가 산소와 결합하여 물이 되면 이를 따로 '중수'(重水)라 부릅니다. 자연의 물 약 6,000개 분자 중에는 1개의 중수가 섞여 있습니다. 우라늄을 연료로 사용하는 원자력발전소의 원자로에는 핵반응을 일으키는 핵연료 주변을 중수로 채웁니다. 이곳의 중수는 핵분열반응 속도를 감속시키는 작용을 합니다.

자연계에는 중수소보다 중성자를 1개 더 가진 '삼중수소'가 전체 수소의 10억×10억 분의 1 정도 포함되어 있습니다. 이런 중수소나 삼중수소는 강력한 우주 방사선 때문에 생겨납니다. 과학자들은 특수한 원자로에서 인공적으로 삼중수소를 만들어 핵융합반응의 연료로 이용합니다. 중수소나 삼중수소를 핵융합시키면 엄청난 에너지가 나옵니다. 핵융합반응은 바로 수소폭탄의 원리입니다. 핵융합반응 속도를 적절히 조절할 수 있는 날이 오면, 중수소나 삼중수소를 가진 물 분자는 '핵융합 원자력발전소'의 연료가 될 것이며, 그때는 화석연료처럼 연료 고갈을 걱정을 하지 않아도 될 것입니다.

: 인체를 지배하는 물

인간 체중의 대부분은 물의 무게인데, 물에는 칼로리가 없습니다. 그러나 생명을 유지하려면 물이 언제나 충분히 있어야 합니다. 심한 갈증은 최악의 고통이기도 합니다. 물은 혈액의 성분이 되어 산소와 영양을 운반하고 이산화탄소와 노폐물이 체외로 배출되게 합니다. 물은 영양소, 산소, 이산화탄소 등을 녹일 수 있는 고성능 용매(溶媒)이며, 세포막을 자유로 지나다닐 수 있습니다. 몸속에 나쁜 독소가 들어오면 물이 이것을 녹여 밖으로 배출합니다. 체온이 오르면 땀으로 분비되어 몸을 냉각시켜줍니다. 폐는 하루에 약 2.3리터의 수분을 호흡 때 배출하여 기관지와 호흡기관을 촉촉하게 보호합니다.

만일 심하게 운동을 한다거나, 토하거나 하여 수분 배출량이 증가하면, 직접 물을 마시거나 음식 또는 과일을 먹어 수분을 공급해야 합니다. 신은 인간의 갈증 위기를 대비하여 과일이나 야채 속에도 물(무게의 약 95%)을 저장해두었습니다. 인체가 분비하는 눈물, 콧물, 침, 소화효소의 대부분도 물입니다. 눈물은 동공이 건조하지 않도록 보호하고, 눈에 들어온 티끌을 씻어내며 소독까지 해줍니다. 콧물은 코 안의 점막을 보호하면서 먼지를 씻어냅니다. 입속의 침은 음식이 잘 섞이도록 하고 소화를 돕는 효소까지 담고 있습니다.

물은 '수소 이온'(H+)과 '수산화 이온'(OH−)으로 나뉘는 성질이 있으므로, 생명체의 몸속에서 산성도(酸性度)를 조절하는 중요한 작용을 합니다. 예를 들면, 위(胃)에서 분비되는 소화액에는 강한 산성(산도 4 정도)을 가진 염산이 포함되어 있습니다. 위에는 염산을 담아두는 주머니 같은 기관이 따로 없습니다. 위 벽을 이루는 세포에서 필요할 때 생산됩니다. 염산이 만들어질 때는 물과 소금, 이산화탄소가 반응하는 것으로 알려져 있습니다. 염산은 소화되기 어려운 음식을 녹이기도 하지만, 음식과 함께 위에 들어온 세균과 바이러스까지 죽이는 작용을 합니다.

위를 제외한 대부분의 인체 조직은 산도 7.4(pH 7.4)를 유지하고 있는데, 이 조건은 온갖 효소들이 활동하기 가장 좋습니다. 인체 내에서 물이 하는 역할은 모두 자동적으로 이루어집니다. 어떤 의사도 할 수 없는 치밀한 조치입니다.

： 경이로운 물의 물성(物性)

세상 물질 중에서 가장 신비스러운 것은 단연 물입니다. 물은 수소와 산소 두 가지만의 원소로 구성된 간단한 화합물이지만, 경이로운 성질을 가졌습니다. 예를 들어 물과 아주 비슷해 보이는 에틸알코올은 −114.3℃가 되어야 얼어 고체로 되고, 78.4℃가 되면 기체로 변합니다.

사람들은 물맛이 좋다든가 나쁘다고 말하지만, 순수한 물은 색이 없고(무색) 냄새가 없는(무취) 물질입니다. 그릇에 담긴 물이나 얼음은 투명하게 보이더라도, 수심이 깊으면 연한 푸른빛이 납니다. 물에 색이 없는 것은 참 다행한 일입니다. 물빛이 있다면 태양빛이 물속 깊숙이 침투할 수 없습니다. 물이 투명한 물질인 덕분에 상당한 깊이까지 수생 동식물들이 생존합니다.

물은 무취(無臭)라고 하지만, 동물의 세계에서는 물의 냄새를 감각하는 종류가 있다고 합니다. 물에서 멀리 떨어져 나와 놀던 개구리가 물을 찾아간다거나, 모래밭에서 갓 깨어난 거북의 새끼가 알에서 나오자마자 곧장 바다를 향해 간다는 것은, 그들에게는 물의 냄새를 느끼는 감각을 가졌기 때문일 것입니다.

대야에 담긴 물을 휘저어보면 거품이 잘 일지 않으며, 생기더라도 금방 깨어져버립니다. 이것은 물 분자끼리 당기는 응집력이 강하기 때문입니다. 그러나 비눗물을 저어보면 큰 거품이 대량 생겨납니다. 비누가 풀린 물은 표면장력이 약해지므로, 거품이 고무풍선처럼 팽창하더라도 분자 사이가 쉽게 끊어지지 않습니다. 물의 표면장력이 큰 것은 참 다행입니다. 그렇지 않았더라면 계곡이나 폭포는 거품 목욕탕처럼 기포로 가득해질 것입니다.

물은 온갖 물질을 잘 녹이는 성질을 가졌습니다. 물처럼 훌륭한 용매(溶媒)는 없습니다. 덕분에 몸속의 피에는 여러 가지 영양분과 산소, 이산화탄소 등이 녹아 운반될 수 있습니다. 입안을 적셔주는 침에는 효소와 살균 효과를 가진 성분이 녹아 있습니다. 바닷물은 육지의 모든 물질을 녹여 담고 있습니다. 물은 고체만 아니라 산소와 이산화탄소까지 잘 녹입니다. 탄산가스를 녹인 물이 탄산음료이고, 맥주와 포도주의 기포역시 이산화탄소입니다.

물이 없다면 어떤 방법으로 몸을 청결히 씻고 옷과 이불을 세탁할 것이며, 병균과 오물을 씻어낼 수 있을 것인지 상상이 불가능합니다. 물에설탕이나 소금을 녹여보면 놀랍도록 많은 양이 용해되는 것을 확인할수 있습니다. 만일 수온이 높다면 더 많은 설탕을 녹입니다. 바닷물 1kg은 약 300g 이상의 소금을 녹일 수 있을 정도로 엄청난 용해도(溶解度)를가졌습니다.

물에는 많은 양의 산소가 녹아 있습니다. 그 덕분에 물고기들은 물밖으로 나오지 않고도 필요한 산소를 아가미를 통해 구할 수 있습니다. 심한 대기오염에도 지구가 안전할 수 있는 것은 빗물이 공해 가스들을녹여 청소해주기 때문입니다. 물은 다른 물질과 잘 섞이기도(혼합되기도)

합니다. 물에 알코올을 섞으면 어떤 비율로도 균질하게 혼합됩니다. 이렇게 잘 녹이고 섞이는 물이지만 기름 성분과는 혼합하지 않습니다. 물과 잘 접촉하는 물질은 '친수성(親水性) 물질'이라 하고, 반대로 피하는 물질은 '소수성(疏水性) 물질'이라 하지요.

생물체를 구성하는 전분, 지방질, 단백질, 핵산, 섬유질을 비롯한 합성섬유 등은 다수의 원자들이 모여 하나의 분자를 이루기 때문에 '고분자화합물'이라 합니다. 소금이나 설탕과 같은 물질을 잘 녹이는 물이지만 고분자화합물은 녹이지 않습니다. 예를 들어 포도당이나 설탕은 저분자 탄수화물이므로 물에 잘 녹습니다. 그러나 쌀이나 감자를 구성하는 전분(澱粉)은 고분자 상태이므로 녹지 않습니다. 생물체를 구성하는 고분자화합물을 녹이지 않는 물의 성질은 우연한 것이 아니라고 생각됩니다. 만일 근육이나 뼈, 지방층 등이 물에 녹는다면, 몸의 형태를 유지하지 못할 것입니다. 그러나 일단 소화기관에 들어온 전분, 지방질, 단백질은 '소화효소'라는 것의 작용 때문에 물에 녹는 작은 분자로 되어 흡수됩니다.

예외로, 계란의 흰자는 단백질인데도 투명한 액체 상태입니다. 그 이유는 계란의 흰자는 '알부민'이라는 분자 크기가 작은 단백질이기 때문입니다. 계란의 흰자와 노른자는 닭의 배아(胚芽)가 성장할 때 소비하는

식물의 입에 있는 엽록소는 물을 분해하여 산소와 수소로 만들고, 수소는 다시 이산화탄소와 결합하여 포도당(탄수화물)을 만듭니다. 이때 부산물로 모든 동물이 원하는 산소를 생산합니다. 물방울이 둥글게 되는 것을 물의 강한 표면장력 때문입니다.

영양분입니다. 만일 알부민이 액체 상태가 아니라면 배아는 영양으로 잘 흡수하지 못할 것입니다. 신은 분자의 크기를 조절하는 간단한 방법으로 생명체의 구성 성분을 다스리는 것입니다.

물은 잘 더워지지 않고 잘 식지도 않으면서 열을 오래 보존하는 성질이 있습니다. 뜨거운 물은 좀처럼 식지 않습니다. 반대로 물을 데울 때는 매우 긴 시간이 걸립니다. 그래서 태양이 없는 밤이 오더라도 지구의 기온은 바닷물 덕분에 빨리 식지 않습니다. 만일 인체의 대부분이 물이 아니라면, 겨울에 외출했을 때 금방 체온이 내려가 동사(凍死)하거나 위험해집니다. 다행히 몸을 구성하는 물은 체온 변화를 더디도록 해주며, 더울 때 흘리는 땀은 증발하면서 열을 흡수하여 체온이 잘 유지되게 합니다.

물, 얼음, 유리, 다이아몬드, 투명 플라스틱 등이 투명하도록 창조된 것은 참 다행입니다. 만일 투명한 소재들이 없다면 얼마나 불편할지 모릅니다. 얼음이 불투명하다면 어떤 일이 생길까요? 얼음 덮인 호수나 바다 밑으로는 태양빛이 들어가지 못해 수생 동식물이 살지 못할 것입니다.

물속으로는 소리가 전해지지 않을 것처럼 생각되지만 공기 중에서보다 더 빨리 전달됩니다. 고래와 돌고래 종류는 음파를 내어 서로 통신하고 사냥을 합니다. 잠수함에서는 음파를 사용하여 항해하고 적함(敵艦)을 경계합니다. 어선들은 물속으로 음파를 보내 물고기를 찾습니다. 소리가 전달되는 속도는 물질의 성질(밀도, 탄성 등)과 온도에 따라 다릅니다. 공기 중에서는 기온이 20℃일 때 소리가 1초에 343.2m 진행하지만, 물속에서는 이보다 4.3배 빠른 1,484m를 갑니다. 쇠로 만든 기차선로의 소리 전달 속도는 초속 5,120m이므로 공기 중에서보다 약 15배 빠릅니다. 소리의 전달 속도는 온도, 습도, 물질의 압축 정도 등에 따라 조금씩 차이가 납니다. 과학자들은 바닷물 속에서 소리가 전달되는 속도를 측정하여, 물의 온도를 알아내기도 합니다. 예를 들면 수온이 1℃ 증가하면 전달 속도는 약 4.6m 빨라집니다. 수중에서의 소리 속도가 빠른 것은 수생동물의 생존에 매우 유리합니다.

⋮ 반드시 사행(蛇行)하는 물의 성질

빗방울이 모인 하천은 흘러내리면서 산을 깎아내리고 깊은 골짜기를 만들면서 침식한 흙과 모래를 멀리 운반합니다. 바닷가에 밀려드는 격랑(激浪)은 해안선을 끊임없이 파쇄(破碎)하여 기묘한 절벽과 다양한 해안을 조각하고 있습니다. 미국의 그랜드캐넌 협곡은 최고 깊이가 1,830m, 폭은 6~29㎞, 총 길이 446㎞에 이릅니다. 세계 최대 규모의 이 협곡은 콜로라도 강이 600만 년 동안 흐르면서 침식한 것입니다.

가장 부드러운 물질이 물이지만 신은 물로 지구의 다양한 모습을 조각했습니다. 빗방울이 모여 낮은 곳으로 구불거리며 흘러온 강물은 평지에서는 평야를 만들고 하구(河口)에 이르러서는 광활한 삼각주 평야를 형성합니다. 고공에서 내려다보면, 강의 지류들은 마치 혈관처럼 뻗어

구불구불 사행하는 강은 침식작용에 의해 끊임없이 모습이 변화합니다. 구불거릴수록 많은 면적에 물을 공급합니다. 강 주변에는 과거에 물이 흘렀던 흔적이 보입니다.

있습니다. 큰 강줄기는 동맥처럼 보입니다. 강 주변은 대개 부드럽고 비옥(肥沃)한 토양으로 이루어진 평야이므로 인류에게는 농사를 하며 정착할 터전이 되었습니다. 강물에 실려 내려와 하류에 퇴적된 엄청난 양의 모래와 자갈은 도시를 건설하는 건축자재가 되어줍니다.

　강은 끝없이 구불거리며 사행합니다. 자연적으로 흐르는 하천이라면 그 어떤 곳에서도 강폭의 10배 이상 거리를 직선으로 흐르는 곳이 없습니다. 일반적으로 강은 강폭의 5~7배 거리마다 원호를 그리며 흐릅니다. 그러므로 폭이 30m인 강이 2㎞를 흐른다면 그 사이에 5~7번은 구불거리고 있습니다. 이러한 현상은 물이 가진 복잡한 물리법칙과 지형의 영향 때문입니다. 수도호스나 소방호스 속으로 강하게 흐르는 물조차도 호스를 꿈틀꿈틀 뒤틀며 나옵니다. 지난날에는 하천을 정비할 때, 구불거리는 곳을 직선으로 만들려고 했습니다만, 오늘날에는 자연적인 곡선을 따라 흐르도록 개발합니다.

신은 왜 강물로 하여금 사행하도록 했을까요? 강물은 흘러가는 주변의 땅에 수분을 공급하여 식물이 자라도록 하며, 그 물에는 많은 동식물이 살게 합니다. 만일 평야를 흐르는 강이 1㎞ 거리를 직선으로 흘러버린다면 1㎞의 땅에만 수분을 공급합니다. 그러나 사행하는 강은 이리저리 돌아가면서 훨씬 넓은 땅에 물을 공급합니다. 뿐만 아니라 사행하는 긴 강에는 더 많은 물고기와 생명체들이 서식하며, 인간에게는 식량을 제공합니다.

지하수는 중력에 끌려 아래로 이동하지만, 물이 빠져나갈 수 없는 지층을 만나면 지하 호수에 머물거나 지하수의 강이 되어 이동합니다. 지하수 역시 사행합니다. 그러므로 전혀 예상치 않은 곳에서 지하수가 솟아나 사람이 살 수 있도록 해주기도 합니다. 지하수 덕분에 사막에도 오아시스가 있으며, 그 지하수를 끌어올려 농경(農耕)도 합니다.

일반적으로 지하수는 여름에는 매우 차고, 겨울에는 따뜻하게 느껴집니다. 이것은 열을 잘 보존하는 물의 성질과, 흙과 암석이 가진 훌륭한 보온작용 덕분에 물의 온도가 연중 비슷하게 유지되기 때문입니다. 어떤 곳의 지하수는 수온이 10~15℃ 정도로 낮습니다. 온실이나 비닐하우스에서는 이런 지하수를 양수(揚水)하여 분무하는 방법으로, 여름에는 온실을 냉각시키고 겨울에는 보온하기도 합니다.

: 지구 기온을 조절하는 물

신문과 방송은 거의 매일 온실효과에 대한 내용을 보도합니다. '지구온난화 현상'에 의해 이미 베니스를 비롯한 여러 해변 도시들이 수해를 입고 있습니다. 태평양과 인도양의 섬나라 몇 곳은 국토가 바닷물에 잠겨 사라지게 되자 다른 나라에서 영토를 사서 이주할 계획도 세우고 있다 합니다. 우리나라도 만조(滿潮) 때 밀려드는 높아진 바닷물이 해변 저지대 도시와 농경지로 들어오기도 합니다.

일반적으로 온실효과를 일으키는 주범은 이산화탄소, 메탄, 프레온가스 등이라고 알려져 있습니다. 그런데 알고 보면 지구온난화는 물의 작용이 가장 큽니다. 물은 지구상에서 순환하는 물질입니다. 떨어지는 빗방울 하나는 수십억 년 전부터 지구에 있던 물입니다. 지구상의 물은 처음 탄생한 이후 더 늘지도 않고 줄지도 않았습니다.

그러나 지구의 기온이 변하면 공기 중에 포함되는 습기의 양과 빗물의 양에 변화가 생깁니다. 여름에는 습도가 높고 겨울에는 습도가 낮습니다. 그 이유는 기온이 높으면 대기 중에 더 많은 습기가 포함될 수 있는 것이 자연의 법칙이기 때문입니다. 따라서 지구온난화에 의해 대기의 온도가 높아지면, 공기 중에 포함되는 수증기의 양이 많아집니다. 그러므로 지구온난화가 진행되면 대기 중에 수증기 상태의 물은 많아진 대신, 강우량이 줄어 가뭄과 물 부족 사정이 악화되고 맙니다.

다른 천체와 달리 지구의 기온이 생명체가 살기 좋을 만큼 따뜻할 수 있었던 원인은, 지구가 물을 가득 담고 있기 때문입니다. 지구 표면의 전체 평균 기온은 섭씨 약 14℃인데, 만일 화성이나 목성처럼 대기 중에 수분이 전혀 없다면, 지구의 평균기온은 -18℃로 내려갑니다.

지구 표면을 둘러싼 대기층은 태양에서 오는 적외선(열에너지)의 약 30%를 지구 밖으로 반사하고, 나머지 70% 정도를 흡수합니다. 이때 받아들인 적외선 에너지에 의해 지구 기온은 온실 속처럼 열이 보존되어 따뜻한 환경이 유지됩니다. 중요한 점은, 적외선의 열을 흡수하여 기온을 따뜻하게 유지시켜주는 본체는 이산화탄소가 아니라 물(공기 중에 포함된 수증기)이라는 것입니다. 이것은 물이 다른 물질에 비해 열을 흡수하여 오래도록 보존하는 특성을 가졌기 때문입니다.

그런데도 사람들은 '온실효과 원인이 물에 있다'고 말하지 않고, '온실가스' 때문이라고 합니다. 과거 수만 년 동안 지구 대기 중에서 온실효과 역할을 해온 수증기의 양은 변화가 거의 없었습니다. 그러나 지난 100여 년 사이에, 특히 1950년대 이후 산업이 발달하면서 과거 어느 때보다 많은 양의 이산화탄소와 메탄가스, 산화질소, 프레온가스(냉동기의 냉매로 사용하는 가스) 등을 배출하게 되었습니다. 이들은 모두 온실효과를 가진 기체인데다 대기 중에 그 양이 축적되어 왔습니다. 특히 화석연료가 연소할 때는 많은 양의 이산화탄소가 추가적으로 발생하여 온실효과 현상을 가속한 것입니다.

온실효과의 악순환은 계속되고 있습니다. 지구 표면은 많은 부분이 눈이나 얼음으로 덮여 있으며, 이런 곳은 태양 에너지를 반사하여 지온이 너무 오르는 것을 막아주는 역할도 합니다. 그러나 얼음이 녹아버리면 드러나는 지표 면적이 증가하면서 태양 에너지를 더 흡수하게 됩니다. '온실 효과'(greenhouse effect)라는 용어는 꼭 적절하지는 않지만, 이런 현상을 처음 발견한 프랑스 과학자 포리에(Joseph Fourier 1768~1830)가 1824년에 최초로 주장한 용어이기에 따르고 있습니다.

석회암은 천혜의 암석자원

사람들은 물과 공기의 중요함을 간과하듯이 석회암의 값어치를 무시합니다. 석회암은 물과 소금처럼 인간을 위해 대규모로 창조된 가장 귀중한 화합물의 하나입니다. 오늘날 건축이나 토목공사에 대량 사용하는 화강암이나 대리석 등을 보면 암석 종류가 다양한 것이 참 다행하다고 생각됩니다. 일반적으로 암석은 크게 화성암(火成巖), 퇴적암(堆積巖), 변성암(變成巖)으로 구분합니다.

화성암 – 화강암(花崗巖), 유문암(流紋巖), 반려암, 흑요석(黑曜石) 등이 화강암입니다. 이러한 암석은 지구 내부의 마그마와 화산에서 흘러나온 용암이 식어 굳어진 것들입니다. 화성암들은 그것에 포함된 성분과 그것이 굳을 때의 환경에 따라 수천 가지 모양으로 만들어집니다. 화성암 중에 건물의 벽이나 축대, 교각 또는 비석 등에 많이 사용하는 화강암(쑥돌)은 지구 내부에 녹아 있던 암석물질이 천천히 식어 생긴 것입니다. 서울의 백운대나 도봉산, 그리고 전국 어디서나 볼 수 있는 거대한 바위산은 화강암인 경우가 대부분입니다.

퇴적암 ― 홍수가 나면 흙과 모래도 함께 떠내려가 깊은 바다 밑바닥 어딘가에 쌓이게(퇴적하게) 됩니다. 바람에 멀리 날려간 모래와 흙도 높이 쌓입니다. 흙, 모래, 조개껍데기 따위가 장기간 쌓여 굳어진 것을 퇴적암이라 합니다. 역암(礫巖), 사암(砂巖), 석회석은 모두 퇴적암이며, 죽은 식물이 쌓여 생겨난 석탄도 퇴적암의 일종입니다. 퇴적암에서는 흙이나 모래, 조개 따위가 퇴적한 층을 볼 수 있으며, 다른 암석에 비해 덜 단단합니다.

변성암 ― 지각변동이 크게 일어날 때, 화성암이나 퇴적암이 깊은 지층으로 묻혀 들어가면 높은 압력과 열을 받아 변성암이 됩니다. 점판암(粘板巖), 편암(片巖), 편마암(片麻巖) 등이 변성암인데, 건축에 사용하는 대리석은 퇴적암인 석회석이 열을 받아 단단하게 변한 대표적인 변성암입니다.

암석 중에서 인류가 가장 다량으로 유용하게 활용하는 것은 석회암입니다. 지구 곳곳에서 채굴되는 석회석은 시멘트의 주원료입니다. 만일 시멘트라는 건축자재가 없다면 현대 건축은 거의 불가능합니다. 고대 이집트인들은 석회암으로 피라미드를 축조했습니다. 강원도 일대는 석회암 산으로 가득합니다. 기묘한 석주(石柱)와 석순(石筍)이 발달된 석회암 동굴을 관광하면 누구나 감탄합니다. 그렇지만 대부분의 사람들은 세계 곳곳에 형성되어 있는 석회암과 석회동굴이 왜 생겨났는지에 대해서는 알려 하지 않습니다.

오늘날 인류가 채굴해서 이용하는 석회암은 마치 석탄과 석유처럼, 신이 인간을 위해 예비해둔 자원이라 할 수 있습니다. 바다의 산호, 조개, 굴, 소라껍데기, 게 등껍질 등의 주성분은 탄산칼슘입니다. 이들이 바로 지구상의 석회석을 형성한 장본인들입니다. 그들이 수억 년 동안 해저 깊은 골짜기에 수백 수천m 높이로 퇴적되어 석회암층을 이루었습니다. 대규모 지각변동이 일어났을 때 일부 석회암층은 지상으로 드러나 석회암산이 되었고, 나머지 부분은 해저에 그대로 있습니다. 해안에서 볼 수 있는 대표적인 석회암은 베트남의 유명 관광지 하롱베이의 기묘한 섬들입니다.

⋮ 석회암을 비축한 자연의 방법

태초의 지구 대기에는 이산화탄소가 가장 많았습니다. 그러나 지구가 차츰 냉각되고 바다가 생겨났을 때, 이산화탄소는 해수(물)에 잘 녹는 성질을 가지고 있었습니다. 수억 년을 두고 바닷물이 출렁이는 동안 대기 중에 그렇게 많던 이산화탄소는 물에 녹아들어 점점 줄어들었습니다.

신은 지구에 생명체가 잘 살도록 단계적으로 환경계획을 진행했습니다. 30억 년 전쯤에는 광합성을 할 수 있는 원시적 식물이 생겨났습니다. 그때부터 식물은 대기 중에 남은, 또는 물에 녹아있는 이산화탄소를 이용하여 광합성을 하며 번성했습니다. 원시의 식물이 탄생하면서 대기 중의 이산화탄소는 더욱 줄어들고 대신 산소가 점점 많아졌습니다. 온갖 식물과 동물까지 살아가기에 충분한 산소가 채워진 때는 지금으로부터 약 7억 년 전이라고 합니다.

대기 중에 이산화탄소가 많으면 동물에게는 불리합니다. 신은 대기 중의 이산화탄소를 극적으로 감소시키는 계획을 추진했습니다. 첫 사업으로 약 5억 4,200만 년 전(캄브리아기)부터 바다에 산호(珊瑚 coral)라 부르는 하등동물을 탄생시켰습니다. 다양한 모습의 산호 종류는 엄청난 규모로 번성했습니다. 산호는 바닷물 속에 무진장 녹아있던 칼슘(Ca)과 이산화탄소(CO_2)가 결합한 탄산칼슘($CaCO_3$)으로 그들의 골격을 만들었습니다. 수억 년이 지나자 대기 중의 이산화탄소는 거의 탄산칼

숲이 되어버렸고, 그 결과로 바다에는 산호 군체가 산을 이루었습니다.

산호는 종류가 다양하고 아름답기도 합니다만, 산호가 붙어사는 몸체는 시멘트로 만든 조각품 비슷합니다. 산호는 시멘트 같은 골격의 표면에만 연약한 모습으로 무수히 붙어 군체(群體)를 이루고 있습니다. 이 군체를 '폴립'이라 부르는데, 폴립은 촉수(觸手)를 드러내어 플랑크톤을 먹고 자랍니다. 산호는 수백만 개체의 폴립으로 뒤덮여 있는데, 폴립의 크기는 수㎜(길이는 2~3㎝ 정도)에 불과합니다.

신기하게도 산호의 폴립에는 '주산텔라'(zooxanthellae)라는 단세포 식물체가 반드시 공생합니다. 산호는 이 단세포 식물과 공생함으로써 물밑에서도 영양을 충분히 취하면서 번성할 수 있습니다. 산호가 물이 맑고 얕은(약 60m 이내) 바다에만 사는 것은 바로 공생하는 단세포식물과 함께 생존하기 때문입니다. 폴립은 기저부(基底部)에서 석회석 성분을 분비하여 석회 덩어리를 형성하게 됩니다.

⋮ 지구온난화를 예방하는 바다의 석회동물

오스트레일리아 근해와 열대 아시아, 카리브 해, 홍해 등은 산호가 많기로 유명합니다. 산호가 무성한 곳에는 언제나 스킨다이버들이 찾아옵니다. 그들이 헤엄치며 발견하는 산호 덩어리(군체群體) 중에는 크기가 2~3m에 이르는 것도 있습니다. 이런 것은 수백 년 수천 년 자란 것인지도 모릅니다. 오스트레일리아 근해의 대산호초(Great Coral Reef)는 죽은 산호의 입자(탄산칼슘이 주성분인 모래)가 대규모로 쌓여 섬을 이루고 있는 곳입니다. 이곳 대산호초의 전체 길이는 약 2,000㎞에 이르며, 산호의 모래섬은 바다거북의 산란지로도 유명합니다.

바다에 산호가 등장하고 약 5,000만 년이 지났을 때, 산호보다 진화된 조개, 소라, 게, 새우, 크릴 종류(석회석 껍데기를 가진 연체동물)가 태어나 번성하기 시작했습니다. 이들 역시 산호처럼 해수 속의 이산화탄소와 칼슘 성분을 이용하여 자신의 몸을 보호하는 껍데기(탄산칼슘이 주성분)를 만들었습니다. 오늘날 채굴되는 석회암(석회동굴을 이루는 암석층)은 모두 이러한 해양 동물들이 만들어낸 탄산칼슘의 바위입니다. 그래서 석회암에서는 산호와 조개 등의 화석이 잘 발견됩니다.

지구 대기 중에 가득하던 이산화탄소는 이렇게 석회동물 덕분에 탄산칼슘이라는 화합물이 되어 바다에 대부분 저장된 것입니다. 강원도 석회암지대에는 시멘트 공장이 여기저기 있습니다. 남아메리카의 서해안을 따라 약 7,000㎞에 걸쳐 뻗어있는 안데스산맥도 거대한 석회암지대입니다. 그 양이 얼마나 되는지 정확히 알지 못하지만, 과학자들은 수성암의 약 10%가 석회암이라고 추정합니다.

오늘날 산호의 양은 바다가 오염되고 해양 개발이 활발해지면서 급속이 줄어들고 있습니다. 지난 1세기 동안에 전 세계 산호의 10%는 이미 죽었고, 60%는 위기에 있다고 합니다. 그리고 2030년에는 현재의 산호가 절반으로 감소할 것이라고 예견합니다. 산호가 사라지면 해수 속의 이산화탄소가 줄어들지 않아, 결국 대기 중의 이산화탄소 양이 더욱 증가하는 결과를 가져옵니다. 바로 더 심각한 지구온난화의 원인이 되는 것입니다.

산호는 자손을 퍼뜨리기 위해 산란을 하고, 부화된 새끼는 작은 물고기와 해양동물의 중요한 먹이(동물성 플랑크톤)가 됩니다. 그 양은 엄청납니다. 그러므로 산호가 위기를 맞으면 동물세계의 먹이사슬에 이상이 생겨 인간을 비롯하여 대규모 멸종 시대를 맞이할 위험을 초래합니다.

세계의 지도자들은 이산화탄소를 줄이는 국제적 계획과 정책을 대대적으로 세우고 있습니다. 한편으로 과학자들은 태양력, 풍력, 원자력 등의 대체 에너지 개발 외에 대기 중에 너무 많아진 이산화탄소를 인공적으로 수집하여 드라이아이스와 같은 상태로 만들어 해저의 굴이나 암석 틈새에 저장하자는 제안도 하고 있습니다. 그러나 이산화탄소에 의한 기온 상승을 막는 최선의 대책은 태초에 창조의 신이 행한 방법을 따라, 산호와 다른 여러 석회동물이 더 잘 번성토록 모든 나라가 공동으로 노력하는 것이라 생각합니다.

소금이나 설탕과 같은 고체를 물에 녹이면 수온이 높을수록 더 많이 용해됩니다. 반면에 산소와 이산화탄소 같은 기체는 온도가 낮을수록, 기압이 높을수록 더 잘 물에 녹습니다. 탄산수 캔을 따면 압력이 낮아지기 때문에 녹아있던 이산화탄소가 거품이 되어 솟구쳐 나옵니다. 탄산음료를 저온에 냉장해두면 기포가 나오지 않지만, 온도를 높여주면 기체가 더 이상 녹아있지 못하기 때문입니다. 영국의 화학자 헨리(William Henry 1774~1836)는 온도와 압력에 따라 물에 녹아드는 기체의 용해도가 달라지는 관계를 수학공식으로 밝혔으며, 이를 화학에서 '헨리의 법칙'이라 부릅니다.

지금과 같이 온난화현상으로 기온이 계속 상승하면 해수의 온도가 높아지고, 그럴 경우 이산화탄소와 산소는 해수에 점점 녹기 어려워질 것입니다. 그런 일이 현실화 된다면 물고기가 호흡할 산소가 줄어들 것이고, 마찬가지로 이산화탄소가 적게 용해되면 대기 중에는 더 많은 이산화탄소가 축적되어 온난화를 가속시킬 것입니다. 뿐만 아니라 해수 속에 녹은 이산화탄소의 양이 줄어들면 탄산칼슘도 부족해져 산호, 소라, 전복, 조개, 새우, 크릴의 증식에도 지장이 나타날 것입니다.

인류는 바다에서 엄청난 양의 조개류(연체동물)와 갑각류를 채취하여 식용합니다. 2005년의 통계에 의하면 중국 한 나라에서만 이 해에 수확된 연체동물(조개, 소라, 게, 새우, 오징어 등)의 양이 약 1,100만 톤이었다고 합니다. 산호와 연체동물(석회동물)을 번성하게 하려면 특별한 시설이나 인력이 거의 필요치 않습니다. 바다의 환경을 잘 지키고 그들이 번성할 수 있는 환경을 지켜주기만 하면 될 것입니다.

석회동물이 살 수 있는 환경은 수심 얕은 깨끗한 바다입니다. 그래서 개펄지대와 해안 대륙붕에 대한 철저한 보호와 해양오염 방지는 지구온난화를 대비하는 최선의 대책입니다. 만일 개펄 조개 양식장에서 1,000kg의 조개껍데기나 굴을 생산했다면, 440kg의 이산화탄소를 제거한 결과를 가져옵니다. 신은 지질시대에 이 방법으로 대기 중의 이산화탄소를 감소시킨 동시에, 인류가 훗날 사용할 시멘트, 대리석, 석고 등의 건축자재를 예비했다는 생각을 합니다. 조개껍데기(석회석)는 화학적으로 강하여 염산 등을 처리해야만 분해되어 이산화탄소를 내놓습니다. ($CaCO_3 + 2HCl \rightarrow CaCl_2 + CO_2 + H_2O$)

창조의 신은 바다에 물을 가득 채우고, 그 물에 이산화탄소가 녹아 탄산이 되도록 하면서 대기 중의 이산화탄소 양을 감소시켰습니다. 탄산은 물에 녹아있는 칼슘과 결합하여 탄산칼슘이 되었습니다. 탄산칼슘은 산호와 조개 등의 해양동물의 몸을 지지하고 보호하는 구조가 되었습니다. 죽은 해양동물의 유체(遺體)들은 수억 년 쌓여 석회암이 되어 인간이 이용토록 했습니다. 신이 만들어준 에덴동산을 잘 관리하는 것은 인간의 책임일 것입니다.

제 5 장

⟨창세기⟩의 과학 풀이

우주에서 본 사해. ⟨창세기⟩의 사건은 인간에게 전하는 신의 메시지입니다.

에덴과 노아의 홍수

창세기 1장에는 천지창조 이야기가 나오고, 2장에서는 아담과 이브가 살던 낙원 에덴동산 이야기가 계속됩니다. 2장 10~14절을 보면, "에덴으로부터 비손 강, 기혼 강, 티그리스 강, 유프라테스 강이 갈라져 나온다."고 그 위치를 기록하고 있습니다. 이 4개의 강 가운데 티그리스와 유프라테스 강은 터키 동쪽의 타우루스 산맥(최고봉 3,916m)과 아라라트산(최고봉 5,185m)로부터 각각 발원하여 지금의 터키, 시리아 이라크가 있는 메소포타미아 평야를 흘러 페르시아 만으로 흘러갑니다. 이스라엘에서 멀지 않은 이 지역은 현재는 거의 사막이지만, 과거에는 인류 문명을 발상시킨 곳이었습니다. 그런데 나머지 비손과 기혼 두 강은 어디를 말하는지 정확히 알지 못합니다.

고고학자, 역사학자, 성서학자들은 에덴의 위치라든가, 에덴동산이 실제로 존재한 낙원의 땅인가에 대한 의견이 서로 일치하지 않습니다. 일반적으로 창세기에서 지적한 에덴은 티그리스와 유프라테스 강이 구불구불 흐르는 지역(메소포타미아)의 북부일 것이라고 합니다. 사람들이 가축을 기르며 한곳에 정착하여 살기 시작한 신석기 시대(약 8,500년 전)에는 이 지역이 비가 자주 내리는 비옥한 땅이었으리라 생각합니다. 그 지역에서 발견되는 유물과 가축의 화석 등을 보고 추측하는 것입니다.

: 노아 홍수의 규모

성서 이야기처럼 가장 높은 산이 다 물에 잠기는 지구의 종말 같은 홍수는 일어날 수 없는 것입니다. 그리고 세상에 사는 모든 종류의 동물을 한 쌍씩 전부 태우고, 그들을 여러 날 먹일 먹이까지 싣는 일, 그토록 큰 방주(方舟 : 사각형으로 만든 배)를 건조하는 일 모두 가능하지 않는 구전(口傳)으로 봐야 할 것입니다. 또한 40일간 내린 비에 둥근 지구 전체가 물밑으로 들어가 150일간 잠겼다가, 150일 만에 그 많은 물이 다 증발하여 없어지는 일 또한 가능하다고 설명할 수 없습니다.

노아의 홍수 이야기는 성경을 통해 악을 행하면 벌을 받게 되고, 착하게 살면 구원을 받는다는 '신의 뜻'을 전하고 있을 것입니다. 신이 온 정성으로 창조한 세상과 인간을 얼마 지나지도 않아 멸망시켜버리는 대홍수 이야기는 이스라엘 민족만 아니라 중동의 이슬람 민족들 사이에도 전해오는 전설입니다.

성서에 쓰인 내용이 그대로 진실이라 믿는 신자들은 지구의 역사를 약 6,000년이라고 주장합니다. 그런 신앙인들 중에는 노아의 방주가 멈추었다는 '아라라트'산에서 옛 흔적을 찾으려는 노력을 지금도 하고 있다고 합니다. 터키에 있는 아라라트 산은 만 년설이 덮인 큰 산으로서, 이 고산지대는 유프라테스 강의 발원지이기도 합니다. 또 유프라테스 강은 페르시아 만으로 들어가기 전에 티그리스 강과 만나 합류합니다.

인간은 홍수, 지진, 태풍, 화산폭발, 해일, 산불과 같은 대자연의 재앙을 두려워했습니다. 사람들은 홍수가 무섭지만 물이 있어야 농사와 가축 사육을 할 수 있습니다. 홍수가 휩쓸고 간 땅은 평평하게 되고 비옥하여 농사짓기도 좋습니다. 그래서 고대문명은 모두 큰 강이 있는 곳에서 시작되었습니다.

메소포타미아 지역의 광대한 평야를 흐르는 티그리스 강과 유프라테스 강은 과거에 수시로 큰 홍수를 겪었을 것이며, 어떤 해에는 유난히 큰 홍수가 났을지 모릅니다. 기상이변으로 엄청난 폭우가 내렸거나, 높은 산의 거대한 빙하 호수가 범람했거나, 또 만 년설이 덮인 산에서 화산 폭발이 일어났다면 눈이 한꺼번에 녹아 대홍수가 일어날 수 있습니다.

2010년 8월 초에는 사막국인 아프가니스탄에 엄청난 비가 내려 약 1,600만 명의 수재민이 생기고, 2,000여 명이 사망하는 대홍수가 일어 났습니다. 이때 많은 교회에서는 홍수 난민을 돕는 특별 헌금을 하기도 했습니다. 아프가니스탄의 카슈미르 산악지대는 세계에서 두 번째로 높은 K2봉을 비롯하여 많은 고봉(高峰)과 빙하가 있습니다. 이곳 고산지 대에서 발원하여 인도로 흐르는 인더스 강은 고대 문명 발상지의 하나 입니다.

고대에 이런 대홍수가 발생했다면, 노아의 홍수와 같은 전설이 만들 어질 가능성이 있습니다. 그러므로 노아의 홍수 이야기는 '인간이 죄를 많이 지었기 때문에 신에게 받은 벌'이라는 교훈적 전설이 되었을지 모 릅니다.

큰 홍수로 땅이 장기간 물에 덮여 있으면, 그 바닥에 흙과 모래를 비 롯한 침전물이 가라앉아 퇴적층이 형성됩니다. 퇴적층이 수백만 년 동 안 두텁게 쌓이면 퇴적암으로 변합니다. 오늘날 지질학자들은 강 주변 의 퇴적층에 수직으로 구멍을 뚫어 지층의 성분을 조사하고, 화석을 조 사하는 방법 등으로 그 강이 언제 어떤 규모로 범람했는지 추정하기도 합니다.

어떤 홍수지질학자는 약 9,000년 전 소빙하기가 끝나던 때에, 흑해 (메소포타미아 북서쪽에 있는 한반도 약 2배 넓이의 거대한 호수)로 엄청난 물이 흘러들어간 사건이 있었고, 이때 수위가 갑자기 높아지면서 호수 주변 광대한 땅이 침수되었을 것이라고 추정하면서, 노아의 전설은 이 홍수 사건에서 비롯되지 않았을까 생각합니다.

⠸ 홍수 뒤의 무지개

비가 멈추면 태양 반대쪽에 둥그렇게 무지개가 흔히 생겨납니다. 이 무지개는 비온 뒤 하늘에 남아있는 무수한 작은 물방울 속으로 들어간 햇빛이 물방울 속에서 굴절했다가 반사되어 우리 눈으로 들어오기 때문에 생기는 빛의 현상입니다. 이런 무지개는 물방울이 흩날리는 분수나 폭포 곁에서도 볼 수 있습니다.

구약성서 시대에는 무지개가 생겨나는 이유를 광학적(光學的)으로 알지 못했으므로 찬란한 빛으로 이루어진 아름다운 무지개를 볼 때는 누구나 신비해했을 것입니다. 무지개는 언제나 비가 그친 직후에 볼 수 있었으므로 더욱 신기했을 것입니다.

지금도 그렇지만, 어린이들은 무지개가 왜 생기냐고 귀찮도록 물어보았을 것입니다. 그때 정답을 모르던 어른들은 노아의 홍수 이야기에 무지개 현상을 연결했을지 모릅니다. 자연현상을 설명하는 전설들은 세계 어느 나라에나 있습니다. 일반적으로 자연 현상과 관련된 전설은 자연을 공경하고 두려워하면서 보호하는 마음을 갖도록 지혜롭게 만들어져 있습니다. 홍수 뒤의 무지개 이야기는 인간에게 큰 의미가 있습니다. 살아가면서 잘 못한 마음을 신에게 용서를 구하고 나면, 큰 비가 내린 뒤 무지개를 보는 듯이 마음이 밝고 상쾌해짐을 느낍니다.

성서 속의 인종 이야기

창세기 제10장과 11장에는 '노아의 홍수' 사건에 이어 바벨탑 이야기가 나옵니다. 성서에 의하면, 노아의 홍수 이후 다시 불어난 후손들은 벽돌과 역청을 사용하여 대도시를 만듭니다. 그들은 새로운 기술로 하늘에 닿을 듯 바벨탑을 쌓고 우상을 차려놓았습니다. 그러자 하느님께서 교만한 인간을 벌하시어 바벨탑을 무너뜨립니다. 그때부터 사람들은 서로 말이 달라져 정보교환을 하지 못하게 되었다고 합니다. 성서 속의 바벨탑 이야기에서도 중요한 교훈을 찾아볼 수 있습니다.

이스라엘 땅은 아프리카, 유럽, 아시아 대륙과 연결되어 있습니다. 그러므로 이 지역에는 중동 사람만 아니라 흑인, 흰 피부에 푸른 눈을 가진 서양인, 동양인까지 함께 살았습니다. 그러므로 당시 사람들은 왜 피부색과 생김새가 다른 사람들이 있는지, 지역에 따라 왜 다른 언어를 사용하는지 궁금했을 것입니다. 이 의문에 대해 구약성경에서는 '바벨탑' 이야기로 설명합니다.

1920~1930년대에 이라크의 메소포타미아 '우르'라는 도시(고대 도시 바빌론) 근처에서 거대한 건축물 흔적이 발견되었습니다. '지구라트'라 불리는 피라미드 같은 이 건축물은 기원전 6세기경에 신관(神官)들이 우상(偶像)을 만들어놓고 이를 관리하던 신전(神殿)이었던 것으로 추정되었습니다. 이스라엘 민족의 우상 숭배가 극에 이르렀을 때인 기원전 300년경, 이곳을 점령한 알렉산더 대왕은 지구라트를 다시 건축할 생각으로 헐어버렸습니다. 그러나 그만 그가 죽자 지구라트는 홍수가 날 때마다 점점 매몰되어 흔적조차 보이지 않게 되었다고 합니다.

〈창세기〉 기록에는 노아에게 셈, 함, 야펫(야벳) 세 아들이 있었고, 이들이 각기 다른 지역으로 이사하여 그곳에서 자손을 퍼뜨리며 그 지방의 선조가 되었다고 합니다. 즉 큰 아들 셈은 유대와 아랍 지역의 선조가 되고, 함은 아프리카대륙으로 가서 흑인 선조로, 막내아들 야펫은 유럽으로 이사하여 백인이 되었다는 것입니다.

콜럼버스가 신대륙을 발견한 후, 지구가 둥글고 넓다는 것을 알게 된 유럽의 항해자들은 세계를 구석구석 탐험하기 시작했습니다. 이후부터 여러 학자들은 세계 곳곳을 찾아다니며 그곳의 인종과 문화와 언어

438

를 조사하고 유적을 탐사했습니다. 그러나 지역마다 사는 인종이 다양하여 엄격하게 분류할 수가 없었습니다. 그래서 지금도 피부색에 따라 흑인, 백인, 황인으로 단순히 나눌 뿐입니다. 더군다나 아프리카 대륙의 흑인만 하더라도 지역에 따라 작은 체격을 가진 피그미족에서부터 거구의 마사이족까지 수많은 종족이 있습니다.

： 언어와 문화의 다양성

모습이 비슷한 종족이라 할지라도 큰 강이나 산, 사막지대, 절벽 등이 가로막아 지리적으로 오가기 어려운 곳은 거리가 가깝더라도 서로 다른 말(언어)을 사용하게 됩니다. 또한 같은 지역의 언어라 할지라도 세월이 지나면 차츰 변하고, 수백 년이 지나면 아주 다른 말이 되고 맙니다. 신라시대의 말은 지금에는 전혀 통하지 않을 것입니다.

구약시대의 이스라엘과 근처 나라에서는 고대 그리스어(희랍어), 히브리어, 아람어, 가나안어, 페니키아어 등을 사용하고 있었습니다. 예수는 유대지방을 다니며 아람어로 설교했지만 신약성경은 '헬라어'로 기록되어 있었습니다. 인간은 언어로 문화를 만들어왔습니다. 수천 년 사용해온 언어일지라도, 다른 나라에 정복당하거나 하면 정복자 국가의 언어로 바뀌어버리기도 합니다. 날마다 새로운 말이 생겨나고, 또 쓰지 않는 말은 사어(死語)가 됩니다. 자유롭게 말하지 못하는 장애인은 수화(手話)로 소통합니다. 컴퓨터를 사용하는 오늘날에는 인간과 컴퓨터 사이에 오가는 '컴퓨터 언어'가 생겨났고, 컴퓨터 언어 또한 날로 복잡하게 발전합니다.

만일 세계인 전부가 한 언어만 사용한다면, 다른 나라 말을 배우려고 애쓸 필요가 없겠지요. 또 인종도 어느 한 인종뿐이라면, 인종 차별 따위의 말도 없어질 것입니다. 언어학자의 조사에 따르면, 지구상에는 약 6,000개 이상의 언어가 있었습니다. 그러나 나라가 망하거나 소수민족이 사라지면 언어도 없어졌습니다. 그래서 현재 사용되는 언어는 약 3,000종이라 합니다. 예를 들어 아프리카에는 약 1,400개의 언어가 있었는데, 대부분 없어지고 현재 남은 언어는 약 400개라 합니다. 그런데 언어는 이렇게 많지만, 문자는 100개 정도에 불과합니다. 세계의 문자 중에서 가장 긴 역사를 가진 문자는 이집트 문자, 메소포타미아 문자, 중국의 한자입니다.

오늘날 가장 많은 인구가 사용하는 언어를 차례로 나열해 보면 중국어, 스페인어, 영어, 힌두어, 아랍어, 벵갈어, 포르투갈어, 러시아어, 일본어입니다. 이 9개 언어는 1억 이상의 인구가 사용합니다. 인도네시아는 인구가 많지만 종족마다 언어가 다르고 문자는 없습니다. 언어와 문자의 다양성은 인류의 문화를 풍요롭게 발전시키는 역할을 합니다. 그래서 어떤 인종이라도 서로 존중해야 하고, 언어와 문자는 모두 보존하고 발전시킬 필요가 있습니다.

소금호수 이야기

〈창세기〉 앞장에서 천지창조 기록이 끝나면 이스라엘 민족의 조상들에 대한 이야기가 시작됩니다. 노아의 홍수와 바벨탑 사건에 이어 19장에서는 죄로 물든 큰 성읍 '소돔과 고모라'를 유황불로 멸망시키는 이야기가 나옵니다. 여기에는 '아브라함과 그의 조카 '롯'이라는 인물이 등장합니다. 소돔과 고모라를 불태운 유황(黃)이라는 물질은 낮은 온도에서 불이 붙으며, 온도가 100℃만 조금 넘으면 물처럼 녹아 흐릅니다. 성경에서 유황으로 심판했다는 도시 자리는 소금 호수 '사해'가 있는 곳입니다.

하느님의 특별한 사랑을 받던 아브라함과 롯의 가족은 소돔, 고모라, 아드마, 제보임, 벨라 등 5개의 큰 도시가 있던 분지(盆地)에 살았습니다. 요르단 강변의 이 도시들 중 소돔과 고모라는 그 중 가장 큰 도시(성읍)였습니다. 이 지역은 물이 풍족하여 가축을 키우며 많은 사람이 살았습니다. 삶에 여유를 가진 그곳 사람들은 온통 죄악에 물들어 버립니다. 특히 성범죄가 심각했나 봅니다. 그래서 하느님께서는 이 도시를 멸망시켜버리기로 작정합니다. 노아의 홍수에 이어 두 번째 인간 심판입니다.

신의 진노(震怒)를 두려워한 아브라함은 "이 성읍에 죄 없는 사람 50명이 있어도 멸하시겠습니까?" 하고 하느님께 사정하기 시작하여, 최후에는 죄 없는 사람 10명조차 없어, 결국 멸망하게 됩니다. 하느님께서는 도시를 징벌하기 전에 롯에게 천사를 보내 가족을 데리고 빨리 높은 안전지대로 탈출하도록 명했습니다. 그래서 롯은 아내와 두 딸을 데리고 소돔을 떠납니다. 이때 천사는 탈출하는 가족에게 "도망가는 동안 절대 뒤를 돌아보아서는 안 된다."고 지시합니다. 롯의 가족이 피난을 떠나자, 하느님께서는 소돔과 고모라에 유황불을 쏟아 부어, 그곳에 사는 사람과 땅에 자라는 풀까지 모두 태워버립니다. 그런데 롯의 부인은 불타는 도시가 궁금하여 천사의 명을 어기고 뒤돌아보고 말았습니다. 그 순간 롯의 부인은 '소금 기둥'으로 변하고 맙니다.

'사해' 주변은 비가 적은 사막지대입니다. 예수께서 다니시며 많은 행적을 남기고 베드로가 어부생활을 하던 갈릴리 호수의 물은 짠물이 아닙니다. 이 갈릴리 호수에서 흘러나온 물은 요르단 강이 되어 사막지대를 지나 사해로 흘러듭니다. 그런데 사해가 있는 지형은 푹 꺼져 있어 해수면(海水面)보다 훨씬 낮습니다(약 422m 낮음). 그러므로 사해로 들어온 요르단 강물은 흘러갈 곳이 없어 그대로 증발만합니다. 결국 이 호수는 사람이 들어가도 마치 코르크처럼 가라앉지 않는 진한 소금호수가 되었습니다. 이 호수의 가장 깊은 곳은 수심이 378m나 되며, 호수의 소금 농도는 33.7%입니다(바닷물은 약 3.5%).

사해는 지구상 육지 중에서 가장 낮은 지대에 있습니다. 사해로부터 서쪽으로 80~90㎞ 직선거리로 가면 지중해에 도달합니다. 만일 지중해와 사해 사이에 수로를 파서 지중해의 물을 사해로 흘려보낸다면, 400m 높이의 폭포수가 되어 떨어질 수 있습니다. 어떤 과학자는 '그렇게 한다면 세계 최대의 수력발전소'가 될 것이라고 말했습니다.

사해는 구약성서가 기록되던 당시(약 2,500~2,700년 전)에도 소금호수였습니다. 그러나 그 당시 사람들은 사해가 바다 수면보다 낮은 곳이라는 사실을 알지 못했습니다. 그러므로 갈릴리 호수의 물과 달리, 사해의 물이 그토록 짜다는 것은 큰 신비였습니다. 사해가 해수면보다 낮다는 사실은 1848년에 미국의 탐험대가 처음 발견했습니다.

그렇다면 소돔과 고모라는 지금 사해 바닥에 잠겨 있을까요? 그러나 고고학자들은 소돔과 고모라라는 도시가 정말 이 자리에 존재했는지 확실한 증거를 찾지 못했습니다. 물론 사해 바닥에서 옛 도시의 유적이 발견되었다는 소문은 있었지만, 이것 또한 확실하지 않습니다. 그러나 사해 주변에 많은 사람이 살았던 흔적은 발견됩니다. 지질학자들은 약 300만 년 전에 일어난 지각변동 때 사해가 지금처럼 저지대가 되었다고 생각합니다. 그러나 성서 속에서는 소돔과 고모라 성읍을 징벌할 때, 호기심을 못이긴 롯의 부인이 소금 기둥이 되었기 때문에 그것이 녹아 사해가 생겨났다는 전설로 설명하고 있습니다.

유황(황으로도 부름)은 화산 근처에서 쉽게 발견되는 밝은 노란색 고체이며, 냄새도 없고 물에 녹지도 않습니다. 그러나 황을 태우면 독특한 냄새를 풍기고, 푸른빛을 내며 매우 잘 탑니다. 고체 상태이던 황은 온도가 115℃에 이르면 붉은빛이 나는 액체 상태로 녹아 더 맹렬히 불타고, 445℃도를 넘으면 가스 상태가 되어 폭발하듯이 탑니다. 황은 땅속에서 많은 양이 순수한 상태로 발굴되는 물질(원소)이므로 고대로부터 사람들은 그것이 얼마나 잘 불타는 물질인지 알고 있었습니다. 일반적으로 사람은 물보다 불의 재앙을 더 두려워 하기에 죄인을 심판하는 지옥불은 유황불일 것이라고 생각했을지 모릅니다. 인간이 가장 두려워 하는 것은 지옥일 것입니다.

필자 후기

코페르니쿠스와 갈릴레오에 의해 시작된 과학과 종교의 혁명은 뉴턴과 다윈 이후 일단락되었나 봅니다. 지식, 정보, 업무가 넘치는 21세기의 사람들은 일상에서 종교와 과학을 반추해볼 여유를 갖기 어렵습니다. 5세기의 기독교 지도자였던 성 아우구스티누스(354~430)는 신에 대해 많은 증언을 한 교황으로 유명합니다. 1500년도 더 이전에 그는 신이 '우주'와 '시간'까지 창조했다고 언명한 분으로 알려져 있습니다. 그러나 그는 창조 이전의 문제에 대해서는 대답을 피했다고 합니다. 무(無)에서 우주를 창조한 신은 전능하고 영원하다는 교리는 그때나 지금이나 변함이 없습니다.

스티븐 호킹의 〈시간의 역사〉, 칼 세이건의 〈코스모스〉 같은 책이 장기간 베스트셀러가 되었던 것을 보면, 신과 창조는 모든 사람이 궁금해

하는 문제임이 분명합니다. 그런데 이런 책들을 끝 페이지까지 읽은 독자를 찾기가 어렵습니다. 아무리 쉽게 설명하더라도 일반인에게는 난해한 문제이기 때문입니다. 〈시간의 역사〉 속에 이런 요지(要旨)의 말이 있었습니다. "우주 탄생에 대한 이론이 지금은 잘 몰라서 난해한 것이지, 그 법칙들을 모두 알고 나면 과학자만 아니라 모든 사람이 이해할 수 있게 될 것이고, 그때는 철학자, 과학자, 일반인 모두 이 문제에 대해 함께 대화할 수 있을 것이며, 그때 가서는 신의 마음도 알게 될 것이다."

자연과학 교과서는 자연법칙 자체의 지식만 담고 있으므로 재학 중에 학생들은 신과 창조에 대해 생각할 기회를 잘 갖지 못합니다. 한편 많은 성직자들은 진화론을 이야기하기 꺼리는 경향이 있습니다만, 신에게는 진화가 생명 창조의 방법이라는 점을 이해하게 되면 달라질 수 있다고 생각합니다.

미국 애리조나주에 최대의 천체망원경이 2012년에 완공되었습니다. LBT(Large Binocular Telescope)라 불리는 이 천체망원경은 렌즈(반사경) 직경이 8.4m에 이르는 쌍안(雙眼) 관측경으로서, 우주 궤도에 설치된 최고 성능을 가진 허블망원경보다 10배 정도의 정밀관측이 가능할 것이라 합니다. 천문학자들이 성능 좋은 관측 장비를 제작하여 우주를 관측

하려는 목적은 신이 창조한 우주를 더 많이 알고 싶은 데 있을 것입니다. 아인슈타인은 기독교인이 아니었지만 '신'을 자주 언급했습니다. 그는 이런 의문도 가졌습니다. "신은 왜 우주를 지금처럼 창조했을까?" 이 질문 때문에 수많은 철학자와 신학자, 과학자들이 토론을 하기도 했습니다.

지구 역사를 성서 그대로 10,000년 정도라고 믿는다면, 그랜드캐니언의 침식 현장이나 대규모 석회동굴만 보아도 잘못 된 생각이라는 것을 알게 될 것입니다. 그랜드캐니언은 약 20억 년에 이르는 침식 현상의 결과입니다. 근본주의 신앙인의 주장대로라면 인간은 공룡과도 함께 살았어야 합니다.

생명 탄생과 진화의 문제는 물리학이나 수학과 달리 자연법칙으로 증명하거나 설명하기 어렵습니다. 창조와 진화의 '지적 설계'를 아는 분은 신뿐이라고 생각합니다. 신이 대자연을 질서와 조화로 지배하는 이치를 더 이해함으로써 신앙심이 깊어질 수 있기를 바라는 마음입니다. 창조와 생명의 신비는 〈내셔널 지오그래픽〉이나 〈BBC 방송〉 등의 자연 다큐멘터리를 통해 더 많이 발견하기를 바랍니다. 부족한 내용을 끝까지 읽어주시어 감사합니다.